U0352686

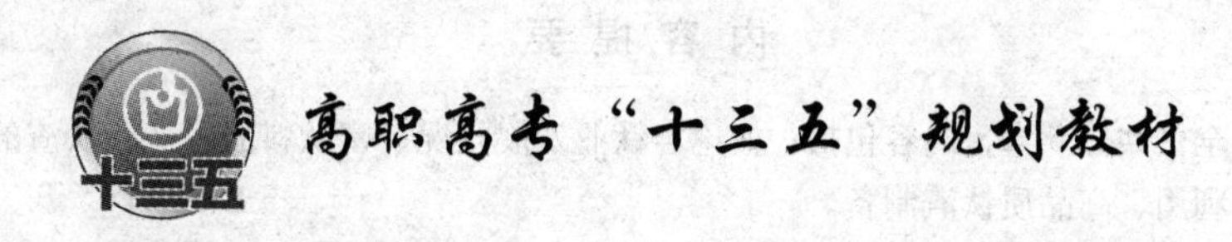

富钛料制备及加工

主　编　李永佳　张报清
副主编　姚春玲　李瑛娟　李悦熙薇
主　审　雷　霆

北　京
冶 金 工 业 出 版 社
2019

内 容 提 要

全书共分 5 章，内容包括：概论、钛业发展状况、富钛料的生产、钛渣的综合利用、高品质钛渣制备。

本书可作为高等院校冶金专业教学用书，也可供相关专业的工程技术人员和科研人员参考。

图书在版编目(CIP)数据

富钛料制备及加工/李永佳，张报清主编．—北京：冶金工业出版社，2019. 3

高职高专“十三五”规划教材

ISBN 978-7-5024-8036-3

Ⅰ. ①富…　Ⅱ. ①李…　②张…　Ⅲ. ①钛—轻金属冶金—高等职业教育—教材　Ⅳ. ①TF823

中国版本图书馆 CIP 数据核字(2019) 第 023733 号

出 版 人　谭学余

地　　址　北京市东城区嵩祝院北巷 39 号　邮编　100009　电话　(010)64027926

网　　址　www. cnmip. com. cn　电子信箱　yjcbs@ cnmip. com. cn

责任编辑　杨盈园　美术编辑　彭子赫　版式设计　禹　蕊

责任校对　卿文春　责任印制　李玉山

ISBN 978-7-5024-8036-3

冶金工业出版社出版发行；各地新华书店经销；固安华明印业有限公司印刷

2019 年 3 月第 1 版，2019 年 3 月第 1 次印刷

787mm×1092mm　1/16；12. 25 印张；292 千字；185 页

29. 00 元

冶金工业出版社　投稿电话　(010)64027932　投稿信箱　tougao@cnmip. com. cn

冶金工业出版社营销中心　电话　(010)64044283　传真　(010)64027893

冶金工业出版社天猫旗舰店　yjgycbs. tmall. com

（本书如有印装质量问题，本社营销中心负责退换）

前言

钛及钛合金耐蚀性好、耐热性高，比刚度、比强度高，是航空航天、石油化工、生物医学等领域的重要材料，在尖端科学和高技术方面发挥着重要作用。钛矿经加工后初级产品为钛精矿、富钛料（高钛渣及人造金红石）。富钛料一般指二氧化钛含量不小于75%的钛渣或人造金红石，是生产钛白粉和海绵钛的重要原料。富钛料制取是指除去钛铁矿精矿中大部分杂质铁产出富钛料的过程，为钛冶金流程中的主要组成部分。富钛料有钛渣和人造金红石，它们是制取四氯化钛和钛白的重要工业原料。

本书是钛冶金生产及钛产品、钛材的系列教材之一，其素材主要来自于雷霆教授及团队承担的多项国家及省部级钛方面的重大课题，以及国内外钛及钛合金产品加工的相关资料。本书由概论、钛工业发展状况、富钛料的生产、钛渣的综合利用、高品质钛渣制备共5章组成。本书主要作为高等学校冶金专业本科和专科生的教学用书，也可供相关专业的工程技术人员参考。

本书第1章由张报清、姚春玲编写，第2章由李瑛娟编写，第3章由汤优优、李悦熙薇编写，第4、5章由李永佳编写。全书由李永佳进行统稿。

在本书编写过程中参考了大量文献资料，在此对本书引用的所有参考资料的作者表示衷心感谢。

由于资料收集时间所限，疏漏之处在所难免，恳请读者批评指正。

作者

2018年12月

目 录

1 概　论

1.1 钛发展简史

钛一直被认为是一种稀有金属，但它在地壳中的含量并不稀少，它约占地壳质量的0.61%。地壳中的元素按丰度排列，钛占第十位，仅次于氧、硅、铝、铁、钙、钠、钾、镁和氢，比铜、锌、锡等普通有色金属要丰富得多，而且在岩石、砂粒、土壤、矿物、煤炭和许多动植物中都含有钛。

钛的最重要矿物是金红石（TiO_2）和钛铁矿（$FeTiO_3$）。

钛的主要工业制品有金属钛及钛合金、二氧化钛颜料（俗称钛白粉）。

1791年，英国传教士兼业余矿冶学家威廉·规格勒（Gregor）牧师首先提出猜测：一种新的未知元素可能存在于他所居住的村庄附近康沃尔郡（Cornwal）（英国）的黑色磁铁砂（钛铁矿）中，经过一系列的试验，测到其中含有59%的在当时并未发现的金属元素。规格勒以所居住的区域将其命名为Menacearlite，所以，钛矿又称为Menacearlite矿。1795年，德国化学家马丁·克拉普斯（M. H. Klaproth）分析了来自匈牙利的金红石并且鉴别出一种与规格勒1/258报道一致的未知元素的氧化物。马丁·克拉普斯以希腊神话中宙斯王的第一个儿子Titans之名，将其所发现的金属命名为Titanic Earth。这两处所发现的金属，后来被证明属于同一种元素，学术界仍以Titanium命名之，但将发现者之名归于规格勒，以尊重其贡献。该矿砂以苏俄境内的Ilmen山区为主要蕴藏地，因此将含有钛金属的矿物泛称为Ilmenite。

钛金属元素虽然早在18世纪就被发现，但由于钛的化学活性强，难以提取，当时并没有引起人们的重视。直到20世纪初期，钛金属的潜力及钛氧化物的利用才逐渐被发掘出来。

为了从钛矿中分离出金属钛，人们用四氯化钛（$TiCl_4$）作为一个中间媒介做了许多尝试。由于钛与氧和氮反应强烈，实践证明，很难生产出具有延展性的高纯钛。早期的实践表明，用Na或Mg还原四氯化钛（$TiCl_4$）可产出小批量的脆性金属钛。

1910年，美国科学家亨特（M. A. Hunter）首次用“钠法”提取出了可锻的纯钛。

1940年，卢森堡科学家克劳尔（W. J. Kroll）用“镁法”还原$TiCl_4$提取了纯钛。该工艺是用镁在惰性气氛中还原$TiCl_4$生产钛，得到的钛因多孔且具有海绵外观而被称为“海绵钛”。“镁法”较“钠法”安全，还原物海绵钛更适于后续熔炼，美国首先用此法开始了工业规模的生产，随后，英国、日本、苏联和中国也相继进入工业化生产。Kroll法至今仍是主导钛的生产工艺。

值得注意的是，在研究金属钛的开发之前，$TiCl_4$的工业生产已经存在了，这是因为$TiCl_4$是生产涂料用的高纯二氧化钛的原料。时至今日，仍然只有5%的$TiCl_4$用于生产金属钛。

1954 年，美国首先研制成功了 Ti-6Al-4V 钛合金，由于它在耐热性、强度、塑性、韧性、成形性、可焊性、耐蚀性和生物相容性方面均达到较好指标，因而获得广泛应用。

值得一提的是，钛的力学性能与其纯度有密切关系，随着杂质含量增加，其强度升高，塑性陡降。纯钛的强度随着温度的升高而降低，具有比较明显的物理疲劳极限，且对金属表面状况及应力集中系数比较敏感。钛及其合金可进行压力加工、机械切削加工、焊接及其他接合加工。钛与其他六方结构的金属相比，承受塑性变形能力较高，其原因是滑移系较多且易于孪生变形。钛的屈强比（$\sigma_{0.2}/\sigma_b$）较高，一般在 0.70~0.95 之间，弹性较好，变形抗力大（变形抗力也称为变形阻力，是金属抵抗使其塑性变形外力的能力。变形抗力通常用单向拉伸的 σ_s 表示，有时也用 σ_b 或 $\sigma_{0.2}$ 来表示），而其弹性模量相对较低，故加工变形抗力大，回弹性也较严重，因此钛材在加工成型时较困难。

制约钛及钛合金在民用消费品方面获得广泛应用的主要原因是钛的价格较高。如果钛的价格降低，将会出现一个应用广泛、飞速发展的新局面。为寻求降低成本之路，就需要开发新合金、研究新工艺，如钛复合材料和涂、镀层工艺等。

1.2 钛和钛合金制品的应用领域

在第二次世界大战之后的 20 世纪 40 年代后期和 50 年代初期，钛的特性开始引起了人们的关注，特别是在美国，主要由政府资助的一些项目推动了大规模海绵钛生产厂的建设，例如，TIMET 公司（1951 年）和 RMI 公司（1958 年）。在欧洲，大规模海绵钛的生产始于 1951 年的英国化学工业公司金属部（就是后来的汽车工业学会和 Deeside 钛厂），该部后来成为欧洲主要的钛生产商。在法国，海绵钛生产几年后，于 1963 年停产。在日本，海绵钛的生产始于 1952 年，到 1954 年，两家公司——大阪钛公司和 Toho 钛公司已有相当的生产能力。苏联于 1954 年开始生产海绵钛，其海绵钛产能的增加令人关注，到 1979 年，苏联已变成世界上最大的海绵钛生产国，这可从表 1-1 世界主要海绵钛生产国产量比较中看出。

表 1-1 海绵钛产量 (t)

年份	美国	日本	英国	苏联	中国	总数
1979	20800	16200	2200	39000	1800	80000
1980	25400	23200	1800	42600	1800	94800
1982	27600	27300	1400	44400	2300	103000
1984	30400	34000	5000	47200	2700	119300
1987	25400	23100	5000	49900	2700	106100
1990	30400	28800	5000	52200	2700	119100

在美国，大约在 1950 年，由于认识到添加铝能增加材料的强度，极大地促进了合金材料的发展，诞生了添加锡在高温条件下应用的早期 α 合金 Ti-5Al-2.5Sn（除非特殊说明，否则本书中合金组成都以质量分数（%）表示），添加钼作为 β 稳定元素在高强度下应用的 α + β 合金 Ti-7Al-4Mo。一个重要的突破是 Ti-6Al-4V 合金于 1954 年在美国的诞

生，很快，这种集优异性能和良好生产性能于一身的合金成为最重要的 α + β 合金，目前，Ti-6Al-4V 仍然是应用最广泛的合金。

在英国，合金的开发路径略有不同，其着重于航空发动机在高温下的应用，1956 年，诞生了 Ti-4Al-4Mo-2Sn-0.5Si 合金（即后来的 IMI550），这标志着硅作为一种合金元素可改善材料的抗蠕变能力。

第一种 β 钛合金 B120VCA（Ti-13V-11Cr-3Al）是 20 世纪 50 年代中期在美国作为板材合金而开发利用的。从 20 世纪 60 年代开始，这种高强度、可时效硬化的板材合金被用作神奇的间谍侦察机 SR-71 的机壳。

除了以上持续的合金开发和钛合金在宇宙航天领域的使用不断增加外，在民用上，纯钛（CP 钛）的使用量也在稳定增长，主要作为非宇宙航空领域的耐蚀材料。除美国之外，日本的纯钛生产引人注目，由于日本国内缺乏宇宙航天工业，故其主要制造和出口纯钛产品。

钛及钛合金的比强度、比刚度高，抗腐蚀性能、接合性能、高温力学性能、抗疲劳和蠕变性能都很好，具有优良的综合性能，是一种新型的、很有发展潜力和应用前景的结构材料。目前，钛及其合金主要用于航天、航空、军事、化工、石油、冶金、电力、日用品等工业领域，被誉为现代金属。

由于钛材质轻、比强度（强度/密度）高，又具有良好的耐热和耐低温性能，因而是航空、航天工业的最佳结构材料。

钛与空气中的氧和水蒸气亲和力高，室温下钛表面会形成一层稳定性高、附着力强的永久性氧化物薄膜 TiO_2，使之具有惊人的耐腐蚀性，因此，在当今环境恶劣的行业中，如化工、冶金、热能、石油等行业，得到广泛应用。

钛及钛合金在海水和酸性烃类化合物中具有优异的抗蚀性，无论是在静止的或高速流动的海水中钛都具有特殊的稳定性，从而是海洋领域，特别是在含盐的环境中，如在海洋和近海中进行石油和天然气勘探的优选材料。

钛及钛合金具有最佳的抗蚀性、生物相容性、骨骼融合性和生物功能性，因而被选用作为生物医用材料，在医学领域中获得广泛应用。

钛及钛合金还具有质轻、强度高、耐腐蚀并兼有外观漂亮等综合性能，因而被广泛用于人们的日常生活领域，例如眼镜、自行车、摩托车、照相机、水净化器、手表、展台框架、打火机、蒸锅、真空瓶、登山鞋、渔具、耳环、轮椅、防护面罩、栅栏用外防护罩等。

表 1-2 列出了钛和钛合金制品在部分民用领域中的应用情况。表 1-3 列出了 2006 年我国钛加工材制品在不同领域的销售量及比例。从表 1-3 中可见，化工、体育休闲、航空航天及制盐是我国钛加工材制品的主要应用领域。

表 1-2　钛及钛合金制品在部分民用领域中的应用

应用领域	用　　途	优越性
化工工业	石油冶炼，染色漂白，表面处理，盐碱电解，尿素设备，合成纤维反应塔（釜），结晶器，泵，阀、管道	耐高温、耐腐蚀，节能
交通类	飞机、舰船、汽车、自行车、摩托车等的气门、气门座、轴承座、连杆、消音器	减轻重量、降低油耗及噪声、提高效率

续表 1-2

应用领域	用 途	优越性
生物工程	制药器械，医用支撑、支架，人体器官及骨骼牙齿校形，食品工业，杀菌材料，污水处理	无臭、无毒、质轻耐腐，与人体亲合好，强度高
海洋与建筑	海上建筑、海水淡化，潜艇、舰船，海上养殖，桥梁，大厦的内外装饰材料	耐海水腐蚀，耐环境冲击性好
一般工业	电力、冶金、食品、采矿、油气勘探、地热应用，造纸	强度高，耐腐蚀、无污染、节能
体育用品	高尔夫球杆，马具，攀岩器械，赛车，体育器材	质轻、强度高、美观
生活用品	餐具，照相机，工艺纪念品，文具，烟火，家具，眼镜架，轮椅，拐杖	质轻、强度高，无毒、无臭、美观

表 1-3 2006 年我国钛加工材制品在不同领域的销售量 (t)

领 域	化工	航空航天	船舶	冶金	电力	医药	制盐	海洋工程	休闲	其他	总计
用 量	5337	1339	294	279	348	74	580	87	3289	2254	13781
百分比/%	38.6	9.7	2.1	2.0	2.5	0.5	4.3	0.6	23.5	16.1	100

1.3 钛和钛合金及钛材制品分类

1956 年，麦克格维伦提出了按照退火状态下相的组成，对钛及钛合金进行分类的方法，即将钛及其合金划分为纯钛、α 钛合金、α+β 钛合金、β 钛合金四类。

传统上，通过 β 同晶型相图（图 1-1），根据商业钛合金在伪二元相截面图中的位置，可将其分为三种类型，即 α 钛合金、α+β 钛合金和 β 钛合金。纯钛在常温下为密排六方晶体，885℃时转变成体心立方结构（β 相），该温度称为 β 钛相变点。在纯钛中添加合金元素，根据添加元素的种类和添加量的不同，会引起 β 钛相变点的变化，出现 α+β 两相区。合金化后在室温下为 α 单相的合金称为 α 钛合金，有 α+β 两相的合金称为 α+β 钛合金，在 β 钛相变点温度以上淬火，能得到亚稳定 β 单相的合金称为 β 钛合金。

表 1-4 列出了三类合金中的每一种重要商用合金。在表 1-4 中，给出了每一种合金的常用名称、名义成分和名义 β 相转变温度。

表 1-4 中列出的系列 α 合金包括了各种等级的商业纯钛（CP 钛）和在 β 相转变温度以下，具有良好退火性能的 α 钛合金，在此类 α 钛合金中，含有由铁作为稳定元素的少量 β 相（体积分数为 2%~5%）。β 相有助于控制再结晶 α 晶粒的尺寸和改善合金的耐氢性。4 种不同等级的商业纯钛（CP 钛）的区别在于氧含量的不同，其变化从 0.18%（1 级）到 0.40%（4 级），含氧量的多少决定了材料屈服应力的等级。两种合金，即 Ti-0.2Pd 和 Ti-0.3Mo-0.8Ni 有比商业纯钛（CP 钛）更好的耐蚀性能，它们通常被称为 7 级和 12 级，其铁和氧的含量以商业纯钛（CP 钛）2 级为限。Ti-0.2Pd 有更好的耐蚀性能，但价格比 Ti-0.3Mo-0.8Ni 贵。α 钛合金 Ti-5Al-2.5Sn（含 0.20%的氧）比商业纯钛（CP 钛）（4 级：480MPa）有更高的屈服应力等级（780~820MPa），它可在多种温度下使用，最高使用温

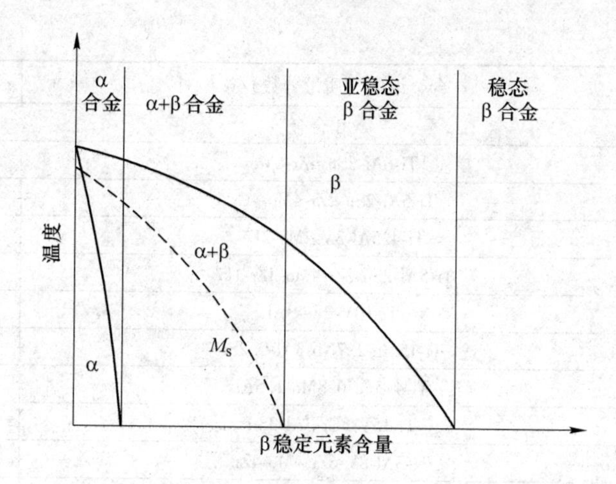

图 1-1 β同晶型相图的伪二元相截面图（简图）

度可达480℃，而含有0.12%氧的极低间隙型ELI（extra low interstitial）甚至可在低温（-250℃）下使用，它是一种较古老的合金，最早生产于1950年，尽管目前在许多领域它已被Ti-6Al-4V所替代，但在市场上仍有一定份额。

表 1-4 重要的商业钛合金

常用名称	合金组成（质量分数）/%	β相转变温度 $T_β$/℃
	α合金和商业纯钛（CP钛）	
1级	CP-Ti（0.2Fe，0.18 O）	890
2级	CP-Ti（0.3Fe，0.25 O）	915
3级	CP-Ti（0.3Fe，0.35 O）	920
4级	CP-Ti（0.5Fe，0.40 O）	950
7级	Ti-0.2Pd	915
12级	Ti-0.3Mo-0.8Ni	880
Ti-5-2.5	Ti-5Al-2.5Sn	1040
Ti-3-2.5	Ti-3Al-2.5V	935
	α+β合金	
Ti-811	Ti-8Al-1V-1Mo	1040
IMI 685	Ti-6Al-5Zr-0.5Mo-0.25Si	1020
IMI 834	Ti-5.8Al-4Sn-3.5Zr-0.5Mo-0.7Nb-0.35Si-0.06C	1045
Ti-6242	Ti-6Al-2Sn-4Zr-2Mo-0.1Si	995
Ti-6-4	Ti-6Al-4V（0.20 O）	995
Ti-6-4 ELI	Ti-6Al-4V（0.13 O）	975
Ti-662	Ti-6Al-6V-2Sn	945
IMI-550	Ti-4Al-2Sn-4Mo-0.5Si	975

续表 1-4

常用名称	合金组成（质量分数）/%	β 相转变温度 T_{β}/℃
	β 合金	
Ti-6246	Ti-6Al-2Sn-4Zr-6Mo	940
Ti-17	Ti-5Al-2Sn-2Zr-4Mo-4Cr	890
SP-700	Ti-4. 5Al-3V-2Mo-2Fe	900
β-CEZ	Ti-5Al-2Sn-2Zr-4Mo-4Zr-1Fe	890
Ti-10-2-3	Ti-10V-2Fe-3Al	800
β 21S	Ti-15Mo-2. 7Nb-3Al-0. 2Si	810
Ti-LCB	Ti-4. 5Fe-6. 8Mo-1. 5Al	810
Ti-15-3	Ti-15V-3Cr-3Al-3Sn	760
β C	Ti-3Al-8V-6Zr-4Mo-4Zr	730
B 120VCA	Ti-13V-11Cr-3Al	700

根据钛合金的组织（α、α+β 和 β）对钛合金进行分类是很方便的，但可能引起误解。例如，正如上面所提到的，所有的 α 钛合金都基本上含有少量的 β 相，或许，对 α 合金而言，更好的判断标准是经热处理后的状况，根据此标准，Ti-3Al-2. 5V 合金最好划为 α 钛合金，见表 1-4，这种合金经常被称为“半 Ti-6-4”，其拥有优异的冷成型性能，主要被制作成无缝管，用于航天工业和体育用具。

表 1-4 中列出的系列 α+β 合金，在图 1-1 中有一个从 α/α+β 边界到室温下与 M_s 线交叉的范围，因而当从 β 相区域快速冷却至室温时，α+β 合金会发生马氏体相变。含少量 β 相稳定元素，体积分数（小于 10%）的合金也经常被称作“近 α”合金，它们主要用于高温条件下。在 800℃时，含 β 相稳定元素体积分数 15% 的 Ti-6Al-4V 合金，这种合金在强度、延展性、耐疲劳性和抗断裂等方面有很好的综合性能，但最高只能在 300℃下使用。这种极受欢迎合金的 ELI（极低间隙型）具有非常高的断裂韧性值和优异的抗破坏性能。

表 1-4 中列出的系列 β 合金实际上都是亚稳态 β 合金，因为它们都位于相图（图 1-1）中的稳定（α+β）相区域。由于在单一的 β 相区域，稳态 β 合金作为商业用材料并不存在，因此，通常用 β 合金表述，本书中，也用亚稳态 β 合金表述。

β 合金的特征在于从 β 相区域以上快冷时并不发生马氏体相变。列于表 1-4 中 β 合金最前面的 Ti-6246 和 Ti-17 两种合金，通常可在 α+β 类合金中找到。汉堡-哈堡技术大学（The Technical University Hamburg-Harburg）的研究表明，Ti-6246 合金中出现的马氏体都是由于在常规样本制备期间人工诱导所致，例如，通过光学显微镜或 X 射线观察，或用透射电镜观察薄片样品，可以发现由机械抛光所致的应力诱导马氏体相变。在钛合金的样品制备过程中，有多种可能形成人工诱导。当采用电化学抛光除掉受机械抛光影响的表面层时，研究表明，在 Ti-6246 合金中并未出现马氏体，这种材料可从含氧量为 0. 10% 的合金经热处理获得。相反，当对氧含量为 0. 15% 的合金进行热处理时，从 X 射线衍射结果看，淬火时会形成 α″马氏体，这种 α″马氏体呈大块状组织。对 Ti-17 而言，它较 Ti-6246 含有更多的 β 相稳定元素。有充分的证据表明，Ti-17 合金不会发生马氏体相变。通常，对所有的 β 合金而言，相对于从 β 相区域的快速冷却，在 500～600℃的温度范围内进行时效时，其屈服应力水平可超过 1200MPa。这种高屈服应力是由于从亚稳态的前驱相中均匀地

析出了细晶粒 α 片晶 ω 或 β′，它们或在冷却到室温过程中或在再次加热到时效温度过程中形成。经过比较可知，对 α+β 合金而言，采用同样的冷却速度和最佳的时效处理后，其能够获得的最大应力水平仅大约为 1000MPa，这是因为在冷却过程中，对于不同的合金，相对粗晶粒的 α 相片状体，或按晶团分布，或形成单个的片状体。

虽然在表 1-4 中列出的常用 β 合金的数量不亚于 α+β 合金的数量，但值得注意的是，实际上，β 合金的用量在整个钛市场上的比例是很低的。尽管如此，由于 β 合金诱人的性能，特别是其高的屈服应力和低弹性模量，在一些领域（如弹簧），其使用量正在稳步增长。

我国钛合金牌号分别以 TA、TB、TC 作为开头，表示 α 钛合金、β 钛合金、α+β 钛合金。

按工艺方法，钛合金也可分为变形钛合金、铸造钛合金及粉末冶金钛合金等；按使用性能，钛合金可分为结构钛合金、耐热钛合金及耐蚀钛合金。

纯钛具有极为优异的耐腐蚀性能，主要应用于化工、轻工、制盐、建筑等领域；钛合金具有比重小、强度高、耐高温、抗疲劳等优异性能，主要用于军工和民用航空、航天、国防、生物医学、体育休闲等领域。

在钛合金中，α+β 型钛合金 Ti-6Al-4V 的综合性能最为优越，因而获得了最为广泛的应用，成为钛工业中的王牌合金，占全部钛合金用量的 80%左右，许多其他的钛合金牌号都是 Ti-6Al-4V 的改型。

由于纯钛和钛合金的主要应用领域不同，各国的优势工业不同，所以纯钛和钛合金在各国钛市场上所占份额也相差很大。在拥有发达的军用及民用航空工业的美国，以 Ti-6Al-4V 为主的钛合金用量约占总量的 74%，纯钛用量仅占 26%左右。与此相反，在基本没有本国航空工业的日本，纯钛的用量高达 90%左右，仅 10%左右为钛合金。

在我国，对纯钛和钛合金市场用量细分的资料较少，不过根据表 1-3 钛材制品的主要应用领域可进行粗略的估算。化工和制盐工业基本上使用纯钛，而体育休闲和航空航天领域则基本上使用钛合金材，因此可大致估算出中国市场上纯钛的市场份额为 56%左右，钛合金约为 44%。

钛锭，包括纯钛和钛合金，经压力加工等后续工艺处理后，可得到不同规格、种类、尺寸的钛材制品。按形状大致可分为以下几类：

（1）板材。包括厚度大于或等于 25.4mm 的厚板及厚度小于 25.4mm 的薄板。

（2）棒材。包括圆棒、方棒等。

（3）管材。包括无缝管及焊管。

此外，还包括锻件、丝材、铸件等。表 1-5 列出了 2006 年我国钛材制品产量（总量与表 1-3 的数据略有出入）及其所占比例。从表中数据可知，板材、棒材和管材制品占总产量的 80%左右。

表 1-5 2006 年中国钛材制品产量及比例

种类	板材	棒材	管材	锻材	丝材	铸件	其他	合计
产量/t	5669	3098	2333	462	248	1462	607	13879
比例/%	40.8	22.3	16.8	3.3	1.8	10.5	4.4	99.9

2 钛工业发展状况

2.1 国内钛工业

2.1.1 海绵钛

我国于1954年开始研究制取海绵钛的工艺，1956年制定了钛工业的发展规划，国家投巨资建设了遵义钛厂（海绵钛）、宝鸡有色金属加工厂和西北有色金属研究院，初步形成了科研和生产相结合的专业化的钛生产体系。

20世纪70年代以前，我国钛的生产和科研主要是为军工服务，所生产的钛材用于航空、航天、舰船、兵器和原子能等部门。1972年后，我国钛材逐渐向民用推广，其“军工为主”的方针也调整为“军民结合”，同时开发军用和民用两个市场。

1982年，我国成立了“钛全面推广领导小组”及“全国钛办”，领导和协调钛的科研、生产和应用。1983年，我国已在真空制盐、氯碱、纯碱、湿法冶金、制药、电力、日用品及饮料等十几个行业推广钛应用项目56个。

1985年，结束了钛产量的10年徘徊，产量达到了1355t。

1995~2006年，我国海绵钛的年产量见表2-1和图2-1。

表2-1 1995~2006年我国海绵钛年产量 (t)

年份	1995	1996	1997	1998	1999	2000	2001	2002	2003	2004	2005	2006
产量/t	1323	2050	2211	2246	1791	1905	2468	3328	4112	4809	9511	18000
年增率/%		55.0	7.9	1.6	-26.4	15.2	29.3	35.1	23.6	20.9	97.8	89.3
五年总和/t		10203					24228					

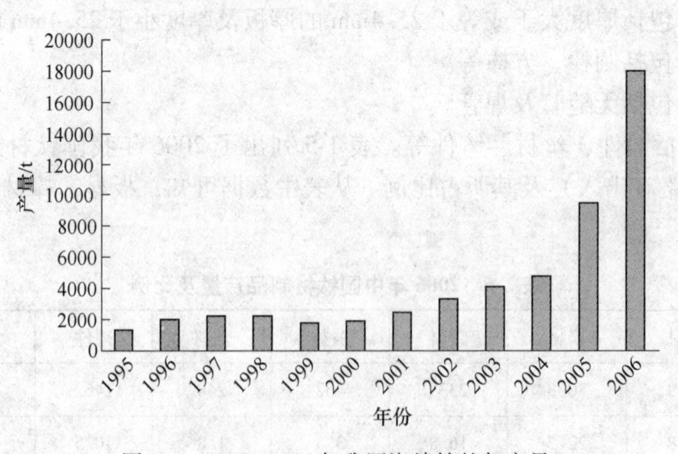

图2-1 1995~2006年我国海绵钛的年产量

从表 2-1、图 2-1 中可以看出：

(1)“十五”与“九五”时期相比，我国海绵钛五年的总产量增加了约 1.4 倍；

(2) 从海绵钛产量的增速来看，2005 年的增速高达 97.8%。2005 年 4 月，遵义钛厂的产能已由 3000t 跃升到 10000t，中国第一次拥有了万吨级海绵钛工厂。

(3) 2006 年海绵钛产量增速迅猛，高达 89.3%。2006 年遵义钛厂共生产海绵钛 10200t，形成了 14000t 的生产规模。

图 2-2 所示是我国历年海绵钛的产量（吨），图 2-3 所示是 2002~2012 年我国海绵钛产能的变化情况。

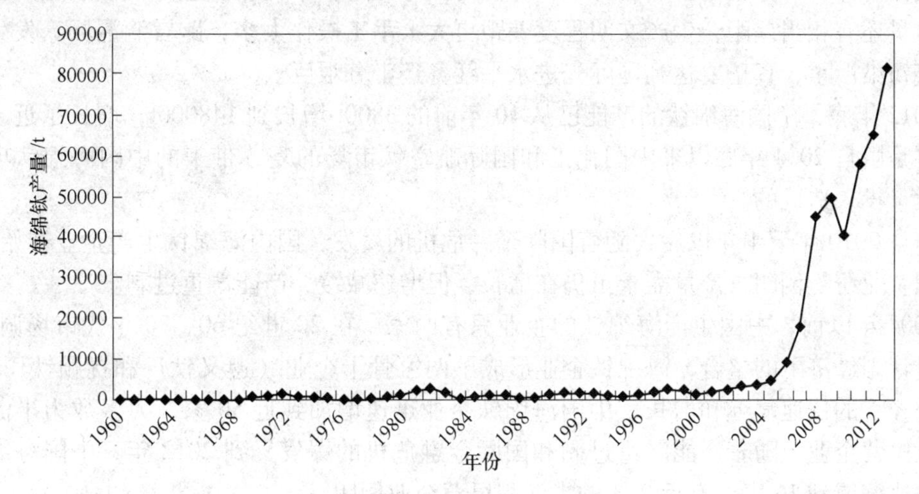

图 2-2　我国历年海绵钛产量

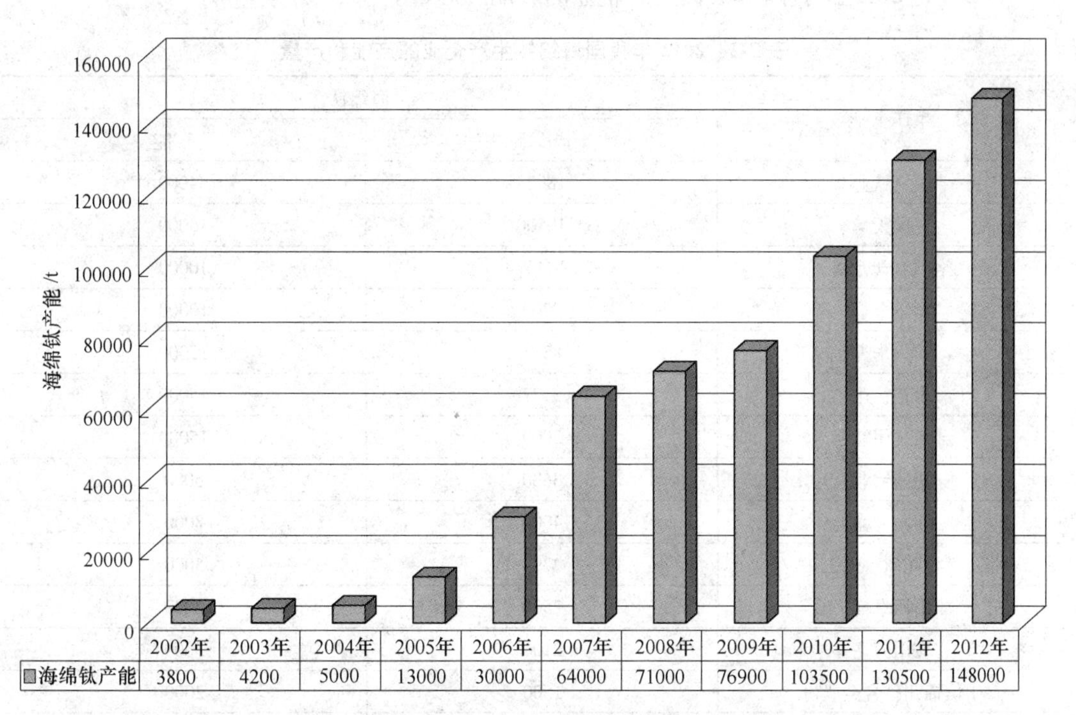

图 2-3　2002~2012 年我国海绵钛产能变化情况

到目前为止，我国海绵钛行业的发展经历了创业期、成长期和爆发期三个阶段。创业期是从20世纪50年代末开始到20世纪末（1999年），经过40多年的发展，全国海绵钛年产量不足2000t，发展速度十分缓慢。但从21世纪开始到2010年的成长期，中国海绵钛行业高速发展，产能快速扩张，仅2007年海绵钛产量比1999年增长了24倍多。同时，近些年来，一些大型国有企业投资建设大型海绵钛厂，产能和产量快速增长，中国海绵钛行业进入了爆发期，到2013年全国海绵钛年产能已接近15万吨，成为世界上最大的海绵钛生产国，但产能利用率只有60%左右。

我国海绵钛产量目前已居世界第一，但与国际先进水平比较，生产规模、生产技术和产品质量还有相当差距，生产文明程度差距更大，手工操作太多，跑冒滴漏频繁发生，厂区空气污染严重，真正要达到国际先进水平任务还十分艰巨。

2012年底，中国海绵钛的产能已从10年前的3800t增长到148000t，增长了近40倍。这主要是由自2004年底以来中国化工和国际航空钛市场的复苏带来的中国海绵钛项目的资本大量投入造成的。

但自2010年下半年以后，随着国际金融危机的爆发，国内海绵钛生产企业开始洗牌，半流程企业纷纷倒闭，产量需求虽仍在增长，但增速减缓，产能严重过剩。

2004年以前，中国生产海绵钛的企业只有两家，在20世纪60、70年代市场调整过，但经过计划经济下的整合，海绵钛企业形成了两家骨干企业（遵义钛厂和抚顺钛厂）。随着国内经济的快速复苏和增长，中国海绵钛企业迅速增加到近50家，大多数为半流程的海绵钛民营企业。随着产能严重过剩和国际金融危机的爆发，到2012年，中国海绵钛企业又快速缩减到16家，有近2/3的半流程民营企业倒闭。

表2-2是2012年我国海绵钛生产企业的产能和产量。

表2-2 2012年我国海绵钛生产企业的产能和产量 (t)

生产企业	海绵钛	
	产 量	产 能
遵义钛业	18928	34000
唐山天赫	10500	15000
洛阳双瑞万基	10431	10000
朝阳金达	9200	10000
锦州华神	8321	12000
攀钢钛业	3177	15000
金川集团钛厂	2000	15000
抚顺钛业	3600	5000
朝阳百盛	4000	8000
攀枝花欣宇化工	2794	5000
山西卓峰	2500	2000
鞍山海亮	2100	3000
中信锦州铁合金股份	1500	2000
宝鸡力兴钛业	1500	3000

续表 2-2

生产企业	海绵钛	
	产 量	产 能
四川恒为制钛	600	7000
锦州华泰金属工业	300	2000
小 计	81451	148000

经过10余年的快速发展，目前中国的海绵钛企业已分成三个梯队，第一梯队是以遵义钛业为龙头，产能过万吨的七家企业，这七家企业基本已完成全流程的生产布局，原料以及产品的质量基本稳定，产品综合成本低，有较固定的战略合作伙伴和客户群，有稳定的年收益率，是中国钛工业的中流砥柱，发展前景较大。第二梯队是以抚顺钛业为龙头的2012年产量在2000t以上的五家企业，这五家企业以投资少、有较稳定的中低端客户为特点，在市场波动中较为灵活地把握市场趋势，具有一定的盈利能力。第三梯队是产量小于2000t的4家企业，这4家企业在市场波动中处于劣势，生产时断时续，企业处于半停产的亏损状态。

2.1.1.1 我国海绵钛进出口情况分析

图2-4所示是2003~2012年我国海绵钛的进出口统计数据。

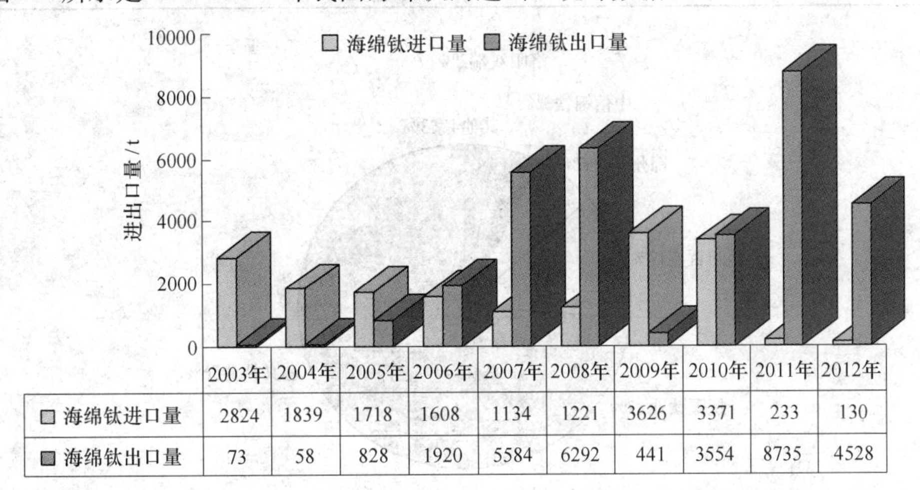

	2003年	2004年	2005年	2006年	2007年	2008年	2009年	2010年	2011年	2012年
海绵钛进口量	2824	1839	1718	1608	1134	1221	3626	3371	233	130
海绵钛出口量	73	58	828	1920	5584	6292	441	3554	8735	4528

图2-4 2003~2012年我国海绵钛的进出口统计数据

从图2-4中可以看出，我国海绵钛行业经过10余年的快速发展，已从原来的净进口国，转为净出口国；尤其是2005年以后，随着国内外海绵钛需求的迅速增长，海绵钛项目的快速上马，以及其产能和产量迅速增长，进口量逐渐减少，出口快速增长，到2011年海绵钛的出口量达到创纪录的8735t，占当年海绵钛年产量的13%。

2.1.1.2 我国海绵钛需求情况分析

2006年，中国海绵钛产能达到30000t/a。其中遵义钛厂14000t/a，抚顺钛厂5000t/a，朝阳百盛锆业有限公司5000t/a，锦州华神钛业有限公司2000t/a，洛阳双瑞万基钛业有限公司2000t/a，其他企业约2000t/a。2006年中国海绵钛产量的细分见表2-3和图2-5，10家企业共生产海绵钛18037t，比2005年多生产了8526t，增长了89.6%。

表2-3　2006年中国海绵钛产量细分　(t)

厂　家	产　量	所占百分比/%
遵义钛业股份有限公司	10204	56.6
抚顺钛业有限公司	3063	17.0
朝阳百盛锆业有限公司	2300	12.7
锦州华神有限公司	1100	6.1
锦州华泰金属工业	300	1.7
中信锦州铁合金股份公司	480	2.6
洛阳双瑞万基钛业有限公司	380	2.1
内蒙百斯特钛业	110	0.6
锦州康宁综合厂	50	0.3
锦州宏发金属工业	50	0.3
合　计	18037	100

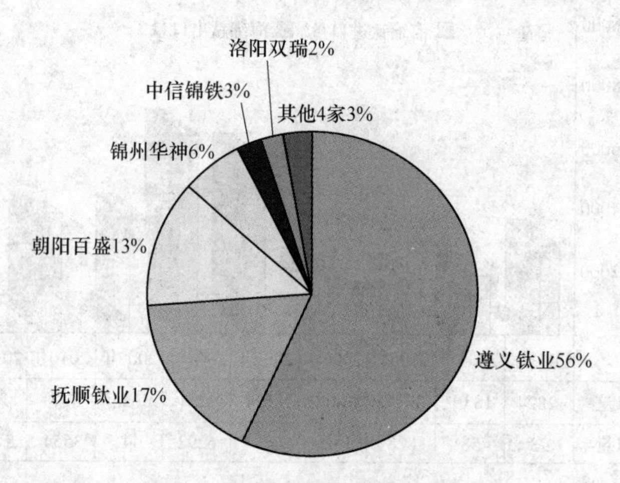

图2-5　2006年中国海绵钛产量细分

图2-6所示是2002~2012年，我国海绵钛的消费量及增长情况。从图中可以看出，10余年来，我国海绵钛的消费量呈逐级上升，然后逐渐趋缓的态势，增长率也从2004年到2007年的快速增长转变为增速平缓。

2.1.1.3　我国海绵钛生产的主要特征及在全球中的地位

我国海绵钛行业的产能从10年前的不到5000t，已发展到目前的近15万吨，且随着云南新立、甘肃金川和攀钢钛业三家国企的介入，以及国内第一梯队海绵钛生产企业产能的扩张，海绵钛产能预计近些年将增加到20万吨左右。

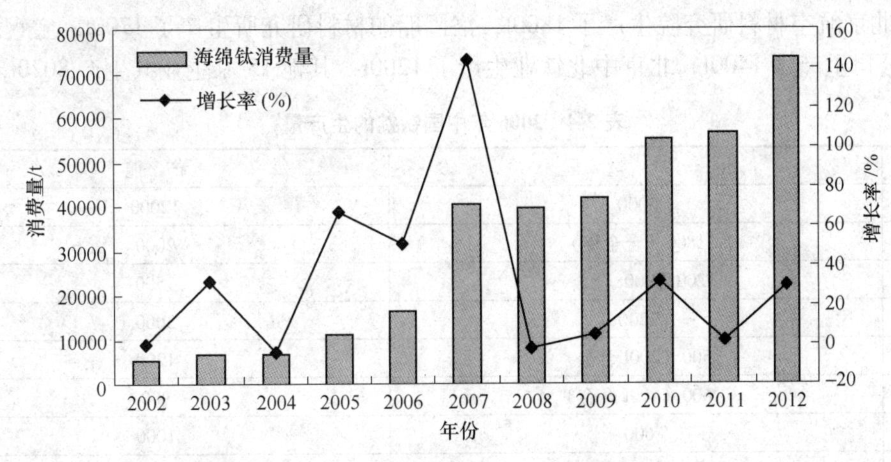

图 2-6　2002~2012 年我国海绵钛的消费量及增长率

我国海绵钛生产的主要特征是：

（1）原料 90%依赖于进口钛矿或金红石；

（2）国内零级品率与国外相比还有较大差距（国内 30%，国外 70%），不能完全满足国内高端领域的原料需求；

（3）与国外相比，产品质量的稳定性较差；

（4）目前国内生产企业的能耗较高，与国外还有较大的差距（吨海绵钛电耗：国内 26000kW · h/t，国外 17000kW · h/t）。

（5）在还蒸、精制、镁电解等海绵钛生产工艺上与国外还有较大的差距。

经过 60 余年的发展，尤其是 10 余年来，我国海绵钛行业不论从产能和产量均跃居世界第一，成为名副其实的产钛大国。在需求拉动下，海绵钛生产企业也不断扩张，形成了目前的 16 家生产企业，在产品质量和稳定性上已能完全满足国内主要行业的钛产品需求，但与世界海绵钛生产大国美、日等相比，无论在生产工艺、装备和产品稳定性、成品率等方面还有很大的差距，仍需继续努力。

2.1.2　钛锭

我国钛锭行业的发展与海绵钛同步，经过 60 余年的发展，钛锭的产能和产量增长巨大，从原来的沈阳铜加工厂、上钢三厂、有色院和宝鸡有色金属加工厂等几家国企生产不到千吨的钛及钛合金锭，发展到现在的上百家生产企业，产能已超过 10 万吨，产量也达到了创纪录的 7 万吨水平。设备由原来的生产 1t 以上钛锭必须采用进口设备，发展到现在的 8t 国产化钛锭熔炼设备。钛锭的质量也逐渐达到国外产品水平，但在高端的航空航天、船舶等领域使用的高品质钛合金锭的生产，我国还主要依赖于进口的大型真空自耗电弧炉、等离子冷床炉（PAM）。我国在生产工艺、产品质量和数量上还有很大的差距。

2006 年底，中国大约形成了 40600t 钛锭的生产能力。

2006 年中国钛锭的产量见表 2-4 和图 2-7。2006 年中国共生产钛锭 22120t，比 2005 年增加了 5890t，增长了 36.3%。其中宝鸡钛业股份公司生产了 6000t，西部钛业生产了

2000t，北京航空材料研究院生产了1800t，洛阳船舶材料研究所生产了1700t，宝钢股份特殊钢分公司生产了1400t，北京中北钛业生产了1200t，其他15家企业共生产8020t。

表2-4　2006年中国钛锭的生产量　(t)

厂　家	产　量	产　能
1	6000	12000
2	1800（合金锭）	2000
3	1200（900t合金）	1500
4	2200	3000
5	500（200t合金）	1200
6	600（400t合金）	900
7	600	1000
8	1400（300t合金）	5000
9	900（200纯钛锭）	2500
10	1700（合金锭）	2000
11	400t（纯钛锭）	1000
12	200t（纯钛锭）	400
13	600（300t合金锭）	800
14	650（200t合金锭）	1000
15	260（20t合金）	500
16	490	500
17	2000（600t纯钛锭）	4000
18	250	500
19	230	400
20	20t（合金锭）	200
21	120	200
合　计	22120	40600

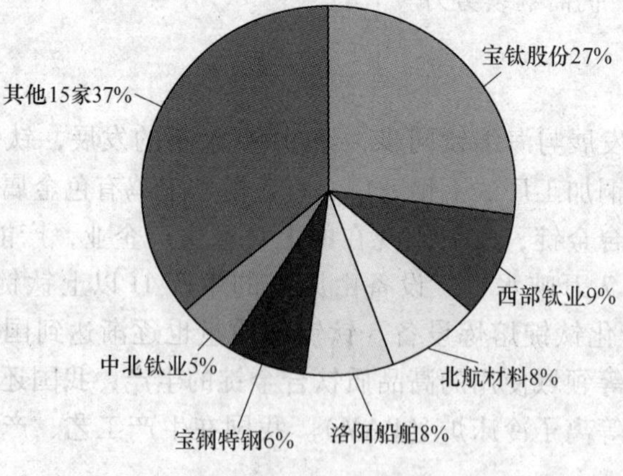

图2-7　2006年我国钛锭生产比例

图2-8所示是我国2002~2012年钛锭的产能变化情况。我国钛锭的生产与海绵钛同步，也经历了三个阶段。在第一阶段的创业期和第二阶段的发展期，钛锭的生产主要用于

军工、化工等领域，行业处于推广应用的阶段，产量也保持在2000t以下的水平。在第三阶段的爆发期，随着国民经济的快速发展，钛材需求快速增长，钛锭的生产随之加速，国内先后新建了200多台国产中小型真空自耗电弧炉和几十台进口大型真空自耗电弧炉，还增加了近10台电子束熔炼冷床炉（EBM）和等离子熔炼冷床炉（PAM），其产品质量和产能得到快速提高。到2012年底，我国钛锭的产能已达到103800t，比2002年增长了8.4倍。与海绵钛一样，我国目前的钛锭加工产能利用率为60%左右。

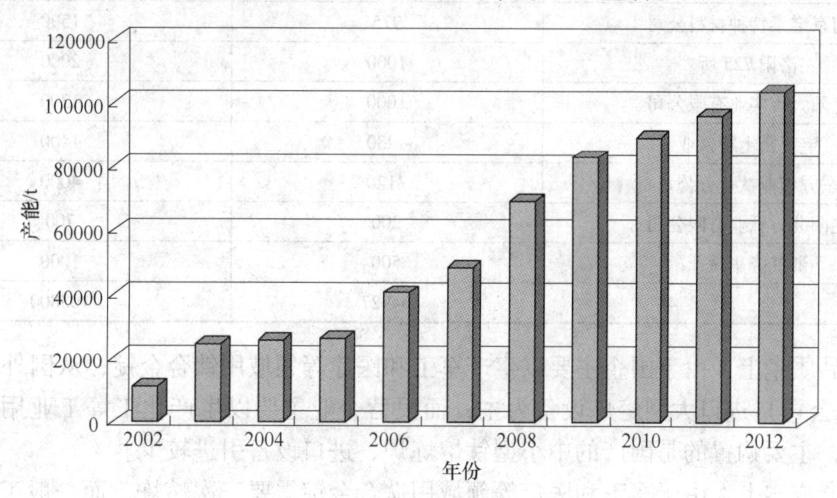

图2-8　2002~2012年我国钛锭的产能变化情况

2.1.2.1　我国钛锭的主要生产企业

表2-5是2012年我国钛锭主要生产企业的产能和产量。在钛锭行业发展的创业期和发展期，生产主要集中在几家国有企业，只能生产3t以下的钛及钛合金锭，产能有限，产品处于研发和推广阶段；在爆发期，钛锭的加工企业增加到近200家，从企业性质来看，90%为民营企业，从产能来讲，国企和民企的产能各半。

表2-5　2012年我国钛锭主要生产企业的产能和产量　(t)

厂　家	产　量	产　能
宝鸡钛业股份有限公司	29793	28000
宝钢特种材料有限公司	1515	10000
西部材料	2190	8000
北京中北钛业有限公司	3500	5000
湖南湘投金天科技集团	1343	5000
沈阳鑫通科技贸易公司	2000	4800
攀长钢	3280	6000
宝鸡力兴钛业	1800	5000
东港东方高新有限公司	1000	3700
西部超导	2500	3000
浙江五环钛业	4108	5500

续表 2-5

厂　家	产　量	产　能
北京 621 所	1000	2000
北京宏大钛科贸有限公司	500	2000
河北德林钛业有限公司	1000	2000
遵义钛厂	1373	2000
南京宝泰特种材料公司	975	1500
洛阳 725 所	1000	2000
沈阳大吉实业有限公司	1000	1200
宝鸡富士特钛业	1230	1400
东方钽业钛业分公司	3120	4000
沈阳北方钛业有限公司	200	700
浙江隆华钛业	500	1000
合　计	64927	103800

在产品质量上，由于国企主要以生产军工和医疗等领域用钛合金锭；从国外（主要为德国 ALD 公司）进口大型熔炼设备为主；而民营企业主要以生产化工等工业用钛产品为主，因此，主要购置的是国产的中小型钛熔炼炉，进口设备引进较少。

在生产成本上，由于军工和医疗等领域用钛合金锭需要三次熔炼，而一般工业用钛锭只需要两次熔炼，因此，民营企业的生产成本比国营企业明显偏低。

2.1.2.2　我国钛锭的进出口及需求

随着中国海绵钛生产企业的快速增加，进出口贸易越加活跃。近几年的钛锭出口主要集中在中国台湾高尔夫球生产用钛合金一次锭，日本生产钛带用大型纯钛锭方面，国内每年的出口量平均在 3000t 左右。由于海关没有相关的税则列号，因此进出口详细数据不详。大多数企业以钛棒材的形式出口钛锭，以获得国家的 13%钛材出口退税。

我国钛锭的需求从产品类型来说，主要以纯钛锭为主，用于生产化工、冶金和真空制盐等用纯钛板和管材，占 70%以上；其次是钛合金锭，用于军工、医疗等领域生产钛合金棒材。

近些年来，随着等离子和电子束熔炼冷床炉的引进，钛扁锭的产量逐年增加，主要用于生产钛及钛合金板材，产品的能耗和成品率也有大幅的提升。

随着国家在军工、船舶、大飞机等项目的开发，以及医疗和体育休闲钛合金板棒产品的稳定需求增长，国内对高品质、大吨位钛合金锭的需求不断增加，而中低端的化工、冶金等领域用纯钛锭的需求，随着国内化工投资周期的结束，近几年处于逐年递减的势头。因此，在今后几年，钛锭的产能将维持在目前的水平，而用于生产中低端钛锭的熔炼设备将逐步淘汰。

2.1.3　钛合金

随着我国钛工业的发展，作为钛工业发展技术支撑的钛合金研究取得了良好结果。我国已研制出 70 多种钛合金，其中 50 多种钛合金列入国家标准，基本形成了我国的钛合金体系。

10余年来，我国新型钛合金的研究与开发十分活跃，主要集中在高温钛合金、高强钛合金、船用耐蚀钛合金、低成本钛合金、阻燃钛合金、低温钛合金和医用钛合金等方面，创新研制出许多具有中国知识产权的新型钛合金。参与钛合金研究的单位逐渐增加，形成了具有中国特色的工业钛合金牌号，基本满足了我国各行各业对不同钛合金的需求。

2.1.3.1 高温钛合金

近年来，高温钛合金研发主要集中在550~600℃高温钛合金和650℃用的钛合金及颗粒增强钛基复合材料等方面。550℃高温钛合金的主要研究对象是Ti55、Ti53311S、Ti633G；600℃高温钛合金研究对象主要是Ti60和Ti600。国内高温钛合金的总体性能不低于国外标准，见表2-6。国外一公司已正式订购Ti600合金材料，650℃用的颗粒增强钛基复合材料主要是TP650。

表2-6 600℃高温钛合金的典型性能

合金	室温拉伸性能				600℃拉伸性能				残余变形量/%	相应的微观组织
	抗拉强度/MPa	屈服强度/MPa	伸长率/%	断面收缩率/%	抗拉强度/MPa	屈服强度/MPa	伸长率/%	断面收缩率/%		
Ti600	1068	1050	11	13	745	615	16	31	0.03	等轴 $\alpha+\beta_{trans}$
Ti60	1100	1030	11	18	700	580	14	27	0.1	等轴 $\alpha+\beta_{trans}$
IMI834	1070	960	14	20	680	550	15	50	0.1	等轴 $\alpha+\beta_{trans}$
Ti1100	960	860	11	18	630	530	14	30	0.1	片状组织

注：蠕变条件：600℃/150MPa/100h。

Ti55合金（名义成分为Ti-5.5Al-4Sn-2Zr-1Mo-0.25Si-1Nd），是一种用稀土元素Nd强化的综合性能良好的近α型热强钛合金。该合金长时间工作温度可达550℃，主要用于航空发动机高压段的压气机盘、鼓筒和叶片等零件。Ti53311S合金（名义成分为Ti-5Al-3Sn-3Zr-1Nd-1Mo-0.25Si）是多元合金化的近α型钛合金，其主要性能特点是中等的使用强度和很好的工艺塑性，该合金还具有较好的与异种金属焊接的性能，能在高温下长时间工作。Ti53311S钛合金适合于制造耐热零部件，已在航天工业中获得了重要应用。

Ti60合金（名义成分为Ti-5.5Al-4Sn-2Zr-1Mo-0.3Si-1Nd-0.05C）是在Ti55基础上改进研制的，是一种用稀土元素Nd强化的综合性能良好的近α型热强钛合金，该合金长时间工作温度可达600℃，主要用于航空发动机高压段的压气机盘、鼓筒和叶片等零件。

Ti600合金是Ti-Al-Mo-Sn-Zr-Si-Y系一种新型近α高温钛合金，该合金具有较好的综合性能，尤其是蠕变性能非常优异，可在600~650℃下长期使用。

用于650℃的TP650是一种TiC颗粒增强的钛基复合材料，具有良好的热强性，与室温延性匹配，其室温强度达到1300MPa以上，室温伸长率达5%以上；650℃的拉伸强度达到650MPa以上；600℃的蠕变强度为210MPa；650℃下的蠕变强度约100MPa（$e_{残} < 0.1\%$）；650℃下的持久强度达到220MPa；TP-650的高周疲劳性能同Ti-64、Ti-811合金相当；TP-650同Ti64合金的低周疲劳极限相当。

总体上讲，我国600℃及其以上高温钛合金还处于研究阶段，在国内航空发动机上还没有得到应用。

2.1.3.2　高强钛合金

我国近年来研制的主要高强钛合金见表 2-7。

表 2-7　我国研制的主要高强钛合金

合金	σ_b/MPa	σ_s/MPa	δ_5/%	K_{IC}/MPa · $m^{1/2}$	da/dN
TB8	1250	1105	8	50	
TC21	1100	1000	10	70	
Ti-B19	1250	1100	8	70	与 β 退火态 TC4 相当
Ti-B20	1300		12	冲击 50J/cm^2	
Ti-B18	1250		12	冲击 45J/cm^2	

TB8 是超高强钛合金，TC21 是高强高韧损伤容限型钛合金，Ti-B20 为高强高冲击韧性钛合金，Ti-B19 为高强高韧耐蚀钛合金。另外，TB6 和 TB10 高强钛合金的研究相对较完善，同时我国目前也正在研制 1350MPa 以上的超高强钛合金。TB6、TB8、TB10 和 TC21 已得到实际应用考核。

TB6 高强钛合金（名义成分 Ti-3Al-10V-2Fe）的主要特点是比强度高、断裂韧性好、锻造温度低和抗应力腐蚀能力强，适合于制造高强度的钛锻件。该合金的综合力学性能可以通过热处理在广阔范围内调整，实现不同强度、塑性和韧性水平的匹配。TB6 钛合金在固溶时效状态下使用，最大淬透截面为 125mm。主要半成品形式是棒材和锻件，特别适合于制造等温模锻件和热模具模锻件。TB6 钛合金可以用各种方式进行焊接，长时间工作温度达到 320℃，用于代替 30CrMnSiA 结构钢可减轻结构质量约 40%，代替 TC4 钛合金时可减轻结构质量约 20%。TB6 钛合金在飞机和直升机制造中获得了应用。

TB8 钛合金（名义成分 Ti-15Mo-3Al-2. 7Nb-0. 2Si）是一种介稳定的 β 型钛合金，该合金采用较多的 Mo 元素而不是 V，大大改善了合金的抗氧化性能和抗腐蚀性能，并具有与 TB5（Ti-15-3）钛合金相似的较好的冷轧和冷成形能力。合金经时效后可达到很高的强度，且具有较好的焊接性能、高温抗氧化性能和耐腐蚀性能，因此该合金是一种较为理想的航空结构材料，如飞机液压系统、燃油箱、箔材用钛基复合材料的基体以及化工和石油加工工业。但是，由于合金中含有较多的 Mo、Nb 等 β 稳定元素，TB8 钛合金必须经过三次真空自耗电极电弧炉熔炼。TB8 钛合金除了生产板材、带材外，还可生产箔材、丝材、管材、棒材和锻件。板材主要用于制造中等复杂程度的飞机冷成形钣金零件，可以代替强度水平相当于 30CrMnSiA 结构钢的零件及热成形的钛合金零件。TB8 钛合金板材及其零件可以在固溶处理状态和固溶时效状态下使用，通过不同的时效制度，实现不同强度和塑性的匹配，满足高结构效益、高可靠性的设计要求。

TB10 钛合金（名义成分 Ti-5Mo-5V-2Cr-3Al）是一种近 β 型钛合金，该合金具有比强度高、断裂韧度高、淬透性较好，且热加工工艺性能和机加工性能十分优异，加工温度及变形抗力远低于大多数工业钛合金等一系列优点，可满足高结构效益、高可靠性结构件的使用要求，是理想的结构材料。TB10 钛合金的主要半成品有棒材和锻件，也可以制成厚板。既可用于航天结构件，也可以用于制造飞机机身和机翼结构中的锻造零件，通过热处理可以实现不同强度、塑性和韧性水平的配合。TB10 合金的最高长期工作温度为 300℃。

TC2l 是一种合金化的 Ti-Al-Sn-Zr-Mo-Cr-Nb 系 α+β 型两相、具有自主知识产权的结构钛合金，其主要性能特点是高强、高韧、损伤容限、可焊。TC21 钛合金最适合于制造各类结构锻件及零部件，在航空航天工业和民用行业中可望获得广泛应用，其主要半成品是板材、棒材、锻件等。在飞机结构中，TC21 合金主要用于制造要求高强、高韧、损伤容限、可焊的重要零部件，可在 500℃下长期工作，已在某一机型上得到实际应用。

2.1.3.3 船用钛合金

目前我国已研制出具有自己特色的不同强度级别的近 α 型船用耐蚀钛合金 Ti75、Ti31、Ti91、Ti70 和 Ti80 等。

Ti75 钛合金具有我国自己的知识产权，它是 630MPa 级的中强高韧性耐蚀钛合金；Ti3l 钛合金是 500MPa 级的低强高韧耐蚀钛合金。二者均具有良好的综合性能，见表 2-8，且均达到工业化规模。Ti75 和 Ti31 均已趋于成熟，并已获得实际应用。

表 2-8 我国发展的船用钛合金及其典型性能

合金牌号	强度级别/MPa	伸长率/%	成 分
Ti31	630	18	Ti-3Al-1Zr-1Mo-1Ni
Ti75	730	13	Ti-3Al-2Mo-2Zr
Ti91	700	20	Ti-Al-Fe
Ti70	700	20	Ti-Al-Zr-Fe
Ti80	850	12	Ti-Al-V-Mo-Zr

Ti91 和 Ti70 为中强高塑、有良好冷加工性能和可焊性的钛合金。

Ti80 是一种高强、可焊的 α 型钛合金，其拉伸性能、断裂韧性、应力腐蚀抗力和低周疲劳性能均优于 Ti-6Al-4V。

Ti75 是低合金化的 Ti-Al-Mo-Zr 系近 α 型钛合金，其主要性能特点是比 TA5 高的使用强度和很好的工艺塑性，具有良好的焊接性能和耐腐蚀性能。Ti75 钛合金最适合于制造形状复杂的板材冲压并焊接的零部件，在舰船行业和医用行业中获得了广泛应用，其主要半成品是板材、棒材、管材、锻件、型材和丝材等。Ti75 合金在 60℃的天然海水中试验 23 天，光亮如初，腐蚀率小于 10^{-4}mm/a；在 60℃、3.5%NaCl 溶液中 181 天试验，缝隙腐蚀率为 0.0001~0.0005mm/a，与 B30 的电偶腐蚀率为 0.0005mm/a，电偶腐蚀效应为 12%。在室温天然海水中，测得 Ti75 合金的应力腐蚀断裂强度因子 K_{ISCC}为 85.3MPa · $m^{1/2}$；在相对流速为 3.07m/s 的天然海水中经 20 天实验，腐蚀率小于 10^{-3}mm/a。

Ti31 钛合金是一种新型中强耐蚀钛合金，属于低合金化的 Ti-Al-Mo-Ni-Zr 系近 α 型钛合金。Ti31 钛合金集中等强度、高的塑性、良好的易加工性和成型性、优异的耐蚀性、可焊性于一体，是新型高温耐蚀钛合金。Ti31 钛合金适宜锻造、轧制、拉伸等加工，产品形式多样化，可加工成板材、棒材、管材、锻件、型材、丝材等形式，合金还具有良好的工艺性，可进行冲压、弯曲、切削加工，另外，合金还具有优异的焊接性。目前，Ti31 合金已制成各种形状法兰、异型三通管、管座及阀门等部件，其中大部分是小锻件机加工而成。该合金只在退火状态下使用，不能采用固溶失效处理进行强化。Ti-31 合金在舰船、化工、海洋工业和民用行业中获得了较广泛的应用。

Ti-B19 合金是一种新型高强高韧耐蚀型近 β 钛合金，具有较高的强度，良好的塑性，较高的断裂韧性，较好的可焊性及耐海水腐蚀、冲刷腐蚀和应力腐蚀等综合性能。该合金具有良好的加工性，可生产各种规格的棒、板、丝、饼等，并且焊接性能、工艺性能良好。Ti-B19 合金在 600℃、3. 5%NaCl 溶液中无腐蚀发生；在流速为 10m/s 的情况下，冲刷腐蚀率为 2.9×10^{-4} mm/a，具有良好的抗冲刷能力。Ti-B19 合金应力腐蚀断裂韧性在 3. 5%NaCl 溶液中的 K_{ISCC} 为 69MPa · $m^{1/2}$，$K_{ISCC}/K_{IC}\geqslant0.8$。

我国于 20 世纪 90 年代开始研制声呐导流罩钛合金。目前，我国有两种声呐导流罩钛合金，即近 α 的 Ti91 和 Ti70 合金。合金分别属于 Ti-Al-Fe 系和 Ti-Al-Fe-Zr 系，两种合金均处于研究阶段。

Ti80 合金是一种新型的 Ti-6Al-2. 5Nb-2. 2Zr-1. 2Mo 系近 α 钛合金，具有高强、高韧、可焊、耐蚀等综合性能，主要用于深潜器和舰船的耐压壳体。其配套焊丝为 Ti531 合金，成分为 Ti-5Al-3Nb-0. 5Mo。Ti80 已进入工业性试验，轧制出了 22×1000 及 48×2400×2700 的板材。Ti80 合金采用焊接+热处理焊接工艺，可使接头性能达到焊接系数 0. 9，焊接性优于 Ti-6Al-4。

2. 1. 3. 4　阻燃钛合金

为解决“钛火”问题，我国对阻燃钛合金进行了多年的研究，研制出成本比 Alloy C（Ti-35V-15Cr）阻燃钛合金低的具有中国特色的 Ti40 阻燃钛合金。与常规钛合金相比，Ti4 合金具有良好的力学性能和阻燃性能，见表 2-9。Ti40 的名义成分为 Ti-25V-15Cr-0. 2Si，是高合金化的 Ti-V-Cr 系全 β 型钛合金，其主要性能特点是良好的抗燃烧性能和高温性能。该合金长时间工作温度为 500℃左右，适合于制造飞机发动机的机匣和叶片。

表 2-9　Ti40 合金的主要力学性能

	σ_b/MPa	$\sigma_{0.2}$/MPa	δ_5/%	ψ/%
室温拉伸	900	≥830	8	12
高温拉伸（540℃）	750	≥600	12	25
热稳定（500℃/100h）			4	6
蠕变性能	(500℃/100h/250MPa) ≤0. 1%			

2. 1. 3. 5　低成本钛合金

低成本钛合金及钛合金的低成本化制备技术近些年在我国受到高度重视，通过合金设计、添加廉价合金元素（如 Fe）代替昂贵合金元素（如 V）等，我国研制出了具有自主知识产权的 Ti12LC（Ti-Al-Fe-Mo）和 Ti8LC（Ti-Al-Fe-Mo）两种低成本钛合金，二者的室温拉伸性能均优于 TC4，见表 2-10，已完成合金设计、试验室研究、中试等基础技术研究，达到了工业化研究规模。两种合金制备的一些零部件正在应用中，为合金规模扩大和推广应用奠定了良好基础。

表 2-10 我国研制的低成本钛合金及其典型性能

钛合金	室温拉伸性能				400℃拉伸性能			
	σ_b/MPa	σ_s/MPa	δ_5/%	ψ/%	σ_b/MPa	σ_s/MPa	δ_5/%	ψ/%
Ti8LC	1050	990	12	30	700	600	15	50
Ti12LC	1100	1050	12	40	900	800	15	50

2.1.3.6 低温钛合金

在开展了对已有的钛合金 TA7、TCl 和 Ti-3Al-2.5V 等的低温性能测试和应用研究后，我国又研制出具有自主知识产权的、适用于低温管路系统的 α 型钛合金——CT20，该合金具有良好的力学性能。CT20 合金的研究已达到工业化规模，由此合金制备的各种零部件正在使用中。

2.1.3.7 医用钛合金

生物医用金属材料是用于对生物体进行诊断、治疗、修复或替换其病损组织、器官或增进其功能的金属或合金，主要用于骨和牙等硬组织的修复和替换、心血管和软组织修复以及人工器官的制造。随着生物技术的蓬勃发展和取得的重大突破，生物医用金属材料及其制品产业将发展成为 21 世纪世界经济的一个支柱产业。

钛及其合金具有无毒、质轻、比强度高、耐生物体腐蚀及良好的生物兼容性等特性，是理想的医用金属材料，被广泛用于人工骨、人工关节、齿科、整形外科、心脏外科、体内支撑架及医疗器械等医学领域。

目前人口老龄化已成为世界范围的社会问题，同时中、青年创伤高速增加，疾病和意外伤害剧增，特别是随着国民经济的发展和人民生活水平的提高，人们对自身医疗康复日益重视，作为人体组织和器官再生与修复材料重要分支的生物医学钛合金材料存在着巨大的市场。

医用钛合金的发展现状

医用钛及其合金的发展可分为三个阶段，第一阶段以纯钛和 Ti-6Al-4V 为代表；第二阶段以 Ti-5Al-2.5Fe 和 Ti-6Al-7Nb 为代表，为新型 α+β 合金；第三阶段以开发与研制更好生物相容性和更低弹性模量钛合金为标志，其中以对 β 型钛合金的研究最为广泛。

最初应用于临床的钛合金主要以纯钛和 Ti-6Al-4V 为代表，纯钛在生理环境中具有良好的抗腐蚀性能，但其强度较低，耐磨损性能较差，限制了它在承载较大压力部位的应用，目前主要用于口腔修复及承载较小压力部分的骨替换，尚未出现强度问题。相比之下，Ti-6Al-4V 具有较高的强度和较好的加工性能，这种合金最初是为航天应用设计的，20 世纪 70 年代后期被广泛用作外科修复材料，如髋关节、膝关节等，同时，Ti-6Al-4V 也在临床上被用作股骨和胫骨替换材料，但这类合金含有 V 和 Al 两种元素。V 被认为是对生物体有毒的元素，其在生物体内聚集在骨、肝、肾、脾等器官，毒性效应与磷酸盐的生化代谢有关，通过影响 Na^+、K^+、Ca^{2+}和 H^+的 ATP 酶发生作用，毒性超过 Ni 和 Cr。Al 元素对生物体的危害是通过铝盐在体内的蓄积导致器官的损伤，另外，Al 元素还可能引起骨软化、贫血和神经紊乱等症状，而且这类合金耐蚀性相对较差。

为了避免 V 元素的潜在毒性，20 世纪 80 年代中期，两种新型 α+β 型医用钛合金 Ti-5Al-2. 5Fe 和 Ti-6Al-7Nb 在欧洲得到了发展。这类合金的力学性能与 Ti-6Al-4V 相近，在此类合金中虽然以 Fe 和 Nb 取代了毒性元素 V，但仍含有 Al 元素；同时，与其他金属相比，虽然这两种合金及 Ti-6Al-4V 与骨的弹性模量最为接近，但仍为骨弹性模量的 4～10 倍，这种植体与骨之间弹性模量的不匹配，使得载荷不能由种植体很好地传递到相邻骨组织，出现“应力屏蔽”现象，从而导致种植体周围出现骨吸收，最终引起种植体松动或断裂，造成种植失败。因此，开发研究生物相容性更好、弹性模量更低的新型医用钛合金，以适应临床对种植材料的需求，成为生物医学金属材料的主要研究内容之一。

近年来，新型医用 β 型钛合金的研制正是适应以上要求而发展的。20 世纪 90 年代初期，Ti-Mo 系 β 型钛合金作为医用材料得到了广泛研究，如 Ti-12Mo-6Zr-2Fe、Ti-15Mo-5Zr-3Al 及 Ti-15Mo-3Nb-0. 30 等。与 Ti-6Al-4V 相比，这类合金具有更高的拉伸强度、断裂韧性，更好的耐磨损性能以及更低的弹性模量。这类合金的弹性模量虽然大大降低了，但仍为骨弹性模量的 2～7 倍，而且含有大量 Mo 元素，动物实验已证明，Mo 元素会产生严重的组织反应。20 世纪 90 年代初，美国 Smith & Nephew Richards 公司在研制的 Ti-13Nb-13Zr 合金中加入了生物相容性元素 Nb 和 Zr，此合金不仅弹性模量（79GPa）低于纯钛和 Ti-6Al-4V，而且完全与生物相容。通过研究，发现此合金在腐蚀和磨损共存环境下的退化程度小于 Ti-6Al-4V 和 Ti-6Al-7Nb，最近对 Ti-Nb-Zr-Ta（TNZT）系合金的研究发现，通过生物相容性元素 Nb、Ta 和 Zr 的应用，可使潜在组织反应达到最小，这类合金的典型代表是 Ti-35Nb-7Zr-5Ta，其弹性模量仅为 55GPa，但此合金的强度也相对较低。

我国从 20 世纪 70 年代开始致力于生物医用钛合金等生物材料的研制与开发，研制成功了具有我国自主知识产权的第二代新型医用钛合金 TAMZ，该合金在生物相容性、综合力学性能及工艺成型性方面优于 TC4（Ti-6Al-4V），而在综合力学性能及工艺成型方面也同样优于国外开发的 Ti-5Al-2. 5Fe 和 Ti-6Al-7Nb 医用钛合金。2002 年，又开始了对生物相容性及力学相容性更好的第三代 β 型医用钛合金的设计和开发，新开发的两类近 β 型钛合金——TLM1 和 TLM2，在保持合金中、高强度和高韧性的同时还具有优良的冷、热加工性能。新材料具有生物及力学相容性优良、原料易得、熔炼机加工工艺简单易控制、性价比高等特点。见表 2-11。

表 2-11 世界各国研发医用钛合金对比

编号	国家	名义成分（质量分数）/%	力学性能					合金类型
			σ_b/MPa	$\sigma_{0.2}$/MPa	δ/%	Φ/%	EG/Pa	
1	中国	TAZM	850	650	15	50	105	α+β
2	中国	TLM1	1000	965	18	70	78	近 β
3	中国	TLM2	1060	1020	17	70	79	近 β
4	日本	Ti29Nb13Ta5Zr	911	864	13		84	β
5	日本	Ti15Sn4Nb2Ta0. 2Pd	990	833	14	49	100	α+β
6	美国	Ti13Nb13Zr	1030	900	15	45	79	近 β
7	美国	Ti12Mo6Zr2Fe（TMZF）	1000	1060	18	64	74～85	β

续表 2-11

编号	国家	名义成分（质量分数）/%	力学性能					合金类型
			σ_b/MPa	$\sigma_{0.2}$/MPa	δ/%	Φ/%	EG/Pa	
8	美国	Ti5Mo3Nb（21SRx）	1034	100	14		79~83	β
9	德国	Ti5Al2.5Fe	1033	914	15	39	105	α+β
10	德国	Ti-30Ta					60~80	近β
11	瑞士	Ti6Al7Nb	1024	921	14	42	110	α+β

尽管多种新型医用钛合金相继问世，但目前临床广泛使用的医用型钛材仍以纯钛及Ti-6Al-4V合金为主。

2.1.4 钛加工材

表2-12是1995~2006年我国钛加工材的年产量。

表 2-12 1995~2006年我国钛加工材年产量 (t)

年份	1995	1996	1997	1998	1999	2000	2001	2002	2003	2004	2005	2006
产量/t	1386	1500	1753	1534	1687	2233	4720	5482①	7080	9292	10135	12000
年增率/%		8.2	16.9	-12.5	10.0	32.4	113.4	16.1	29.1	31.2	15.5	18.4
五年总和/t		8707					36709					

① 含部分改轧量。

我国钛加工材行业的发展，从20世纪50年代初至今经历了60多年的坎坷历程，与海绵钛发展同样经历了创业期、成长期和爆发期三个阶段。

1954~1978年，大致可称为创业期。这段时间里，在国家的统一领导下，中国进行了钛勘探、采选、冶炼、加工、应用的技术研究及工业试验；建立了以遵义钛厂和宝鸡有色金属加工厂为代表的钛冶炼、加工骨干企业，实现了钛的产业化；建立了钛勘探、采选、冶炼、加工、应用和研究这一完整的钛工业体系，为国家许多重点国防工程和国民经济的发展提供了急需的钛制品。

1979~2000年为成长期。这段时间里，我国钛工业在钛冶炼、加工、应用技术和新合金开发方面开展了大量的工作，取得了很大的技术进步；进行了富有开创性的钛及其合金的应用推广工作；以现代企业制度为目标，国有企业逐步开始改革改制，民营企业开始进入钛应用和钛加工领域；大量的钛制品在国民经济的各个部门得到较为广泛的应用。总之，成长期的22年，中国钛工业的进步是渐进而扎实的，为新世纪的腾飞打下扎实的基础。

2001年以后为爆发期，21世纪，中国钛工业伴随着国民经济持续快速发展获得了爆发性增长。以2000年中国海绵钛产量1751t、钛加工材产量2206t为基数，2012年，中国海绵钛生产了81451t，12年增长了45倍；2012年中国生产了钛加工材51557t，12年增长了22倍。目前，遵义钛业股份有限公司海绵钛的产能和产量均超过万吨；宝钛集团钛锭产能达20000t/a，实际生产钛加工材也超过10000t；中国已拥有了两个世界级的钛工业大厂。钛加工材在化工、航空航天、体育休闲和电力等行业获得广泛应用，2012年中国实际消费钛材 43013t，已是一个产钛用钛的大国。

由于钛锭是钛加工材生产的瓶颈，因此，我国钛行业主要以钛锭的产能来衡量钛加工材的产能。通过上述钛锭的产能变化也可以看出，经过 10 余年的发展，我国钛锭的产能已比 2002 年增长了 8.4 倍，产能达到 103800t。

2.1.4.1　我国钛加工材生产企业情况及进出口分析

正如前所述，我国钛加工业的发展经历了三个阶段，在第一阶段的创业期，主要有沈阳有色金属加工厂、宝鸡有色金属加工厂、上钢三厂、上海有色所和北京有色院等几家国有厂院单位开始钛加工材的研发和试制工作，年产量在百吨左右，主要面向军工等领域生产急需的钛及钛合金加工材。

在第二阶段的发展期，由于军工需求量的不足，使得国有几家钛加工企业不得不向民用化工、冶金和制盐等传统领域推广钛加工材，在国务院和全国钛办的大力支持下，经过 20 多年的发展，建成了钛及钛合金熔炼、锻造、开坯、热轧、冷轧等主要加工工序及装备，形成了钛及钛合金板、棒、管、带、丝等产品系列，在纯碱、氯碱、冶金、制盐和电力等民用行业得到了广泛的推广和应用，钛材的产量也从过去的百吨提高到千吨级的水平，一般工业用钛及钛合金加工材在产品质量、产量和产能方面，都得到了很大的提升。

在第三阶段的爆发期，随着国民经济的快速发展和国际航空业的复苏，我国钛加工业迎来了高速发展的时期。在此阶段，国内的原国有钛加工企业纷纷引进国外的先进钛加工设备，完善各自的钛加工产业链布局，面向今后的高端钛应用领域，以此来分享中国经济高速发展的“盛宴”。民营企业在此阶段也得到了迅速发展，在陕西、辽宁和江苏地区新上了近百家中小型民营企业，以来料加工协作的形式完成钛加工产品的生产，在化工、冶金等中低端民用领域进军钛市场。

在第三阶段，由于国有企业均是采取钛加工全产业链布局的方式来进行投资，而民营企业则采取投资少、风险小的来料加工协作的方式进行投资，因此在一般工业领域，民营企业占有较大的优势，而在质量要求高、风险大、成品率低的高端宇航、船舶和医疗等领域，国有企业则占有一定的优势。2002~2012 年我国钛加工材的进出口量如图 2-9 所示。

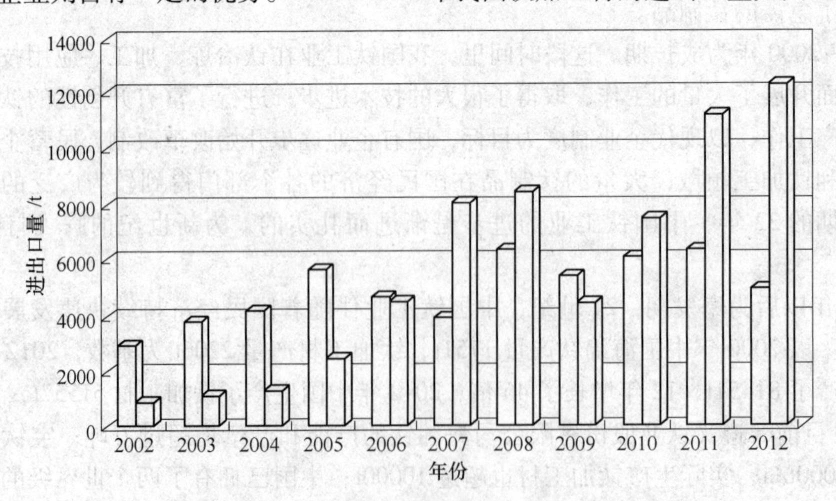

图 2-9　2002~2012 年我国钛加工材的进出口量

在我国钛加工业第一阶段的创业期，钛材由于被国外封锁，几乎没有进出口贸易。在第二阶段的发展期，钛材的进出口贸易由于苏联的解体，钛材以不同的方式从各个口岸大量进口，对我国薄弱的民族钛工业的发展产业了很大的冲击，致使中国钛工业在20世纪90年代发展缓慢，市场花费了近10年的时间，才消耗掉从独联体进口的大量钛材。第三阶段的爆发期，随着国际航空及中国化工领域的需求急需增长，钛加工材进出口贸易开始大幅活跃。在进口方向，由于近几年国内电力行业的大发展，滨海电站以及核电领域使用的大量钛焊管从日本和美国进口，进口量每年平均在3000~5000t，而石化领域的板式换热器用钛带材也因行业未国产化而大量进口；在出口方面，由于国内江苏民营企业无缝钛管的低成本生产，因此这些年，钛无缝管的出口量也稳定在千吨以上的水平，由于国内原料和加工的低成本，在一般工业用钛棒、板和钛制品方面，国内钛加工企业这些年的出口量呈上升态势。

2.1.4.2 我国钛加工材需求情况分析

2006年，中国共生产钛加工材12807.6t，销售13913.26t，库存703.14t，净进口72t，实际国内的总需求量为13985.26t。近年来，我国钛及钛合金加工材产品在不同领域的销售量及所占比例见表2-13。从表中数据可以看出，化工仍是中国钛加工材第一大用户，第二大用户是体育休闲业，第三大用量是航空航天业。表2-13是2006年中国钛加工材产品产量和在不同领域销售量的细分情况。

2006年中国钛加工材产量见表2-14，图2-10。

近年来，随着需求项目的减少以及国际金融危机，钛加工材的需求增速开始放缓，产能过剩的矛盾逐渐突出，我国钛加工业进入了过渡调整的时期。预计这一趋势还将维持一段时间，经过调整后的中国钛工业将向军工、民航、医疗和体育休闲等领域发展。

2.1.4.3 我国钛加工材生产的主要特征及在全球中的地位

我国钛加工材生产的主要特征是：

（1）中低端产品的产能过大，中小型民营企业数量庞大；

（2）具有中长期需求的客户和领域较少，钛应用领域有待拓展；

（3）钛产品同质化现象严重，市场竞争激烈，行业毛利率较低；

（4）由于钛加工产业链投资大，市场需求不稳定，因此除国有企业外，大多数民营企业目前还采用来料加工协作的方式生产，产品质量得不到长期的稳定保证。行业内的订单多掌握在贸易商和流通环节中，钛加工企业的实际利润率水平较低，一般在8%左右。

经过60余年三个阶段的发展，我国钛加工业不论是产能还是产量均处于世界首位，生产的钛材可以完全满足一般工业用钛材的需求，但在宇航、医疗、民航等高端领域的钛合金需求上，目前还处于劣势。

综合来看，经过多年的发展，我国已形成了钛工业较完备的生产、设计和科研开发体系，成为继美国、独联体和日本之后的第4个具有较完整钛工业体系的国家，但我国的钛工业，在生产原料、钛合金的生产工艺及质量认证方面，与美国等钛工业强国相比，还有很大的差距，要成为世界钛工业强国还有很漫长的路要走。

表 2-13 2006 年中国钛加工材产品在不同领域的销售量 (t)

厂家	总量	化工							航空航天	船舶	冶金	电力	医药	制盐	海洋工程	体育休闲				其他
		石化	氯碱	纯碱	无机盐	化肥	染料	其他								高尔夫	眼镜	手表	其他	
1	4960	450	1012	810	101	51	51	152	500	101	101	253		101		810		101		366
2	413		78	42					175	38	13		9	13	20	25				
3	1066								122.8			0.9					21			871.4
4	1527	150	200	500					360								6			311
5	1800				600					50	150		50	100		500		150		200
6	1200	200	100		100									100		400		100		200
7	56.6	17							9			30.6								
8	785	5							80							700				
9	500								50							450				
10	40								40											
11	450	75	20	130				25		40				120	40					
12	300	30								60				80					10	120
13	196	48	5	65		10		10				15	7	20						16
14	150	40	30			32		2				38		6	2					
15	120	30		30					2	5	15	10	8							20
16	102					35									25					42
17	40.9		40.9																	
18	80													40						40
19	60							60												
20	32.3															15.3				17
合计	13879.1	5336.9							1338.8	294	279	347.5	74	580	87	2900.3	27	351	10	2253.6
所占比例/%		38.6							9.7	2.1	2.0	2.5	0.5	4.3	0.6	20.7	0.2	2.5	0.1	16.2
																23.5				

表 2-14 2006 年中国钛加工材生产量细分 (t)

厂家	钛加工材								
	板材	棒材	管材	锻件（含饼）	丝材	铸件	新品	其他	合计
1	2500	1300	720	120	20	32		268	4960
2	163	117	37	72			2	22	413
3		581.5	73.2	96.5				315.1	1066.3
4	6	11	31	5	0.5	3.1			56.6
5		977	78	168	202	102			1527
6	1800								1800
7	1200								1200
8						785			785
9						500			500
10						40			40
11			450						450
12			196						196
13		4.6	36.3						40.9
14			150						150
15		100	200						300
16			102						102
17		7			25.3				32.3
18			60						60
19			120						120
20			80						80
合计	5669	3098.1	2333.5	461.5	247.8	1462.1	2	605.1	13879.1
比例/%	41	22	17	3	2	11		4	100

2.1.5 钛装备

所有的钛及钛合金加工材都必须进行进一步的深加工，或加工成零部件，或制作成设备才能发挥它的作用。我国钛材应用领域以民用为主，占 80%左右，这些钛材全部制成钛设备以供使用。钛设备主要由专业制造企业制作，少部分由钛设备最终用户自己加工制作。专业的钛设备制造企业对我国钛工业的发展、对钛在民用领域的推广应用做出了重大的贡献。我国钛设备制造企业很多，规模和装备水平差别很大。国内目前只有

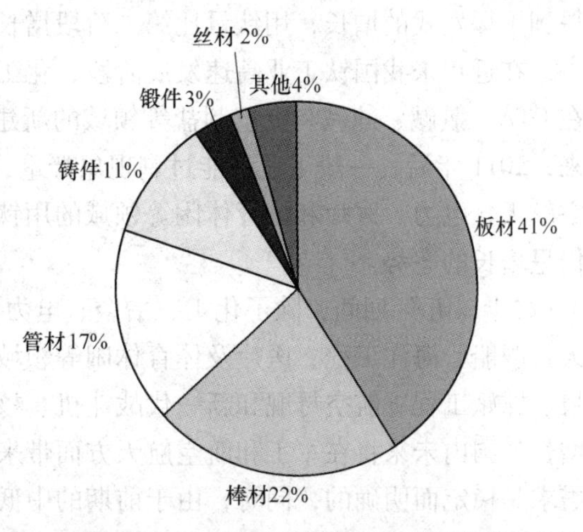

图 2-10 2006 年我国钛加工材类型细分

十几家较具规模的钛设备制造企业具有数控车床、数控钻床和自动焊机。专业钛设备制造企业不仅能制作钛设备，用同样的装备也可以制作锆设备和耐蚀镍基合金等其他设备。

与钛产品不同，我国钛装备经历了两个阶段的发展过程，一个是创业期，另一个是发展期。创业期也即是中国钛加工业的发展期，在这一时期，在国家的大力支持下，钛材在我国化工领域等一般工业领域得到了广泛应用，也使得我国钛装备制造业异军突起。经过30余年的发展，形成了近百家的生产行业，其中大中型企业有近20家。我国主要的钛设备生产企业如下：

（1）宝钛集团有限公司；

（2）南京中圣高科技产业公司；

（3）南京斯迈柯特种金属装备公司；

（4）南京宝泰特种材料有限公司；

（5）沈阳派司钛设备公司；

（6）辽宁新华阳伟业装备制造公司；

（7）沈阳东方钛业公司；

（8）洛阳船舶材料研究所；

（9）西北有色金属研究院；

（10）宝鸡力兴钛业集团。

上述企业是我国目前钛行业的中流砥柱，也代表了中国钛装备制造业的整体水平。

2.1.6 钛加工材在各行业的应用

图2-11所示是2002~2012年我国钛加工材在各领域的用量。在我国钛加工业发展的第一阶段——创业期，钛材主要由几家国有企业试制生产，产品主要以军工为主，用量较少，年需求量在几百吨；在我国钛工业发展的第二阶段——发展期，钛材在民用化工领域得到了广泛的推广和应用，年需求量增长到上千吨，产品主要以民用化工领域为主；图2-11所示为我国钛工业发展的第三阶段——爆发期，我国钛工业在传统民用各领域的用量得到了爆发式的增长，用钛量比第二阶段增长了22倍。

在近年来我国钛工业高速发展阶段，化工领域的用钛量快速增长，这主要是化工领域在PTA、氯碱、纯碱和真空制盐等领域的新建和扩建项目增多，但随着国际金融危机的到来，2011年后，一般工业产能过剩现象严重，化工项目用钛开始骤减；但此时，我国的航空航天、电力、医疗和体育休闲等领域的用钛量呈上升势头，因此，2012年我国钛的产量仍呈增长的态势。

“十二五”期间，除了化工、冶金、电力、制盐等钛的传统应用领域外，我国航空航天、舰船、海洋工程、医疗及体育休闲等领域对钛的需求迎来了新的发展。中国大飞机项目、嫦娥工程、航空母舰和新一代战斗机、核电站计划等都逐渐迎来了对高端钛材需求的增长。国内未来将在军工和航空航天方面带来高端钛材的需求。我国对高品质钛加工材的需求是稳定而明确的，同时，由于前期的中低端产品产能过剩和同质化现象，行业也将遭遇整合期。通过国家的产业政策扶持和调整，将淘汰一批落后的高耗能和高污染钛企业，

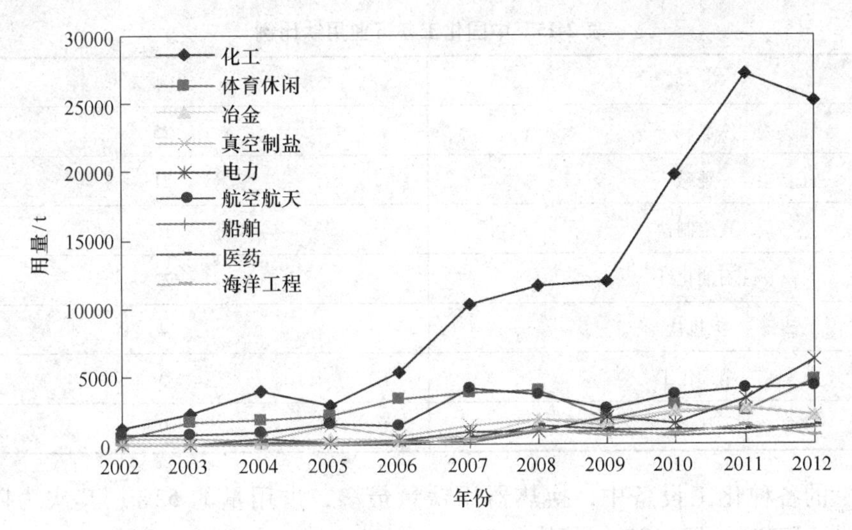

图 2-11 近年来我国钛材在各领域的用量

并对产品技术先进，具有高附加值、发展前景广阔、产品符合国家规划发展要求的钛企业进行资金和税收等方面的扶持。

2.1.6.1 化工行业应用情况

化工行业是我国国民经济的基础、支柱产业之一，在国民经济中占有举足轻重的地位，与我国经济发展速度（GDO）同步运行。

图 2-12 所示是 2002~2012 年我国化工领域的用钛量。从图中可以看出，随着我国经济的发展，化工用钛量也呈快速增长的态势，到 2012 年开始有所回落。这一领域目前仍是我国最大的用钛领域。

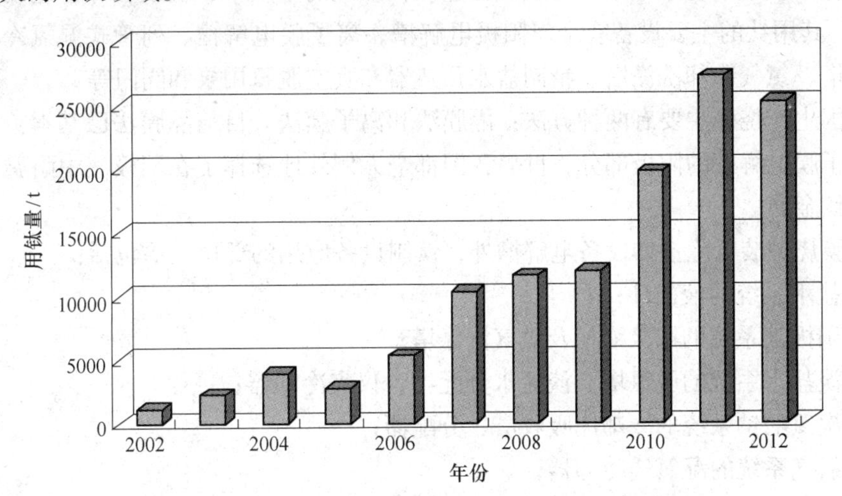

图 2-12 2002~2012 年我国化工领域的用钛量

该领域的主要应用行业为 PTA、氯碱、纯碱、无机盐和真空制盐行业等。我国化工各行业用钛比例见表 2-15。

表 2-15　中国化工各行业用钛比例

领　域	比例/%
氯碱	25
纯碱	21
真空制盐	16
石油化纤	22
无机盐	4
精细化工	3
其他	9

在用钛的各种化工设备中，换热器用钛量最多，占用量的52%；其次为阳极，占24%；容器、管和泵阀占19%；其他占5%。

钛材在化学中的应用主要有电解槽（电极）、反应器、浓缩器、分离器、热交换器、冷却器、吸收塔、连接配管、配件（法兰盘、螺栓、螺母）垫圈、泵、阀等。

我国钛设备制造业骨干企业在上述化工各领域主要通过招标和投标的方式来承接化工行业的新建和扩建项目，生产企业需获得国家质量监督检验总局颁发的A1、A2、D1、D2等各类压力容器的中华人民共和国特种设备制造许可证，其他认证可根据企业自身所处行业情况获取。

A　氯碱工业

氯碱工业是以工业食盐为主要原料，通过电解的方法制备烧碱以及氯气等产品的基础工业，是我国化学工业的基础和支柱产业之一。

钛在化工领域中的最早用户是氯碱工业。在氯碱的生产中，钛设备和管道几乎占其重量的1/4。其用钛的主要设备有金属阳极电解槽、离子膜电解槽、列管式湿氯冷却器、氯废水脱氯塔、氯气冷却洗涤塔、精制盐水预热器和真空脱氯用泵和阀门等。

在我国生产烧碱主要有两种方法：隔膜法和离子膜法。目前隔膜法已基本被离子膜法替代。离子膜电解槽的阳极部分，世界各国都毫无例外地选择了在阳极液中耐腐蚀性能非常优良的钛金属。

离子膜烧碱装置除主体设备电解槽外，钛制设备应用的部位主要包括：

（1）盐水系统的液面计；

（2）阳极液系统的阳极液槽及氯气洗涤塔；

（3）淡盐水系统的脱氯塔、淡盐水分配器、仪表冷却器；

（4）次氯酸钠系统的冷却、吸收塔、分配器；

（5）氯气系统的湿氯气冷却器；

（6）除害系统的换热器、除害风机。

2010年我国建成投产的离子膜烧碱厂家约30余家，产能接近500万吨。到“十一五”时期末，中国烧碱的总产能达到了3300万吨左右。表2-16是每万吨级离子膜电解槽钛材用量。

表 2-16 每万吨级离子膜电解槽钛材用量

槽 型	材料形式	材料用量/t	材料主要用途
标准型复极槽	板材、棒材、管材、丝材	6.05	单元槽、阳极总管、阳极网、复合板
改进型复极槽	板材、棒材、管材、丝材	4.98	阳极盘、阳极总管、阳极网

B 纯碱工业

受下游化工、冶金、电子、建材、装饰等行业快速拉动，近些年来，纯碱需求十分旺盛。

在纯碱生产中，钛材主要用于：

(1) 碳化塔冷却管；

(2) 结晶外冷器；

(3) 蒸馏塔顶氨冷凝器；

(4) 氯化铵母液加热器；

(5) 平板换热器；

(6) 伞板换热器；

(7) CO_2 透平压缩机转子叶轮、碱液泵等。

纯碱行业“十二五”期间新建能力 1100 万吨，其中联碱 655 万吨，氨碱 545 万吨。纯碱行业“十二五”期间扩建能力 260 万吨，其中联碱 160 万吨，氨碱 100 万吨。

1996~1997 年，天津碱厂利用亚行贷款新建 60 万吨纯碱项目，采用 ϕ89mm×2mm×3370mm、45T/5520 支和 ϕ51mm×1.5mm×2762mm、26T/9072 支的纯钛管材，天津碱厂管材还完好无损，可以继续使用。

氨碱法每 1 万吨需用钛 4~5t，氨碱法新增 545 万吨，共需用钛 2180~2725t；联碱法每 1 万吨需用钛 1.6~1.7 吨，如联碱法新增 655 万吨，共需用钛 1048~1113t。

C 制盐业

我国制盐以海盐为主，其次是井矿盐和湖盐，井矿盐是指地下矿盐，有两种类型：一种是固体矿盐，另一种是液体矿盐。四川省两种类型矿盐都有。湖南、湖北、云南及江西等省以固体矿盐为主，另外江苏、山东、河南等省也有井矿盐。20 世纪 50 年代出现真空制盐，开始出现较多的真空制盐工厂。制盐蒸发器曾用碳钢设备，由于腐蚀严重，改用钛材后真空制盐工业发展较快。自 1975 年以来，湖南湘澧盐矿，湖北应城盐厂，四川自贡井盐厂，大安盐厂，邓关盐厂，五通桥盐厂与云南一平浪盐矿等已大量采用钛材制作设备。营口盐化工厂从瑞士引进 15 万吨精制盐项目，其中制盐的蒸发部分也选用纯钛。

经过长期实践，从技术角度，人们认识到钛制设备比碳钢、不锈钢及钢材设备使用时间长、可靠性大。它解决了过去使用其他材料无法解决的难题。据资料报道，在制盐生产中，使用钢材会产生不溶性的氧化铁；使用铜材会产生铜绿（CuO）微粒，这都导致盐的质量难以保证，而使用钛材，由于不产生杂质，从而彻底解决了盐的质量难以提高的技术问题。1978 年以前，湘澧盐矿的三级盐较多，而使用钛材后彻底结束了不产一级盐的历史。

2.1.6.2　PTA 行业应用情况

A　对苯二甲酸和精对苯二甲酸及聚酯装置

对苯二甲酸、精对苯二甲酸-Purified Terephthalic Acid（PTA）是聚酯纤维的原料，对苯二甲酸曾于 1865 年合成，但在 1941 年发明了聚酯纤维，10 年后到 1951 年才开始工业化，工业上主要用对二甲苯氧化法生产分低温氧化法和高温氧化法。

精对苯二甲酸（$HOOC(C_6H_4)COOH$）制造工艺分为两个阶段。

第一阶段是以对二甲苯为原料，制造纯度为 98%的粗对苯二甲酸（TA）。以醋酸作溶媒，醋酸钴与醋酸锰作触媒，在 200℃，2.5～8.0MPa 的高温高压和溴化物存在的情况下（原先采用四溴乙烷，现采用反应活性更强、腐蚀性更大的氢溴酸），通过空气氧化，其中氧化反应器及其后续设备要接触含溴、醋酸物料，这种环境的实用材料是钛。

第二阶段是把 TA 在 280～290℃，6.8～8.0MPa 加氢精制得到纯度为 99.99%的 PTA，由于该阶段工艺环境不像第一阶段苛刻，一般没有必要采用钛材。

阿莫柯（Amoco）公司是石油炼制与石油化学的综合企业，也是世界上最大的 PTA 制造企业，在 PTA 制造工艺与设备材料开发方面处于世界领先地位。主要生产厂在美国休斯敦。

阿莫柯美国公司反应器的直径约 6m，高约 21m，采用钛与碳钢复合材料制造，其反应条件为 204℃，2.5MPa；阿莫柯比利时公司建设的 2 号反应器采用在碳钢基材上覆盖 2mm 厚的钛板，直径 5.7m，高 12m，重达 170t。结晶与醋酸回收设备选用钛或 904L，含 Mo6%的不锈钢或 300 系列不锈钢。

PTA 生产企业较多，有日本三菱化学、三井化学、东芝等公司，韩国、马来西亚、印尼等国也有企业。日本制造的对苯二甲酸反应器，高压容器采用钛复合板的多层圆筒结构单壁容器采用钛复合板，搅拌轴和轴封装置使用了 Ti-6Al-4V 钛合金。

我国的 PTA 生产企业有上海石化、燕山石化、天津石化、扬子石化、辽阳石化、洛阳石化、乌鲁木齐石化、仪征化纤、济南化纤、泉州石化、镇海化工等。我国 PTA 生产装置均从国外成套引进，如上海石化 1974 年从日本引进了 2.5×10^4t/a 对苯二甲酸低温氧化法生产装置，1984 又从日本引进了 2.25×10^5t/a 精对苯二甲酸高温氧化法生产装置，该装置主要有氧化反应器、加氢反应器、溶解器、醋酸精馏塔、大型塔器、换热器、冷却器、储罐、泵、阀、管道等。1984 年还从日本引进了 2×10^5 聚酯装置，其中 6 台第一酯化冷却器用钛制造。20 世纪 90 年代，仪征化纤与洛阳石化等加氢工序中引进的部分设备与器件都使用钛材。

B　乙醛及醋酸和醋酸乙烯

（1）乙醛。乙醛是醋酸、醋酸乙烯等的主要中间原料，乙醛过去用乙炔和水的反应来制备。1962 年，由德国黑克斯德公司和瓦茨卡公司共同研究开发了用乙烯直接氧化的工艺，该法是用氯化钯作催化剂，将乙烯直接氧化。氧化的方式有两种，即使用氧和空气，催化剂循环使用，用氯化铜把还原的钯再返回到氯化钯，再将生成的氯化亚铜氧化成氯化铜。两种方法中，在反应系统中都是以钛的反应器为中心，槽、热交换器、管道等都使用大量的钛。由于氯化物浓度和温度都高，使用纯钛也会产生缝隙腐蚀，而采用 Ti-Pd 合金能解决腐蚀问题。美国的 Celanise 公司用 Ti-0.15%Pd 钛合金来制造乙醛的钢反应器衬里。

1962年以来，日本改用氧化乙烯工艺制造乙醛，由于循环触媒氯离子的腐蚀，18-8不锈钢，甚至纯钛也不耐用，故在反应系统中的槽、热交换器、配管等处使用了含钯的钛合金。日本建一座年产6万吨乙醛的工厂需钛材20t。德国克虏伯公司使用钛设备直接氧化乙烯生产乙醛。俄罗斯在慢速催化剂直接氧化乙烯生产乙醛中，经3年的生产实践证明，在含有盐酸、氯化铜、氯化铁、氯化亚钯和含氯的有机化合物溶液中，在125℃、1.2MPa压力条件下，钛不耐蚀，可使用BT1-0钛来制作合成和反应设备。

上海石油化工总厂1976年由德国引进了年产3×10^4t乙醛生产装置，采用乙烯直接氧化生产乙醛，自投产至今30多年运行良好，证明钛完全能满足生产工艺要求，生产装置包括反应器、再生器、除沫器、分离器、第一和第二冷凝器、接管以及泵等。

(2) 醋酸。醋酸是基本的有机原料之一，是生产合成纤维和医药工业的重要原料，也可以作溶剂。钛材在醋酸生产中的应用主要包括氧化塔、分离塔、脱沸塔、精馏塔、醋酸回收塔、再沸器、加热器、冷却器、闪蒸器、泵、阀等。

生产醋酸的生产工艺较多，古老的方法最早是用粮食制取酒精，然后再将酒精制成醋酸。后来用木材干馏制取醋酸。19世纪末，开发了用乙烯直接氧化制取乙醛，然后乙醛再直接氧化制成醋酸的工艺。1964年，法国BASF公司开发了甲醇、一氧化碳制取醋酸的工艺。

我国原生产醋酸主要采用电石法，其次是酒精法，每生产1t电石要消耗3000kW·h电，每生产1t醋酸至少要消耗2.6t粮食，两种方法都不经济。

上海石油化工总厂年产3.5×10^4t乙醛氧化制醋酸装置系国内设计制造，1996年投产。接触醋酸的设备原选用超低碳含钼不锈钢，由于高温醋酸含有甲酸、氯离子等杂质，某些设备腐蚀相当严重。为了提高设备使用寿命，该装置中的脱高沸物塔顶、脱低沸物塔顶冷凝器等陆续改用了钛制品，脱水塔等构件也改用TA2与TA10。

上海试剂一厂采用了轻油氧化制醋酸工艺，醋酸生产中传统使用的1Cr18Ni9Ti不锈钢设备遭到严重腐蚀，使用寿命只有2~3个星期，该厂生产中使用钛制针形截止阀和球形截止阀后，停工次数减少、维修费用降低。大连氯酸钾厂在回收醋酸的工序中使用了回收塔，解决了以往使用高硅铸铁回收塔的腐蚀问题。西北第二合成制药厂利用石油气中的乙烯直接制取乙醛，再氧化制成醋酸，工艺中采用的催化剂是氯化钯及氯化铜，该厂采用了钛制氧化塔、催化剂再生器、冷却器、泵、阀等。

(3) 醋酸乙烯。苏州溶剂厂采用乙烯直接液相法氧化制取醋酸乙烯的工艺中，氧化制乙醛的反应塔、进出料管、出料阀和温度计套管都采用了钛材，使用效果良好。

2.1.6.3 丙酮

采用丙烯氧化制丙酮时解决设备的腐蚀问题最好用钛材。日本在生产丙酮中，使用钛钯合金的反应器和配管等，建一座年产3万吨丙酮的工厂需钛40t。

哈尔滨化工四厂在丙烯制丙酮的装置中采用部分钛制设备，实践证明，钛在这种介质中是完全耐腐蚀的。湖南益阳红旗化工厂建的丙酮装置，所用的大部分设备都用钛材制作。

A 石油精炼

石油精炼时，由于原油中含盐分和硫，对不锈钢、铜合金设备会产生严重腐蚀，因而需要用钛来制作石油精炼的热交换器、蒸馏塔、反应器等。另外，也用钛制作热电偶保护管、泵的平板阀、配管、阀门、各种弹簧、测量仪器、托架等。

1970 年，日本水岛炼油厂开始采用钛制热交换器，现已安装 23 台。钛制热交换器的价格约为不锈钢的 2 倍，其使用寿命在 6 年以上，与寿命只有 2~3 年的不锈钢相比，在经济上是有利的。日本在石油精炼方面也大约使用了 50 台热交换器，平均每台热交换器用钛量约为 800~1000kg。油和气的冷却使用了直接冷却和间接冷却装置。在直接冷却中，使用了列管热交换器，以海水为冷却剂；在间接冷却系统中，使用了碳钢热交换器，以海水为冷却剂，再用钛管热交换器中的海水来冷却这些海水。辅助装置使用了钛制管状压缩冷却器、内冷却器、低压原油冷却器。

20 世纪 70 年代中期以来，我国 PTA 工业从无到有，得到了飞速发展，尤其是近些年来，由于需求的急剧增加，我国 PTA 产能迅速增长，新建装置不断投产，单套装置产能亦不断扩大，我国已成为世界最大 PTA 生产国和消费国。

为了适应不同的介质条件，PTA 生产装置所使用的钛材已由原来的 Gr. 1、Gr. 2、Gr. 3、Gr. 11 增加到了目前的 10 种。

南京宝色完成了 ϕ6900mm×46000mm 塔、ϕ7000mm×12000mm 反应釜、ϕ4400mm×43000mm 冷凝器的生产，是国内首次完成 PTA 装置中的超大型钛制容器。这些钛制容器，经顾客和第三方检验，质量符合要求，2005 年已陆续投入使用。

B　氯酸盐

氯酸盐主要以氯酸钾、氯酸钠产品为主。

全球氯酸钠生产能力近 350 万吨，其中北美、欧洲占 70%，其他地区约占 30%。实际产量近 300 万吨。每年消费量以 3%~4%的速度递增。

国内氯酸钠生产近两年来发展很快，总生产能力突破 100 万吨。

氯酸盐钛制设备主要有电解槽、钛阳极、反应发生器、蒸发器等，每 1 万吨氯酸钠大概需要使用钛材 15t。

C　钾盐

钾盐产品包括氯化钾、硫酸钾、硝酸钾、碳酸钾等，其中硝酸钾和碳酸钾生产中的蒸发器、预热罐和冷却器需要使用钛制设备。目前，中国硝酸钾和碳酸钾的总产能约为 60 万吨。

2.1.6.4　航空航天领域应用情况

A　钛在我国航空领域的应用

世界各国国防系统和民航系统日新月异的发展，要求飞机及其发动机通过减轻结构重量等有效途径，不断改善使用性能、提高安全可靠性和降低成本。

60 多年来，我国通过持续的工艺创新和工程应用，永不止步地一再挖掘钛潜在的能力，使其比强度、耐热性、抗蚀性等方面的优越性日益发挥出来，其成本较高的问题逐渐得到不同程度的解决，使用可靠性也随设计应用经验的日积月累而不断提高。

钛合金的发展态势不仅适应了航空工业不断提升的需求，甚至在某些方面以超前的姿态促进了飞机及其发动机的发展，这也正是钛合金在航空领域“飞黄腾达”的原因所在。

B 钛在我国航天领域的应用

钛在航天工业中的应用，主要是利用其低密度、高强度、耐高温、耐腐蚀等性能。

钛在航天工业中的应用达到了减轻发射重量、增加射程、节省费用的目的，是航天工业的热门材料。在火箭、导弹和航天工业中可用作压力容器、燃料储箱、火箭发动机壳体、火箭喷嘴套管、人造卫星外壳、载人宇宙飞船船舱（蒙皮及结构骨架）、起落架、登月舱、推进系统等。

我国的航天领域由于起步晚，承担的任务重，新试制项目层出不穷，因此所使用的钛材在批量前品种多，用钛量少，机制较为灵活，国内有十几家国、民营钛加工企业参与生产试制任务，该领域的门槛较低，在获得国家军标认证、武器装备生产许可证和三级以上保密资质认证的前提下，可重点与用钛院所在产品研发期进行合作，取得供货商的资质，争取在批量生产中获得更大的订单。图 2-13 所示为近 10 年来我国在航空航天领域的用钛量。

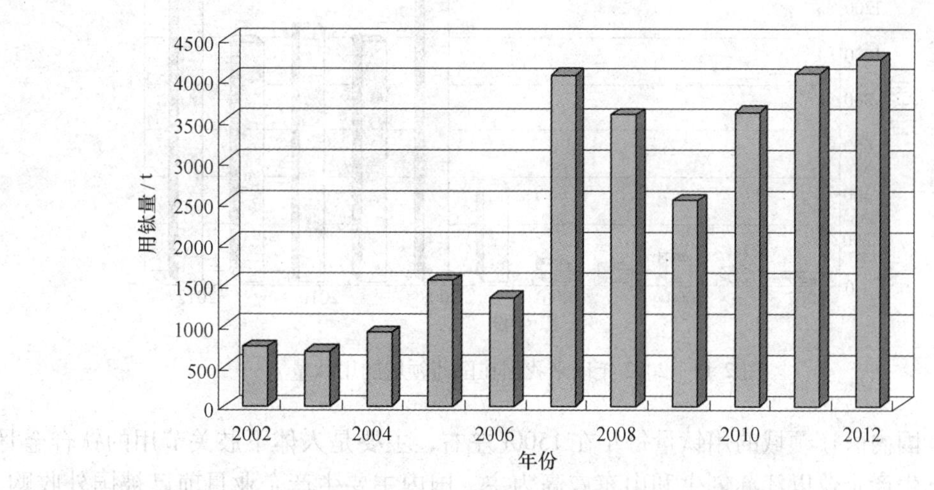

图 2-13 近 10 年来我国在航空航天领域的用钛量

从图 2-13 中可以看出，自 21 世纪初开始，我国在航空航天领域的用钛量呈现出快速增长的势头，尤其是 2006 年以后，用钛量已超过 4000t，呈稳步发展的态势。

在我国航空航天领域，目前钛的消费量仅占 10%左右，但随着中国大飞机计划的启动和国内 ARJ-21 和 C919 商用飞机项目的实施，中国钛工业高端化发展迎来了政策和市场的双重利好，钛在航空航天领域的应用必将迎来大的发展。

2.1.6.5 体育休闲领域应用情况

据统计，钛总量的 8%用于运动休闲，是钛应用的第三大应用领域。在此领域，我国尚处于起步阶段，发展前景巨大。

我国的运动休闲钛制品主要有高尔夫球头和球具、全钛手表、眼镜架、滑板、网球拍、羽毛球拍、鱼竿、钛自行车等。

目前我国台湾地区是世界上此类钛制品的主要生产地。中国内地的百慕高科、洛阳双瑞万基等企业是高尔夫球头的主要生产厂商。此类钛制品的产量受国际需求的影响较大，2008 年和 2009 年的金融危机使此类钛制品的需求下降明显，2002 年以来，中国体育休闲领域的用钛量如图 2-14 所示。“十二五”期间，随着生活水平的不断提高，运动休闲业的用钛量有较高的增长幅度。

2.1.6.6　医疗领域应用情况

钛在我国医疗领域的应用始于 20 世纪末，与体育休闲领域一样，首先是进口钛材在国内加工，然后是替代进口。其发展较快主要在近 10 多年间。

图 2-14 所示是 2002 年以来钛材在我国医疗领域的用量。从图中可以看出，我国在医疗领域的用钛主要从 2007 年以后开始爆发式增长，这主要是随着国民经济的快速发展，我国人民的生活水平逐步提高，医疗用钛也逐步开始普及。

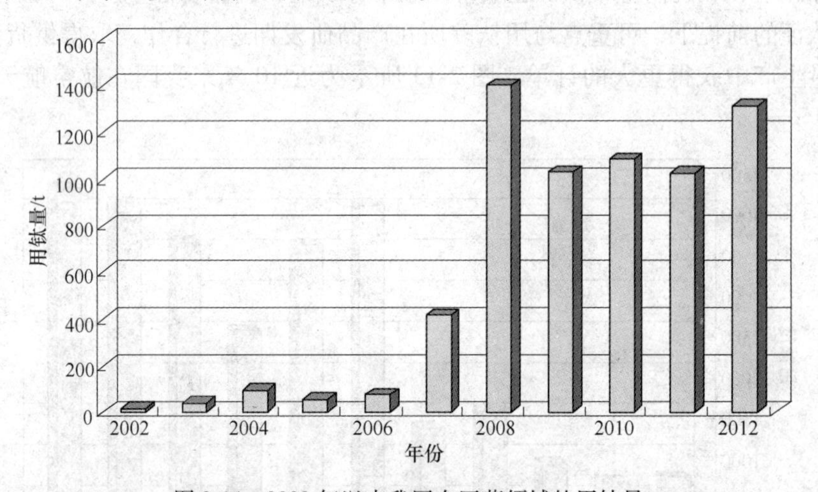

图 2-14　2002 年以来我国在医药领域的用钛量

目前，国内医疗领域的用钛量每年在 1500t 左右，主要是人体下肢关节用的钛合金骨钉和骨板，生产企业以江苏创生和山东威高为主，国内主要生产企业目前已被国外收购，用钛量每年呈稳定增长的势头。国内，此类医疗器械的生产企业大约在 30 家左右，主要由国内的西部超导、西安赛特、宝鸡鑫诺、宝鸡英耐特和大连盛辉等几家企业提供钛合金材料，进入门槛不高，但材料要求稳定性好，主要是直径为 8 ~ 13mm 的 TC4 钛合金棒材和弧形板材。

2.1.6.7　冶金领域应用情况

与上述领域类似，我国冶金领域使用钛也是从 21 世纪初开始，在钛工业发展的前两个时期主要以推广应用为主。

钛在冶金行业，主要用于有色金属的湿法冶金设备。湿法冶金过程一般是在一定温度、压力下，用酸、碱及各种化学溶剂溶浸矿料。所使用设备（如浸出过程的浸出槽、高压釜、搅拌装置，过滤过程的过滤筛板、泵、阀门、管道，电解过程的电解极板、热交换器及排烟机、收尘设备、烟道等）都要长期接触酸、碱、药剂和各种腐蚀性气体、烟尘，因而在一定温度下易受腐蚀与机械磨损，所以这些设备中常使用不锈钢或耐酸搪瓷、铅板、衬胶和耐酸涂层材料。没有使用钛材前，设备腐蚀严重、事故多，溶液烟气的跑、冒、滴、漏严重，造成金属损失大、成本高、劳动条件差、产品品质下降。冶金工业中用钛制设备能延长设备的使用寿命、提高劳动生产率、改善产品品质、延长设备检修周期、节省维修费用、减少对环境的污染，并能简化设备、方便操作，以及提高工艺的机械化和自动化程度。部分冶金工业用钛制设备见表2-17。

表2-17　部分冶金工业用钛制设备

生产部门		使用钛制设备
铜冶炼	铜电解	阴极母板、阴极辊筒、电解槽、电解液供应槽、泵、洗涤塔、热交换器、过滤器、管道、阀
	硫酸盐	真空蒸发装置、结晶器、蛇管加热器
	电解泥	电解泥搅拌器、泵、槽
	硫酸生产	洗涤塔、水淋冷却器、湿电滤器、浸出离子交换柱、风机、吸尘器、储酸槽、隔离箱（清洗含有硫酸酐浸蚀气体用）、通风管道、泵、阀、配电箱
镍、钴冶炼	过滤设备、高压釜、热交换器、蒸发器、反应器、槽、萃取器、泵、阀、风机、阴极母板	
铅、锌冶炼	铅冶炼	风机、通风管道、节流阀及湿式收尘零件
	沸腾焙烧炉的气体输送和气体净化装置	通风管道、除尘器、电滤器、风机
	浸出设备（溶液中含 H_2SO_4 150g/L）	储液槽、管道、泵、浓密机、空气搅拌浸出槽、风机、真空过滤器
	电解锌、镉、铟（溶液中含 H_2SO_4 170g/L）	电解槽、管道、电解液容器、蛇管换热器
铝冶炼	冰晶石生产	泵、阀
	氧化铝生产	输送1%~2% H_2SO_4 溶液的管道
	铝的生产	过滤器、泵、阀
钛、镁冶炼	高钛渣氯化和钛镁生产烟气净化	风机、阀、泵、管道、捕集器、三通、循环槽、洗涤器、烟筒
贵金属冶炼	二次生产	反应槽、真空泵、离心机、风机、蒸发盘、吸滤器等
	黄金采矿—选矿生产	阴极、真空泵、萃取器、再萃取器、容器、风机、管道等
	硫酸和盐酸硫脲溶液	树脂交换离子柱、离子交换装置换热器、浓缩机槽、电化学析出金的阴极、输送溶液的管道、阀等
	金刚石的加工和富集	黄金氰化浸出容器、再生离子交换树脂设备等

钛在冶金工业中用于铜、镍、钴、铅、锌等冶炼设备的电解阴极种板、加热器、冷却器、反应器、阴极辊筒，钼冶炼的高压釜，铜矿湍动冷却塔，焦化厂捕尘器以及泵、阀、风机、管道等。另外干电池原料的二氧化锰电解，也采用金属钛阳极。实践表明，钛材在这些领域中的应用，生产上是可行的，技术上是先进的，经济效果显著。

2.1.6.8　电力领域应用情况

电站凝汽器的作用是把驱动汽轮机做功的高温、高压蒸汽冷凝成水返回锅炉重新使用，它是电力行业火力发电及原子能发电的重要设备之一。

在使用淡水或干净海水作冷却水时，不锈钢、黄铜和白铜等凝汽器管的腐蚀泄漏并不十分严重。20 世纪 60 年代前，国内外发电厂均采用铜合金管作冷凝器管。随着发电厂向大型机组发展，凝汽器依靠海水，甚至是污染海水作冷却水已不可避免。由于海水中氯离子含量高，受污染后含有硫化物，海水中存在大量海洋生物和泥沙以及海水的冲刷，使得冷凝器用铜合金管腐蚀加剧。

传统使用的铜合金管发生腐蚀方式有全面腐蚀（均匀腐蚀）、溃蚀、冲蚀和应力腐蚀等。原本可用 10 年的铜合金管，只能用 4 年，有的甚至仅 1~2 年。铜合金制凝汽器产生的各种腐蚀导致凝汽器腐蚀泄漏，迫使电站停机，严重危及电厂的安全运行，给国民经济和人民财产带来严重的影响。例如，20 世纪 70 年代，天津军粮城发电厂由于铜管凝汽器频繁泄漏，电站累计停机 4000h，少发电 2.2 亿度，价值 1300 多万元，更换铜管 200 多吨，价值 200 多万元。因此，上述材料不能适应滨海电厂冷却水质的要求，迫切需要寻找一种耐海水和污染海水腐蚀的材料。

钛以其优异的耐腐蚀性（尤其耐氯化物及硫化物介质腐蚀）、抗冲刷、低密度、高比强度、良好的冷成型性能，管材可承受较大的扩口、压扁及弯曲等变形，可焊性等良好的综合性能，成为冷却水质恶劣的电厂凝汽器的理想材料，赢得了电力行业的青睐和重视。

2.1.6.9 钛在换热器上的应用

钛在电力工业中的另一个重要应用是海洋热能转换电站的换热器，这是金属使用率最高的设备。由于总循环效率低，换热器往往做的非常大，这是海洋热能转换电站中设备投资费用最多的部分。电站系统的设计原则应是寿命长（可达 30 年）、维修少，因此在选择材料时，必须在材料有好的耐腐蚀性能基础上，综合考虑材料成本和制造成本，钛成为最有竞争力的材料。

2.1.7 国内主要生产企业

2.1.7.1 遵义钛业股份有限公司

遵义钛业股份有限公司是国内最大的海绵钛全流程专业生产企业，是拥有军工资质的海绵钛军工民品配套企业，其历史沿革：1964 年，根据党中央关于加速三线建设建立了遵义钛锆厂，1966 年 3 月更名为 906 厂，后相继更名为遵义有色金属冶炼厂、遵义钛厂。曾先后隶属于冶金部、中国有色金属工业总公司、中国稀有稀土集团、国家有色金属管理局，2001 年变更为贵州省省管企业，现隶属于贵州省国有资产监督管理委员会。

遵义钛业股份有限公司是在遵义钛厂 40 年发展基础上建立起来的新型企业，前身是 2001 年 11 月由遵义钛厂和中国华融资产管理公司共同出资组建的债转股企业——遵义钛业有限责任公司。为完善法人治理结构，促进公司上市融资，谋划企业发展，2005 年 4 月 28 日由遵义钛厂、中国华融资产管理公司等 6 家股东发起设立遵义钛业股份有限公司。

2007 年 10 月 29 日，遵义钛业股份有限公司与宝钢集团等 9 家股东共同发起，成立了遵宝钛业有限公司，该公司设计产能 1 万吨/年，先期 5000t/a 已于 2011 年 3 月实现全面投产，该公司新建万吨海绵钛项目全面引进国外先进的氯化、精制、钠电解、镁电解工艺技术，使遵义钛业的海绵钛生产技术达到世界先进水平。

遵义钛业坐落在“遵义国家级钛材料特色产业化基地”科技园，是国家民用工业军品配套重点生产企业，占地135万平方米。现有在册员工2194人，各类专业技术人员628人。遵义钛业股份有限公司是国内海绵钛生产企业中第一个达到万吨规模的企业，“航天牌”海绵钛产品享有盛誉，产品质量保持行业先进水平，产品畅销国内各省市自治区，市场占有率位居国内第一。产品远销美国、日本、法国、德国等多个国家，累计出口创汇2亿多美元。

2.1.7.2 宝钛集团有限公司

宝钛集团有限公司（简称宝钛集团）始建于1965年，是国家“三五”期间为满足国防军工、尖端科技发展的需要，以“九〇二”为工程代号投资兴建的国家重点企业，原名902厂，1972年更名为宝鸡有色金属加工厂，隶属于国家冶金工业部。1983年划归中国有色金属工业总公司主管，1999年划归中国稀有稀土集团公司管理，2000年下放到陕西省，隶属于陕西有色金属控股集团有限责任公司。2005年，为建立现代企业制度、理顺国有资产管理关系，工厂整体改制为宝钛集团有限公司。

历经50年的艰苦磨砺，宝钛集团现已发展成为中国最大、实力最雄厚、体系最完整的以钛及钛合金为主的稀有金属材料专业化科研生产基地，是我国钛工业的摇篮和旗帜，是中国钛、锆国标、军标、行规的制定者，代表着我国钛锆材加工技术的最高水平，是“中国钛谷”和“国家高技术新材料产业基地”的龙头企业，目前，公司主导产品钛材年产量已位居世界同类企业第二。

我国第一颗氢弹的爆炸成功、第一艘核潜艇的胜利下水、第一颗软着陆卫星顺利返回地面、首次向太平洋海域成功发射运载火箭、“神舟”系列宇宙飞船、“嫦娥”奔月成功，系列歼击机、直升机，各型运载火箭、卫星、系列导弹和神舟飞船以及核动力船舶等，都使用了宝钛集团研制生产的钛及钛合金等关键性稀有金属材料，不仅使中国摆脱了重点型号和武器装备的关键材料受制于人的局面，丰富了我国航空用钛合金材料体系；而且大大提升了我国军事装备水平和国产化能力，为国防现代化建设和尖端科技发展做出了巨大贡献。

宝钛集团是目前国内最大的综合性钛企业集团，生产经营涵盖钛的冶炼、加工、应用、贸易和科研等领域，2011年，钛加工产量达18556.52t，是世界级的钛加工企业。

宝钛集团现拥有包括上市公司——宝鸡钛业股份有限公司在内的8个控股公司、4个参股公司、4个全资子公司及5个模拟法人单位，所属和参股企业分布于陕西、辽宁、海南、南京、上海等省市。公司占地面积1393996.65m^2，注册资本753487300元，固定资产总值156.29亿元。银行信用等级为AA+级。宝钛集团拥有国内一流的钛及钛合金加工的专家队伍和高素质的员工队伍，现有员工（截至2011年）7739人，其中，专业技术人员2505人，占员工总数的32.3%。教授级高工29人，高级职称581人，中级职称721人，初级职称1174人。高级技师65人，技师346人。2010年公司还先后建立了博士后流动站和院士工作站，并组建了宝钛研究院，为公司的快速发展提供了有力的人才保障和研发平台支持。

2.1.7.3　湖南湘投金天科技集团有限责任公司

湖南湘投金天科技集团有限责任公司（以下简称“金天集团”）成立于1996年，是湖南省大型综合性投资集团湘投控股集团公司的全资子集团，公司注册资本12亿元。截至2011年7月，资产总额31.8亿元，净资产逾15亿元，是国家认定的高新技术企业。

金天集团是致力于金属新材料领域研发、生产经营与产业投资的专业化集团公司，现拥有4家控股子公司：湖南金天钛业科技有限公司、湖南湘投金天钛金属有限公司、湖南湘投金天新材料有限公司、湖南金天铝业高科技有限公司，并参股多家产业链上下游企业，先后投资了西安航空动力股份有限公司、遵宝钛业有限公司、西安三角航空科技有限公司、国电南京自动化股份有限公司、广东肇庆星湖科技股份等高新技术企业。

2006年，金天集团在发展成为我国最大的高端微细球形铝粉龙头企业的基础上，开始进入国家大力支持发展的战略性新兴产业——高性能钛及钛合金领域进行专业投资发展。2007年12月30日，金天集团投资建设的“高性能钛及钛合金加工材产业化”项目在湖南常德正式开工；2009年8月28日，金天集团“5000吨高性能钛焊管产业化”项目正式落户益阳；2009年10月18日，金天集团投资建设的“10000吨高性能钛板带项目产业化”在长沙正式动工。

常德基地：湖南金天钛业科技有限公司，总投资18.23亿元，占地450亩，年产10000t钛及钛合金铸锭、板坯、锻件、棒线材等。

益阳基地：湖南湘投金天新材料有限公司，总投资8.65亿元，占地280亩。

作为2007年始建的产业化项目，金天集团以边建设、边生产的方式，使钛制品产量快速上升。2011年，该企业共生产钛锭约1500t，钛材1665t，钛材中含钛板带600t，棒材25t，管材300t，锻件740t。

2.2　国外钛工业发展状况

2.2.1　世界钛工业的发展

世界钛工业的发展可分为两个阶段。第一阶段的主流开始于20世纪50年代，一直持续到80年代中期的技术进步。1985年发表的综述性文章中，对这一阶段的情况有所介绍。第二阶段（目前仍在继续）的特征是过渡到钛的工业生产，虽然技术仍很重要，但是经济成为主导因素。

1980~1990年，世界海绵钛的总产量几乎是稳定增长的，见表2-18，仅在1987年有10%的波动。传统上，钛市场“上下起伏”的原因是对宇宙航天工业太过依赖，特别是对军工市场的依赖。以美国为例，从表2-18中可以看出，海绵钛实际产量占总产能的波动比例在41.6%~86.9%之间。

表 2-18 美国海绵钛产量及占产能的百分比 (%)

年份	1983	1984	1985	1986	1987	1988	1989	1990
产量	12600	22000	21000	15800	17900	22300	25200	25000
占比/%	41.6	72.7	71.5	57.0	70.4	84.6	86.9	81.2

1990~1995年，世界海绵钛的总产量锐减25%（表2-19），主要原因是较低的需求使美国和苏联（独联体）减少了国防预算，从而导致了RMI海绵钛厂和Deeside钛厂（英国）的关闭。在美国，由于RMI的关闭所造成的产量下降，在TIMET公司在内华达州的亨德森（Henderson）新建的海绵钛厂（生产能力约为每年5000吨）投产后很快得到部分恢复。应当指出的是，表2-18和表2-19中，1990年的海绵钛产量有很大的不同，事实上，真正的原因是在独联体成立之后，真实产量数据才得以公开。在苏联时期，苏联的产量数据是根据西方专家估计得出的。实际结果证明估计数据太低。这一解释由过去10年间三个独联体国家、日本和北美的实际海绵钛生产数据所证实，如图2-15所示。可以看出，表2-20中，苏联1990年的产量是正确的，在那个时期，苏联实际的海绵钛产量接近其产能的100%。在1994年的低谷之后，如图2-15所示，世界范围内海绵钛产量的增加主要是商用飞机销售量增长的结果。

表 2-19 海绵钛生产量 (t)

年份	美国	日本	英国	苏联（独联体）	中国	总数
1990	30000	29000	5000	91000	2700	157700
1995	15000	26000	—	73000	2700	116700

表 2-20 苏联钛消费份额

行　业	1967年前	1970年代	1990年代
军事工业	95%	60%	45%
化学工业和重工业	—	28%	20%
国内工业	5%	12%	35%

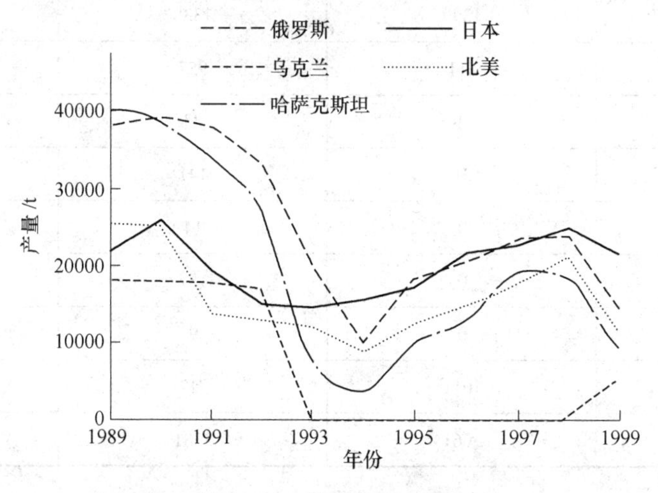

图 2-15 海绵钛生产量

（资料来源：《材料每月公告》2000年3月号）

图 2-16 所示是海绵钛价格的变化曲线。从图中可以看出，多年来，海绵钛价格的变化也是“上下起伏”波动的，其原因还是取决于航空航天市场的需求变化。1977~1981 年间，商用飞机订单迅速增多，引起海绵钛价格升高；而随后的 1982~1984 年间，飞机销量猛跌，海绵钛价格降低。1985~1995 年间，海绵钛价格波动较小，也反映出商用飞机销售的情况。

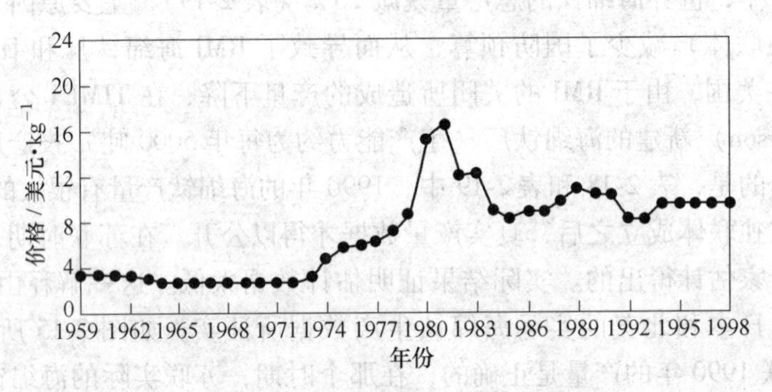

图 2-16 1959~1998 年间海绵钛的价格变化情况

Ti-6Al-4V 的熔炼及后续加工所增加的成本可粗略估算如下：海绵钛的初始价格是每千克约 10 美元，二次熔炼铸锭后，每千克成本增加 4 美元。也可以单凭经验粗略地估计每一个后续加工步骤都使成本翻番，结果，轧制阶段后的价格大致是每千克 28 美元，而成品的价格是每千克约 56 美元。

1995 年，Yamada 给出了日本国内纯钛轧制品使用情况变化的详细资料，见表 2-21。从表中可以看出，1988~1994 年，市政工程和生活消费品的纯钛轧制品使用量迅速增加。应当指出的是，在日本，纯钛的轧制品占到近 90%，而合金级产品则为 10%。

表 2-21 日本国内使用的纯钛轧制品 (t)

年 份	1988	1991	1994
化学工业	1399	1338	1261
能源工业	611	957	754
航空航天工业	19	23	9
市政工程	21	141	320
汽车工业	0	14	6
生活消费品	0	187	456
医用	0	9	4
其他	1011	712	963
总 计	3061	3381	3773

在主要的航空航天工业国家或地区，例如北美或欧洲，使用纯钛和钛合金之间的比率是不同的。与日本形成鲜明对比的是，在美国，纯钛仅占市场总额的 26%，在 74%的钛合

金市场份额中，56%的市场为 α+β 合金 Ti-6Al-4V，而所有 β 合金总量仅占 4%的市场份额。1998 年美国合金市场分布见图 2-17。

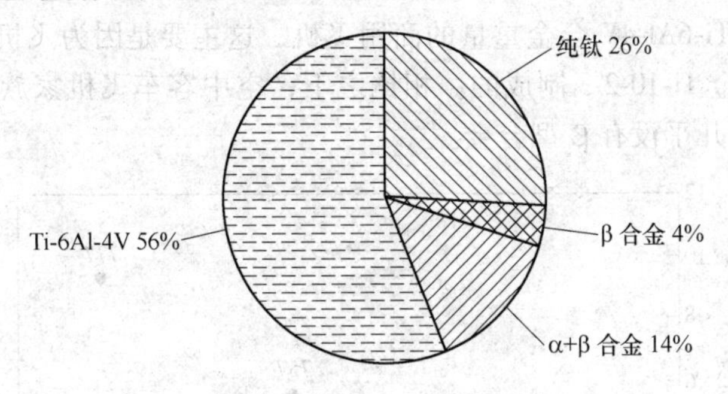

图 2-17 1998 年美国合金市场分布

美国在 1990 年和 1994 年钛轧制品的市场份额列于表 2-22 中。从表中可以看出，在此期间，非航空航天产品的份额仅下降了 12%，而航空航天领域产品份额的下降要高得多。这表明，近年来，钛制品在非航空航天的其他重要领域的用量相对增加了，这与前面提到的世界钛工业第二阶段的发展相吻合，即经济对钛在非航空航天领域的应用有较大的影响，图 2-18 表明了其应用持续增长的情况。钛产品市场的变化，有利于通过多元化的产品稳定市场，减少对众所周知的周期性的航空航天工业的依赖。

表 2-22 美国钛轧制品的市场情况 (t)

市场部门	1990 年	1994 年	变化/%
军事航天	6500	3200	−51
民用航空	12000	7700	−36
非航空领域	5400	4800	−12
总量	23900	15700	−35

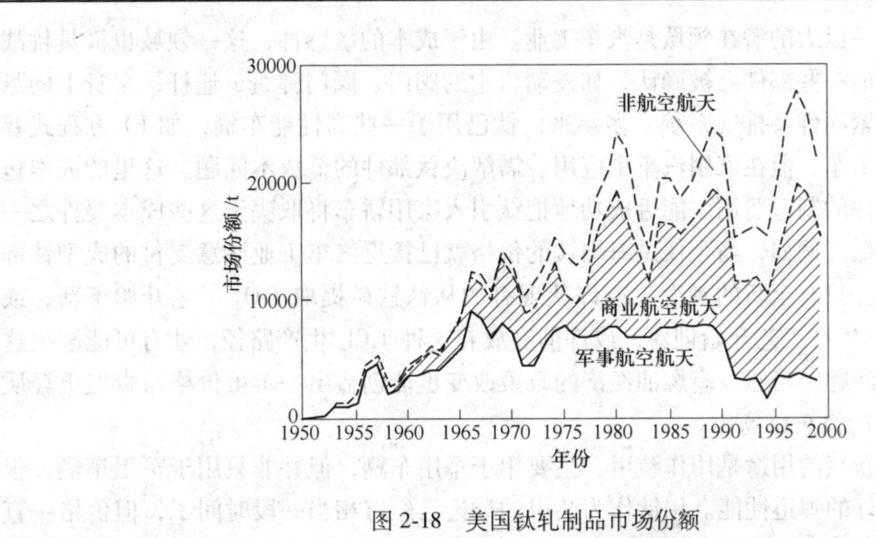

图 2-18 美国钛轧制品市场份额

钛合金有两个典型的应用领域：飞机机身和飞机引擎。历史上，波音飞机机身使用钛量的增长如图 2-19 所示。波音 777 的机身重量约 10%是钛，并且它是第一架 β 钛合金的重量超过了传统的 Ti-6Al-4V 合金重量的商用飞机，这主要是因为飞机的大部分起落装置是由高强度 β 钛合金 Ti-10-2-3 制成的。相比之下，空中客车飞机家族中钛的使用量介于 4%~5%之间，并且几乎没有 β 型合金。

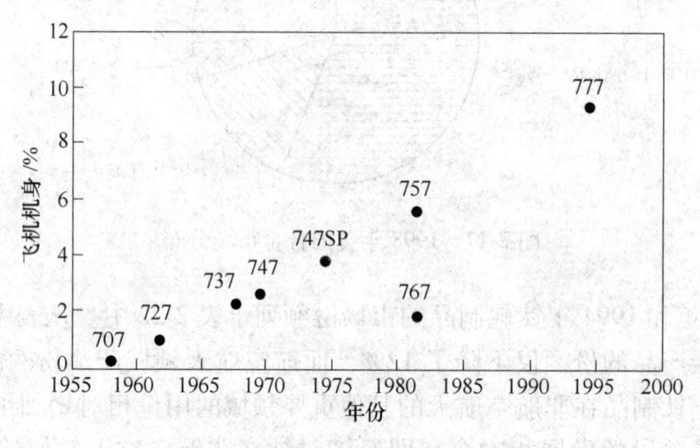

图 2-19　波音飞机机身钛使用情况

除以上领域，作为一个新兴市场，钛在建筑业也获得应用，如作为外墙和屋顶材料。在日本，用纯钛作为建筑材料已经变得非常流行，例如，建于 1993 年的福冈圆顶（Fukuoka Dome），采用钛材屋顶，能自如伸缩，可满足多功能、全天候的要求。这些建筑项目每一项都大量使用纯钛，这也是日本民用工程上钛用量增加的原因。

另一个更确定的钛应用领域是生物医学领域。过去纯钛和 Ti-6Al-4V 主要被用做植入材料。由于质疑钒对人体的危害，开发了 Ti-6Al-7Nb 和 Ti-5Al-2. 5Fe 等不含钒的钛合金。近年来，尝试用无毒的元素，如铌、钽、锆和钼作为合金添加剂来开发 β 钛合金，这些 β 合金与传统的 Ti-6Al-4V 合金相比，其优势在于较高的疲劳强度、较低的弹性模量，且改善了生物相容性。

钛应用的另一巨大的潜在领域是汽车工业。由于成本的敏感性，这一领域也极具挑战性。可使用钛材的一些部件已被确认，如发动机中的阀门、阀门弹簧、连杆，车身上的悬挂弹簧、螺栓、紧固件及排气系统。多年来，钛已用于一些高性能车辆，如 F1 方程式赛车或越野赛车、卡车，但在家用汽车中应用。需解决钛部件的低成本问题。这里的成本包括原料成本和配件的制造费用。能否成功地把钛引入家用轿车将取决于这些成本要件之一或二者的显著降低。例如，当今仅是海绵钛的价格就已接近汽车工业愿意支付的成型钛部件的最高价格了。只有全新的观念，或许从现有的从钛铁矿提取 TiO_2 工艺开始革新，或许从现有的 $TiCl_4$ 生产工艺开始创新，或许彻底放弃这种 $TiCl_4$ 生产路径，才有可能解决这一具有挑战性的问题。当然，高燃油经济的政策改变也能创造出一个虽价格昂贵但更轻质材料（比如钛）的汽车市场。

钛合金一个新兴的用途是用作装甲，主要用于军用车辆，但并非只用于军工车辆。很明显，钛具有良好的弹道性能。用钛作为装甲的讨论已经有相当一段时间了，但价格一直是主要障碍。世界冲突性质的改变迫切需要有更强的移动作战能力。装甲车的重量引起前所未有的重视是因为现在运送它们必须通过空运。针对这一新的要求，已经开始研究使用新的熔融技术来生产成本更低的铠装级材料，其他用作装甲的特殊合金也正在研制中。很显然，如果任何新的、低成本钛生产方法实现了成本降低目标，这将极大地推动钛更广泛地用作装甲材料。

2.2.2　海绵钛

2.2.2.1　全球海绵钛的产量

2001年以来，全球海绵钛的产量见表2-23。从表中可以看出，从2001年以后，中国海绵钛的产量及所占比例逐年递增，到2007年，中国已跃居成为世界最大的产钛用钛大国。

表2-23　全球海绵钛历年产量及所占比例

年份	美国		日本		哈萨克斯坦		俄罗斯		乌克兰		中国		总和
	产量/t	占比/%	产量/t	占比/%	产量/t	占比/%	产量/t	占比/%	产量/t	占比/%	产量/t	占比/%	
2001	7500	11.1	25107	37.1	12000	17.7	21000	31.1	—	—	2000	3.0	67607
2002	5600	7.9	22652	31.9	11000	15.5	22000	31.0	6000	8.4	3800	5.3	71052
2003	5600	7.6	18617	25.4	12000	16.4	26000	35.5	7000	9.6	4000	5.5	73217
2004	8500	9.4	26233	29.1	16500	18.3	27000	30.0	7000	7.8	4809	5.3	90042
2005	8000	7.9	30549	30.2	17000	16.8	28000	27.7	8000	7.9	9511	9.4	101060
2006	12300	9.9	36995	29.9	18000	14.5	29500	23.8	9000	7.3	18037	14.6	123832
2007	17100	10.4	38533	23.4	21000	12.7	32000	19.4	11000	6.7	45200	27.4	164833
2008	18800	10.9	40000	23.1	23000	13.3	32000	18.5	9500	5.5	49600	28.7	172900
2009	16000	12.0	25000	18.7	20000	14.9	26000	19.4	6000	4.5	40785	30.5	133785
2010	18000	11.3	32000	20.1	14700	9.2	29000	18.3	7634	4.8	57770	36.3	159104
2011	24000	11.7	52600	25.6	20000	9.7	35000	17.0	9000	4.4	64952	31.6	205552
2012	12600	5.7	57000	25.6	20000	9.0	42600	19.1	9000	4.0	81451	36.6	222651

2.2.2.2　全球海绵钛贸易情况

A　日本的海绵钛贸易

图2-20所示是2001年以来日本海绵钛的国内需求和出口量。从图中可以看出，在2010年以前，日产海绵钛主要以国内需求为主，随着国际航空市场钛需求量的增加，2010年以后日本海绵钛向国外航空市场（以波音和空客为主）出口的量迅速增长，到2012年已基本占据“半壁江山”。从近几年日本海绵钛的出口国来看，60%以上主要出口美国（波音等），30%左右为欧洲（空客等）。

B　美国的海绵钛贸易

图2-21所示是美国1997年以来海绵钛的进口量。从图中可以看出，美国海绵钛的进口量呈波浪上升的趋势，这主要由于受市场波动，以及生产成本的影响，美国钛加工企业对国外海绵钛的依赖度逐年提高。

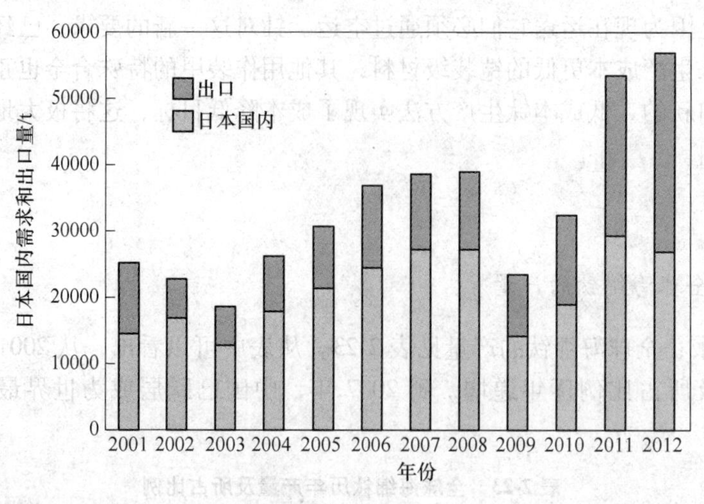

图 2-20　2001 年以来日本海绵钛的国内需求和出口量

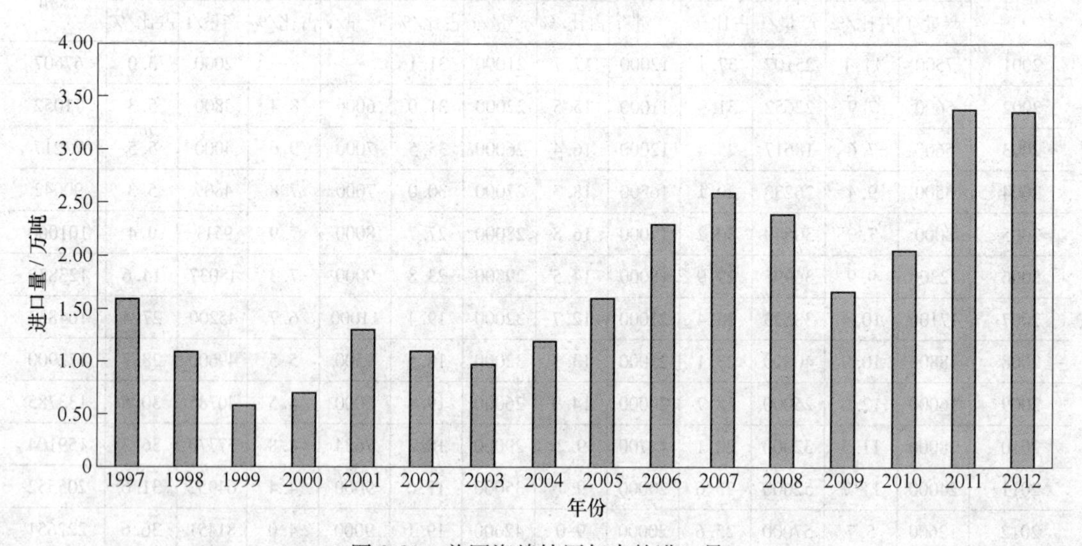

图 2-21　美国海绵钛历年来的进口量

独联体以及日本产航空级海绵钛，由于其质量的稳定性以及生产成本的优势，已成为美国以及欧洲航空航天、舰船等高端领域的长期供应商，并签署了长期供货合同。表 2-24 是 2007 年以来美国海绵钛的进口国别和数量。从表中可以看出，日本为美国海绵钛第一进口大国，其次为哈萨克斯坦，中国居第三位。美国海绵钛的出口量较少，每年一般不足千吨。

表 2-24　2007 年以来美国海绵钛的进口国别和数量　(t)

年份	乌克兰及其他	日本	哈萨克	中国	总量
2007	3331	8250	13800	2220	24400
2008	2510	7860	12000	1510	23900

3 富钛料的生产

3.1 富钛料概述

富钛料是指由钛铁矿或钛精矿经过处理后获得的含钛量（以 TiO_2 计）大于 85%（质量分数）的物料，主要包括高钛渣和人造金红石。钛铁矿（$FeTiO_3$）中 TiO_2 理论含量为 52.63%。在自然界中，从岩矿中选出的钛精矿品位一般为 42%~48%，从砂矿中选出的精矿品位一般为 50%~64%，虽然钛精矿可以直接用于制备金属钛和钛白粉，但是由于其品位低，处理工艺更为复杂，污染严重，故常常需要经过富集处理制得高品位的富钛料——钛渣或人造金红石。

随着对钛铁矿富集方法研究的深入，人们已经提出和研究了 20 多种钛精矿富集的方法，所有的这些方法大致可以分为两类：湿法和干法。干法包括电炉熔炼法、等离子熔炼法、选择氯化法和其他热还原法；湿法包括部分还原—盐酸浸出法和部分还原—硫酸浸出法、全还原—锈蚀法和全还原—$FeCl_3$ 浸出法以及其他化学分离法。用电炉冶炼钛精矿制取的产品称为钛渣（当钛渣中 TiO_2含量大于 90%时，该产品称为高钛渣）。用其他方法制取的含 TiO_2不小于 90%的产品称为人造金红石。制备人造金红石方法的共同点是使用酸对原料进行处理，由于生产过程中会产生大量废液以及废气，从而限制了人造金红石的产量。

钛铁矿的分子式为 $FeTiO_3$ 或 $FeO \cdot TiO_2$，又称含钛铁矿或尖钛铁矿，其 Ti、Fe、O 的组成（质量分数）分别为 36.8%、31.6%和 31.6%，属于刚玉型分子结构。在与某种试剂作用的时候，由于铁的氧化物和钛的氧化物反应能力不同，一般情况下，铁的氧化物相对比较活泼，因此易与试剂反应而被除去；而钛的氧化物往往比较稳定，被富集在渣中。

富钛料既可作原料也可以作为最终产物加以应用。概括地说，富钛料主要有以下几种用途：

（1）高钛渣和人造金红石用作制取 $TiCl_4$ 的原料；

（2）酸溶性钛渣用于硫酸法生产钛白粉；

（3）人造金红石用作制备电焊条或制取 $TiCl_4$ 的原料。

钛渣中 TiO_2 的品位常根据钛铁矿种类和冶金工艺不同要求而有所差异，大约在 70%~94%之间。硫酸法生产钛白粉的高钛渣中 TiO_2 含量一般为 70%~85%，因为二氧化钛含量过高会导致高钛渣难溶于热的浓酸，因此又称这类钛渣为酸溶性钛渣；氯化法生产钛白粉的高钛渣要求钛的品位越高越好，TiO_2 含量常控制在 85%~94%之间。如果采用沸腾氯化，其中 CaO、MgO 等杂质应尽可能低，而且还应具有合适的粒度分布。用作电焊条的涂料时，除要求钛的品位尽可能高外，其中还要求 S、P 等杂质含量尽可能低，以防止焊接点出现脆断现象。

3.2 还原锈蚀法生产人造金红石

还原锈蚀法指的是在回转窑中用碳将钛精矿中的铁氧化物还原为铁，再用电解质水溶液将物料中的铁“锈蚀”出来，使 TiO_2 富集得到金红石。当采用砂矿作为原料时，该方法得到的产品——人造金红石 TiO_2 含量为 93%～96%；采用原生矿精矿作为原料时，需强化还原前的预氧化焙烧，生产的人造金红石 TiO_2 含量比砂矿低，一般小于 90%，且不能除去钙、镁等杂质，这种人造金红石是氯化法生产钛白粉的优质原料，此种方法在澳大利亚研究成功后。推广到生产中，现已建成年产 79 万吨人造金红石的锈蚀法工厂。我国广西钛锰冶炼厂和广西北海金红石厂采用还原锈蚀法生产的人造金红石，含 $TiO_2 \geqslant 87\%$，主要用于电焊条原料，但年产能力较小，其工艺流程如图 3-1 所示。澳大利亚利用当地廉价的钛铁矿和煤，采用该法生产 TiO_2 含量为 92%～94% 的人造金红石，总计产能每年达 7.9×10^5 t。

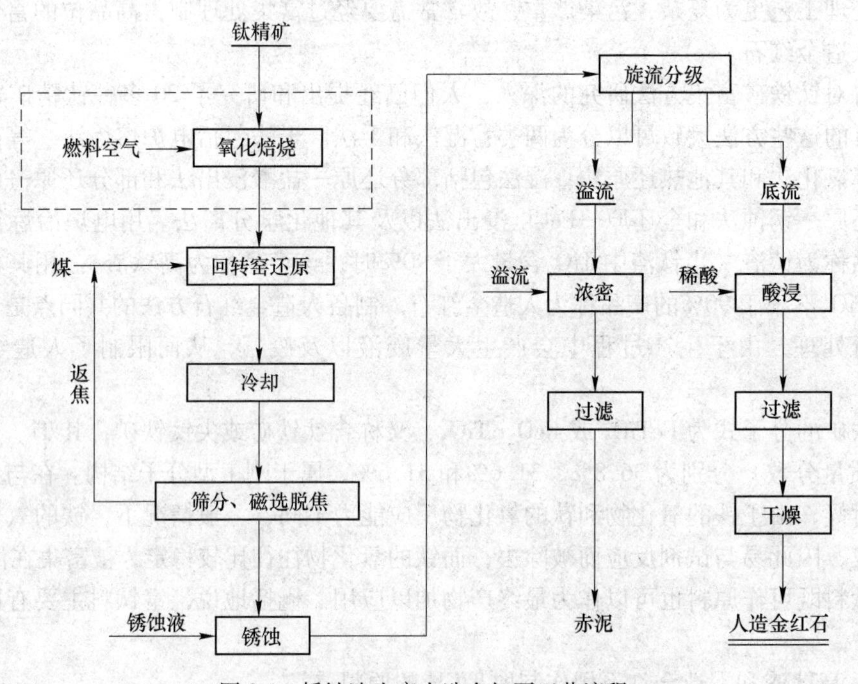

图 3-1 锈蚀法生产人造金红石工艺流程

3.3 稀硫酸浸出法生产人造金红石

稀硫酸浸出法最早由日本石原公司开发，故又称石原法，主要是利用硫酸法钛白粉的废酸，浸出钛精矿生产人造金红石，该法可有效去除铁、镁、钙、铝、锰等可溶性杂质，能获得高品位人造金红石。该法包括还原、加压浸出、过滤，洗涤和煅烧等工序，其工艺流程如图 3-2 所示。石原公司采用的原料为印度高品位精矿，矿物中的铁主要以 Fe^{3+} 形态存在，而高价铁的酸溶性很弱，需要进行还原焙烧处理，反应方程如式（3-1）、式（3-2）

所示。

$$Fe_2O_3 \cdot TiO_2 + C \longrightarrow 2FeTiO_3 + CO \tag{3-1}$$

浸出过程中主要发生的反应为：

$$FeTiO_3 + H_2SO_4 \longrightarrow FeSO_4 + TiO_2 + 2H_2O \tag{3-2}$$

$$3FeSO_4 + 6NH_3 + (n+3)H_2O + 0.5O_2 \longrightarrow 3(NH_3)_2SO_4 + Fe_3O_4 + nH_2O \tag{3-3}$$

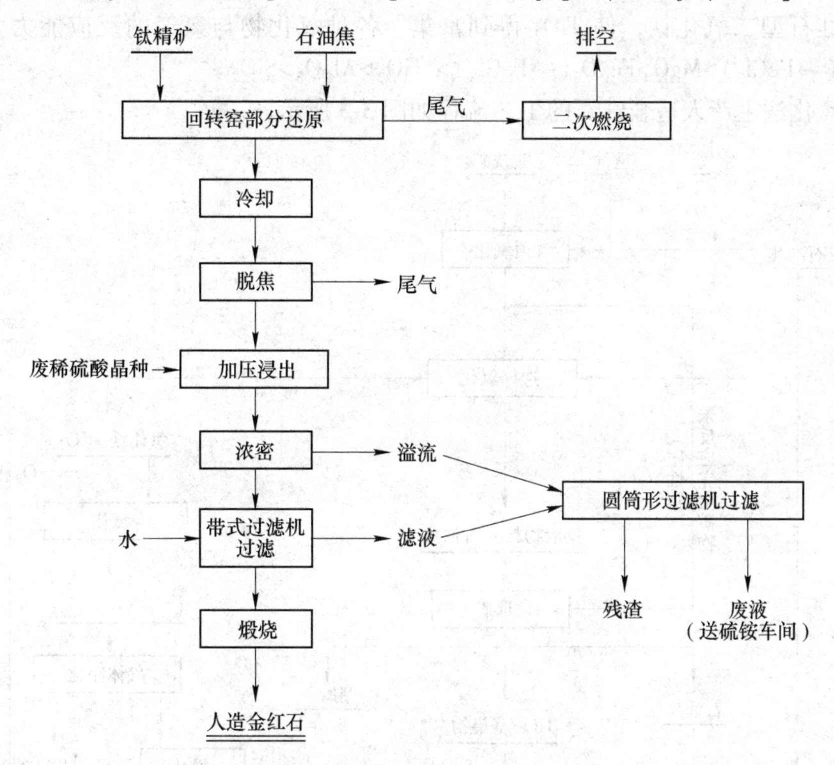

图 3-2　稀硫酸浸出法生产人造金红石工艺流程

硫酸浓度为 30%，向体系中加入胶体水合 TiO_2 晶种可加快浸出过程。加晶种时酸的浸出温度为 130℃，将浸出的产物进行固、液分离，得到的固相经过洗涤即为富钛料，煅烧除去水分和硫化物成为产品。液相中的 $FeSO_4$ 可制作铁红和硫酸铵。日本石原公司生产的人造金红石 TiO_2 含量大于 87%，年生产能力为 7×10^4t。

3.4　稀盐酸浸出法生产人造金红石

盐酸浸出法的工艺流程与硫酸浸出法类似，但浸出速率较快，除杂能力更强，获得的产品品位更高，而且盐酸可以循环利用，其工艺在国外有华昌法（Hua Chang）和盐酸循环浸出法（即 BCA 法），后者应用更为广泛。BCA 法采用的原料为高品位砂矿钛精矿（TiO_2 含量 54%），经过弱还原、加压浸出、过滤洗涤和煅烧等工序，可生产出 TiO_2 含量为 94%的人造金红石，浸出母液经喷雾焙烧法再生成盐酸。该方法工艺简单，可以实现盐酸的循环利用，但是废母液处理设施耗资巨大，约占全厂建设投资的 30%，目前自贡金红石厂采用此方法生产人造金红石。

3.5　选择氯化法生产人造金红石

选择氯化法以钛精矿为原料，主要利用各种氧化物与氯气的反应能力不同，在一定的碳还原条件下，通过控制适当的工艺条件，使比 TiO_2 反应能力强的氧化物优先氯化，从而留下金红石型二氧化钛，使 TiO_2 得到富集。各种氧化物与氯气的反应能力为：CaO>MnO>FeO(→$FeCl_2$)>MgO>Fe_2O_3(→$FeCl_3$)> TiO_2>Al_2O_3>SiO_2。

选择氯化法生产人造金红石的工艺流程如图 3-3 所示。

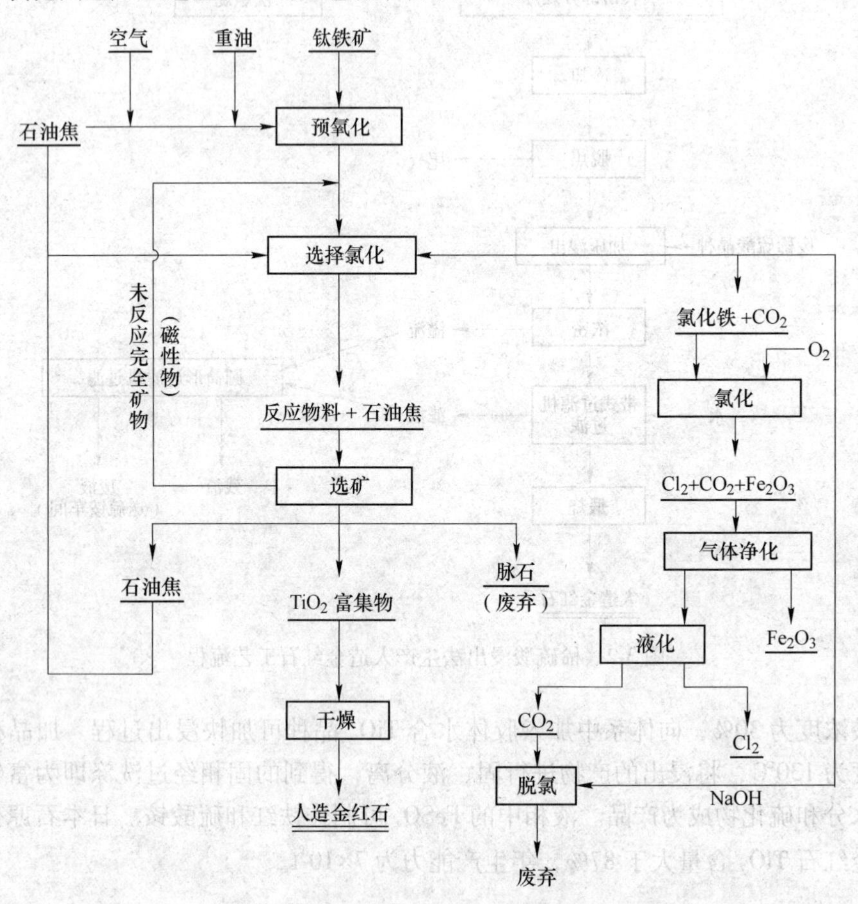

图 3-3　选择氯化法生产人造金红石的工艺流程

3.6　电炉熔炼法生产钛渣

电炉熔炼法，是在高温下将钛铁矿中的氧化物用碳（冶金焦、石油焦、无烟煤等）进行选择性还原，除去大部分铁，钛进入渣富集，铁变为铁水，得到产品钛渣和生铁两种产品。钛铁矿精矿中的铁主要以 FeO 和 Fe_2O_3 的形式存在，可在高温下优先还原成金属铁。熔融造渣后，利用铁水和钛渣的比重、磁性差别，实现二者分离，一般能生产出 TiO_2 含量为 72%~95%的钛渣。该法工艺简单，技术成熟，副产品金属可以直接应用，电炉煤气可以回收利用，不产生固体和液体废料，三废少，对环境无污染，工厂占地面积少，是一种高效的冶炼方法，用它处理不同类型的钛铁矿可以获得各种不同用途的钛渣；该法的缺点是不能除去大部分 MgO、CaO、Al_2O_3、SiO_2 等杂质，并且电耗高，更适用于电力资源较丰富的地区。

世界现有的钛渣技术基本格局是：俄罗斯、乌克兰、哈萨克斯坦等独联体国家多采用半密闭电炉间断法工艺，加拿大魁北克铁钛公司（QIT）和南非里查兹湾矿业公司（RBM）采用矩形密闭电炉薄料层连续法工艺，挪威廷弗斯钛铁公司（TTI）采用钛精矿造球—回转窑预还原—电炉连续熔炼的二步法工艺，南非的纳马克瓦砂矿公司（NSL）采用了与南非矿冶技术公司联合开发的空心单电极直流电炉冶炼技术生产钛渣，其技术经济指标已超过世界许多著名的钛渣企业。这些公司采用的电炉熔炼钛渣产生的烟气、烟尘均配有净化处理设备，有效控制了可吸入颗粒物（PM_{10}）对环境的污染。

我国钛渣冶炼基本采用敞口交流炉，最大电炉容量为25000kV·A（半密闭式交流电炉），最小电炉容量为400kV·A，炉子容量小、主要技术经济指标落后、产品质量不稳定、综合利用差、环境污染严重。这些钛渣生产企业没有配套烟气处理设备，熔炼过程产生的烟气在炉口处燃烧后经烟囱排掉，没有采取措施进行综合治理和余热利用，给厂区及周围环境带来了严重污染。

3.6.1　国外钛渣生产状况

全球高钛渣供应商十分有限，主要有加拿大魁北克铁钛公司（Quebec Iron and Titanium，QIT）、南非理查湾矿业（Richards Bay Minerals，RBM）、纳马克瓦砂矿（Namakwa Sands）、南非 Ticor 公司（Ticor South Africa）、挪威廷弗斯铁钛公司（Tinfos Titan & Iron，TTI）等，其中加拿大魁北克铁钛公司生产能力最大，占世界高钛渣总产能的36.7%，南非 RBM 公司次之，占35.0%。表3-1列出了世界各主要生产厂家钛渣生产能力及产品用途。

表3-1　世界高钛渣主要生产厂家

国家	公司	生产工艺	矿种	精矿平均品位 TiO_2/%	钛渣平均品位 TiO_2/%	用途	产能 /万吨·a^{-1}
加拿大	QIT	交流电炉	岩矿	35	80	S	110
南 非	RBM	交流电炉	砂矿	49	85	S/C	105
南 非	Namakawa	直流电炉	砂矿	49	85	C	20
南 非	Ticor South Africa	直流电炉	砂矿	49	85	C	25
挪 威	TTI	交流电炉	砂矿	54	90	C	20
独联体		交流电炉	砂矿	58~64	90	金属钛	20
小 计							300

注：C—氯化法；S—硫酸法。

3.6.1.1　加拿大魁北克铁钛公司

加拿大魁北克铁钛公司（Quebec Iron and Titanium，QIT）所属索雷尔厂（Sorel）是

目前最大的钛渣生产厂，生产能力为年产钛渣 110×10^4t/a，钢铁产品约 7×10^4t/a。该公司使用本国阿拉德湖区（Allerd Lake）丰富的钒钛磁铁矿岩矿，进行电弧炉熔炼生产钛渣。阿拉德湖区的磁钛铁矿经选矿后的精矿，其含硫较高。采用密闭式矿热炉，粉料连续加料方式，将约含 34% TiO_2 的原矿经重选得到约含 36%的 TiO_2 精矿；然后在回转窑中预氧化焙烧，磁选处理，将精矿 TiO_2 品位提高到 37%~38%，配入无烟煤煤粉，混合后入炉；开弧熔炼，熔池温度约 1650℃，产品分别从渣口和铁水口排出。原矿及产品钛渣成分见表 3-2。铁水在铁水包中炉外脱硫渗碳，然后铸锭或加工成铁粉。电炉烟气全部回收利用。1996 年，该公司投资改造索雷尔钛渣厂，利用电炉熔炼后的钛渣再酸浸生产 TiO_2 平均含量 94%~95%的 UGS（Up Grand Slage）渣，生产能力为 37.5×10^4t/a，得到的渣作为氯化法生产钛白粉的原料；同时还对副产品铁进行深加工，其主要技术经济指标及设备见表 3-3。

表 3-2　原矿及钛渣成分（质量分数）　　(%)

物料名称	TiO_2	ΣFe	FeO	Fe_2O_3	SiO_2	Al_2O_3	CaO	MgO	MnO	Cr_2O_3	V_2O_5	S	C
原矿	34.3		27.5	25.2	4.3	3.5	0.9	3.1	0.16	0.1	0.27	0.3	
钛渣	80.0	8.0	9.6		2.5	3.0	0.6	5.3	0.25	0.17	0.56	0.1	0.03~0.1

表 3-3　QIT 主要技术经济指标及设备

项　目	具 体 内 容
主要技术经济指标	还原剂（无烟煤）：0.13~0.14t/t 钛矿 石墨电极：15~20kg/t 渣 电：2200~2400kW · h/t 渣 精矿：≤2.33t/t 渣 副产品生铁：0.71~0.74t/t 渣
主要设备	矩形电弧熔炼炉：2×10^4kV · A 炉 2 台；3.6×10^4kV · A 炉 4 台；4.5×10^4kV · A 炉 2 台；6×10^4kV · A 炉 1 台

3.6.1.2　理查湾矿业

南非是全球钛渣生产大国，生产技术先进，产品钛渣既可做酸溶渣又可做氯化渣。南非理查湾矿业（Richards Bay Minerals，RBM）采用加拿大索雷尔技术，使用原料为祖卢兰德海岸的钛铁砂矿精矿，精矿 TiO_2 平均含量 47%，非硫杂质含量低。钛渣生产能力为 105×10^4t/a，主要作为氯化法四氯化钛生产的原料。其主要技术经济指标、设备见表 3-4。

表 3-4　南非理查湾主要技术经济指标及设备

项　目	具 体 内 容
主要技术经济指标	还原剂（无烟煤）：0.14~0.16t/t 钛矿 石墨电极：18~22kg/t 渣 电：2400~2600kW · h/t 渣 精矿：≤2.335t/t 渣 副产品锰铁：0.25~0.75t/t 渣
主要设备	矩形电弧熔炼炉 10.5×10^4kV · A

3.6.1.3 纳马克瓦砂矿

南非纳马克瓦砂矿（Namakwa Sands）采用Mintek直接转移等离子弧熔炼工艺生产钛渣，最初采用一台25MW直流电弧炉进行生产，1999年建设了第二台35MW直流电弧炉。利用中空石墨电极，原料为含TiO_2 49%的砂矿，采用连续进料间断出料的冶炼方式，钛渣含TiO_2 85%，年生产能力约$20×10^4$t/a，钛渣TiO_2平均含量86%，生铁$12×10^4$t/a，主要供硫酸法钛白粉和氯化法四氯化钛生产使用。

3.6.1.4 南非Ticor公司

南非Ticor公司年生产钛渣能力约$25×10^4$t/a，采用圆形密闭直流电弧炉熔炼，同时采用中空石墨电极加料和周边加料两种加料方式，产品钛渣TiO_2平均含量85%。

3.6.1.5 挪威廷弗斯铁钛公司

挪威廷弗斯铁钛公司（Tinfos Titan & Iron，TTI）熔炼厂位于挪威南部的图斯达尔，原先采用本国特尔尼斯钛精矿生产钛渣，钛精矿平均含TiO_2 44.5%，生产含TiO_2 75%~80%的钛渣，供硫酸法钛白粉原料，后改用澳大利亚比努普砂矿（含TiO_2 54%）生产含TiO_2 90%的钛渣，作为氯化法钛白原料，产能约为20万吨/a，其主要技术经济指标及设备见表3-5。

表3-5 挪威Tinfos钛铁公司主要技术经济指标及设备

项 目	具 体 内 容
主要技术经济指标	还原剂（无烟煤）：0.13~0.14t/t钛矿 石墨电极：10kg/t渣 电：2000kW·h/t渣 入炉粒度：8~12mm
主要设备	圆形密闭电炉，容量为40000kV·A，三相自焙电极，直径14m

3.6.1.6 独联体

别列兹尼基钛镁联合企业采用半密闭圆形三相电弧炉，处理含TiO_2为58%~62%、CaO为0.1%~0.15%、MgO为0.5%的砂矿，生产TiO_2含量达90%的钛渣，作为海绵钛生产原料。其主要技术经济指标、设备见表3-6。

表3-6 别列兹尼基钛镁联合企业主要技术经济指标及设备

项 目	具 体 内 容
主要技术经济指标	还原剂（无烟煤）：0.1~0.12t/t渣 石墨电极：16~18kg/t渣 电：1800kW·h/t渣 精矿：2.335t/t渣 副产锰铁：0.25~0.75t/t渣
主要设备	圆形半密闭三相电弧炉，容量为14500kV·A

此外，扎波罗什钛镁联合企业采用容量为 5000kV · A 三相半密闭圆形电弧炉，原料为含 TiO_2 65%的砂矿，生产 TiO_2 品位为 88%~90%的钛渣，作为海绵钛生产的原料。

3.6.2　国内钛渣生产状况

我国钛资源的特点是钛矿品位低，大部分是钛磁铁矿。国内冶炼钛渣试验最早始于 20 世纪 50 年代，北京有色金属研究总院 1957 年在敞口电炉上进行了用钛铁矿制取高钛渣扩大试验，采用自焙电极，一次加料，操作中存在翻渣结壳现象，电流不稳，变压器能力不能充分发挥，煤气和半钢得不到很好利用。

国内钛渣原主要生产厂家是遵义钛厂、阜新冶炼厂、厦门冶炼厂以及宣化冶炼厂等。全国有钛渣冶炼厂 20 多家，生产能力约为 15×10^4t（不包括攀钢在建的生产能力），产量约 12×10^4t，占世界生产能力的 5%。生产的钛渣主要用于海绵钛、钛白和电焊条生产。目前各生产企业的简况见表 3-7。

表 3-7　目前国内钛渣生产企业简况

工厂名称	生产方法	产品名称及品位 (TiO_2)/%	产品用途	产能 /万吨 · a^{-1}	备　注
锦州铁合金厂	电炉法	高钛渣 90	C 法钛白原料	22	未生产
遵义钛厂	电炉法	高钛渣 90~92	海绵钛原料	0.5	
宣钢冶炼厂	电炉法	高钛渣 87%SR	电焊条原料	0.10	按销定产
四方台铁合金厂	电炉法	高钛渣 87%SR	电焊条原料	0.4	按销定产
河南巩县冶炼厂	电炉法	高钛渣 87%SR	电焊条原料	0.2	按销定产
河南华冶	电炉法	高钛渣 87%SR	电焊条原料	0.3	按销定产
厦门电化厂	电炉法	高钛渣 87%SR	电焊条原料	0.2	按销定产
武汉乌龙泉	电炉法	高钛渣 87%SR	电焊条原料	0.1	按销定产
上海金山	电炉法	高钛渣 87%SR	电焊条原料	0.1	按销定产
株洲东风冶炼厂	电炉法	高钛渣 87%SR	电焊条原料	0.3	按销定产
	还原锈蚀法	SR（≥87%）	电焊条原料	0.2	按销定产
广西河池电化厂	电炉法	高钛渣 87%SR	电焊条原料	0.2	按销定产
阜新	电炉法	高钛渣 87%SR	电焊条原料	0.5	按销定产
广西宜山	电炉法	高钛渣 92~94	海绵钛原料	0.2	按销定产
云南富民	电炉法	高钛渣 92~94	C 法原料	0.4	按销定产
云南武定	电炉法	高钛渣 92~94	C 法原料	0.2	按销定产
云南禄劝	电炉法	高钛渣 92~94	C 法原料	0.4	按销定产
云南曲靖	电炉法	高钛渣 92~94	C 法原料	0.2	按销定产
云南大西洋钛业公司	电炉法	高钛渣 92~94	电焊条原料	0.5	电炉未用
广西钦锰冶炼厂	还原锈蚀法	SR（≥87%）	电焊条原料	0.2	按销定产
广西北海金红石厂	还原锈蚀法	SR（≥87%）	电焊条原料	0.2	停产
重庆天原化工厂	盐酸浸出法	SR（87~90%）	电焊条原料	0.5	停产
自贡金红石试验厂	盐酸浸出法	钛黄粉 90~94	搪瓷原料	0.2	按销定产
总　计				9.0	

我国钛渣整体生产技术落后，冶炼设备的特点是小型炉子多、大型炉子少、没有特大型炉子，且以敞口式圆形交流电弧炉为主，渣和铁从同一出口排出，生产规模小、效率低、能耗高、环境差、冶炼操作不稳定。

3.7　钛精矿直接制取富钛料工艺研究

钛精矿直接制取富钛料工艺试验的目的在于研究一种较为清洁的生产工艺，将钛精矿直接制取为 TiO_2 大于95%的富钛料，用于满足氯化法生产钛白粉和海绵钛的要求。相对于将钛精矿熔炼成钛渣，再将钛渣富集成高钛渣的工艺过程，此工艺生产流程相对简单，操作方便。

3.7.1　研究内容

试验分别采用钛精矿与碳酸钠、钛精矿与氢氧化钠混合焙烧进行对比，以寻求适宜的反应碱和优化的工艺条件。试验分为三个部分：（1）焙烧条件的确定。试验采用正交试验法，分别对焙烧的温度、焙烧时间、碱矿比进行研究。（2）酸溶条件的确定。试验分别对酸矿比、酸的浓度、浸出温度进行研究。（3）水解条件的确定。试验分别对水解温度和水解时间进行研究。

3.7.2　试验原理

3.7.2.1　钛精矿与碱混合焙烧原理

钛的化学性质很活泼，在自然界中，大部分的钛都是以氧化物或者钛酸盐的形式存在。钛精矿中的主要矿物为钛铁矿，属于三方晶系，成黑褐色，弱磁性，密度为4.3~4.5g/cm³。钛铁矿与硫酸的反应虽然属于放热反应，但是钛铁矿是由许多不同共价键与离子键组成的复杂氧化物，比热容为0.743kJ/(kg·℃)，活化能约为56.9kJ/mol，在常温下钛铁矿与硫酸的作用非常缓慢，往往需要加热到一定温度后，反应速度才会加快，再靠反应生成热使反应更加激烈，直到主反应进行完全。如果将钛精矿直接用热酸溶解，酸解率很低；而将钛精矿与碱混合焙烧后生成偏钛酸钠和钛酸钠，再用热酸溶解，酸解率可达95%以上。

试验分别采用钛精矿与碳酸钠、钛精矿与氢氧化钠进行焙烧处理，下面将分别对两种药剂的焙烧反应热力学加以阐述。

在等温等压条件下，由热力学第二定律可得：

$$\Delta G_T^{\ominus} = \Delta H_T^{\ominus} - T\Delta S_T^{\ominus} \tag{3-4}$$

已知

$$\Delta H_T^{\ominus} = \Delta H_{298K}^{\ominus} + \int_{298K}^{T} \Delta C_p \mathrm{d}T \tag{3-5}$$

$$\Delta S_T^{\ominus} = \Delta S_{298K}^{\ominus} + \int_{298K}^{T} \frac{\Delta C_p}{T} \mathrm{d}T \tag{3-6}$$

将式（3-5）、式（3-6）代入式（3-4）可得：

$$\Delta G_T^{\ominus} = \Delta H_{298K}^{\ominus} - T\Delta S_{298K}^{\ominus} + \int_{298K}^{T} \Delta C_p \mathrm{d}T - T\int_{298K}^{T} \frac{\Delta C_p}{T} \mathrm{d}T \tag{3-7}$$

若体系发生了相变，则：

$$\Delta H_T^{\ominus} = \Delta H_{298\text{K}}^{\ominus} + \left[\int_{298\text{K}}^{T'} \Delta C'_{\text{p}} \text{d}T \pm (\Delta H_{\text{相变}}) + \int_{T'}^{T} \Delta C_{\text{p}} \text{d}T\right] \tag{3-8}$$

$$\Delta S_T^{\ominus} = \Delta S_{298\text{K}}^{\ominus} + \left[\int_{298\text{K}}^{T'} \frac{\Delta C_{\text{p}}}{T} \text{d}T \pm \left(\frac{\Delta H_{\text{相变}}}{T}\right) \int_{T'}^{T} \frac{\Delta C_{\text{p}}}{T} \text{d}T\right] \tag{3-9}$$

将式（3-7），式（3-8）代入式（3-4）可得：

$$\Delta G_T^{\ominus} = \Delta H_{298\text{K}}^{\ominus} + \left[\int_{298K}^{T'} \Delta C'_{\text{p}} \text{d}T \pm (\Delta H_{\text{相变}}) + \int_{T'}^{T} \Delta C_{\text{p}} \text{d}T\right] - T\left\{\Delta S_{298\text{K}}^{\ominus} + \left[\int_{298\text{K}}^{T'} \frac{\Delta C_{\text{p}}}{T} \text{d}T \pm \left(\frac{\Delta H_{\text{相变}}}{T}\right) + \int_{T'}^{T} \frac{\Delta C_{\text{p}}}{T} \text{d}T\right]\right\} \tag{3-10}$$

式中　T'——相变的起始温度；

$\Delta C'_{\text{p}}$——体系相变前的热容；

ΔC_{p}——体系相变后的热容。

试验的热力学数据主要根据式（3-7）、式（3-10）进行计算，式（3-7）常用于计算没有相变的吉布斯自由能，式（3-10）主要用于计算发生相变的吉布斯自由能。

3.7.2.2　钛精矿与碳酸钠混合焙烧反应热力学

钛精矿与碳酸钠混合焙烧过程中，根据热力学数据计算出不同温度下的 $\Delta G_T^{\ominus}$，描绘出 $\Delta G_T^{\ominus}$ 与温度的关系及拟合的二项式，如图 3-4 所示，体系将发生的反应如式（3-11）~式（3-14）所示：

$$TiO_2(s) + Na_2CO_3(s) = Na_2TiO_3(s) + CO_2(g) \tag{3-11}$$

$$\Delta G^{\ominus} = -0.127T + 121.59$$

$$TiO_2(s) + 2Na_2CO_3(s) = Na_2O \cdot 2TiO_2(s) + 2CO_2(g) \tag{3-12}$$

$$\Delta G^{\ominus} = -0.1136T + 71.741$$

$$SiO_2(s) + Na_2CO_3(s) = Na_2SiO_3(s) + CO_2(g) \tag{3-13}$$

$$\Delta G^{\ominus} = -0.1278T + 77.75$$

$$Al_2O_3(s) + Na_2CO_3(s) = 2NaAlO_2(s) + CO_2(g) \tag{3-14}$$

$$\Delta G^{\ominus} = -0.1434T + 136.79$$

由图 3-4 可以看出：$T > 957\text{K}$ 时，$\Delta G_T^{\ominus} < 0$，说明以上 4 个反应均可发生，钛精矿与碳酸钠混合焙烧反应在热力学理论上是可行的。

3.7.2.3　钛精矿与氢氧化钠混合焙烧反应热力学

钛精矿与氢氧化钠混合焙烧过程中，根据热力学数据计算出不同温度下的 $\Delta G_T^{\ominus}$，描绘出 $\Delta G_T^{\ominus}$ 与温度的关系及拟合的二项式，如图 3-5 所示，体系将发生的反应如式（3-15）~式（3-18）所示：

$$TiO_2(s) + 2NaOH(l) = Na_2TiO_3(s) + H_2O(g) \tag{3-15}$$

$$\Delta G^{\ominus} = 0.0247T - 55.846$$

$$TiO_2(s) + 4NaOH(l) = Na_2O \cdot 2TiO_2(s) + 2H_2O(g) \tag{3-16}$$

$$\Delta G^{\ominus} = 0.0381T - 105.69$$

$$SiO_2(s) + 2NaOH(l) = Na_2SiO_3(s) + H_2O(g) \tag{3-17}$$

$$\Delta G^{\ominus} = 0.024T - 99.684$$

$$Al_2O_3(s) + 2NaOH(l) = 2NaAlO_2(s) + H_2O(g) \tag{3-18}$$

$$\Delta G^{\ominus} = 0.0084T - 40.649$$

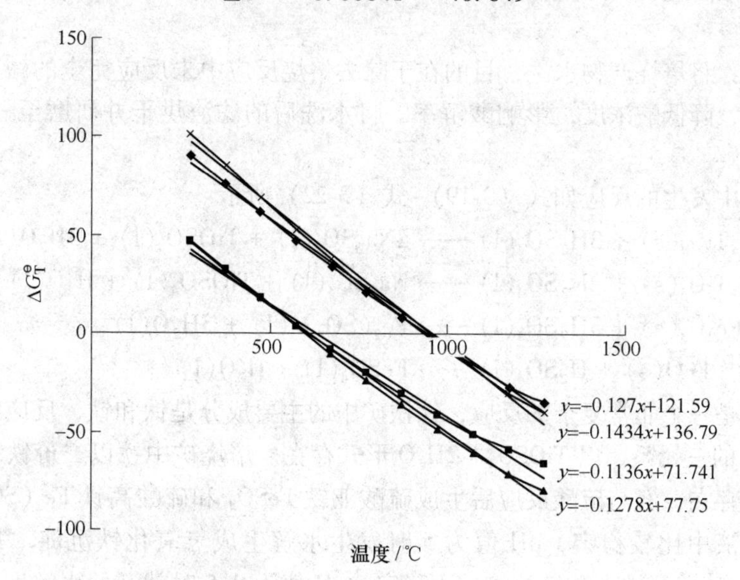

图 3-4 钛精矿与碳酸钠混合焙烧反应中 $\Delta G_T^{\ominus}$ 与温度的关系及拟合曲线

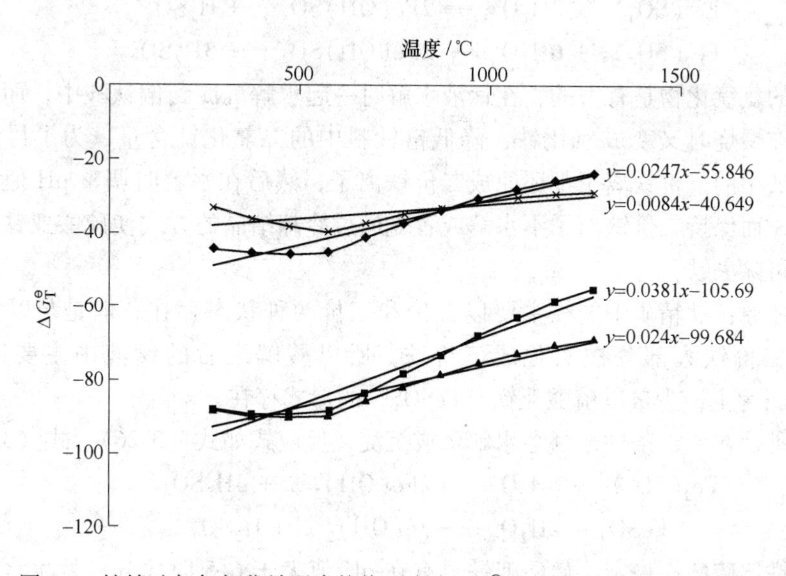

图 3-5 钛精矿与氢氧化钠混合焙烧反应中 $\Delta G_T^{\ominus}$ 与温度的关系及拟合曲线

由图 3-5 可以看出，随着温度的上升，$\Delta G_T^{\ominus}$ 随着温度 T 的上升而上升，理论上低温条件更有利于反应的进行，但是氢氧化钠的熔点为 591.4K，随着温度的升高，氢氧化钠转变为液态，增大了反应接触面积，提高了传质速率。T<2000K 时，$\Delta G_T^{\ominus}$ <0，说明以上四个

反应均可发生，钛精矿与氢氧化钠的混合焙烧反应在热力学理论上是可行的。

3.7.2.4　焙烧矿的酸解原理

焙烧矿的酸解包含两个试验步骤：酸解和钛液的还原，下面分别对酸解原理和还原原理加以阐述。

酸解原理：将焙烧产物水洗，目的在于除去焙烧反应中未反应完全的碱，防止中和酸解过程中的酸，降低酸浓度，影响酸解率。将水洗后的滤渣烘干并研磨至-200目，然后用硫酸进行酸解。

酸解过程中发生的反应如式（3-19）~式（3-22）所示：

$$Na_4TiO_4(s) + 3H_2SO_4(l) \longrightarrow 2Na_2SO_4(l) + TiOSO_4(l) + 3H_2O(l) \tag{3-19}$$

$$Na_2TiO_3(s) + 2H_2SO_4(l) \longrightarrow Na_2SO_4(l) + TiOSO_4(l) + H_2O(l) \tag{3-20}$$

$$Fe_2O_3(s) + 3H_2SO_4(l) \longrightarrow Fe_2(SO_4)_3(l) + 3H_2O(l) \tag{3-21}$$

$$FeO(s) + H_2SO_4(l) \longrightarrow FeSO_4(l) + H_2O(l) \tag{3-22}$$

酸解反应是一个非常复杂的反应，钛铁矿中的主要成分是钛和铁，反应组分主要属于TiO_2-SO_3-H_2O的三元系，以$TiOSO_4 \cdot 2H_2O$形式存在。焙烧矿中铁以二价铁氧化物和三价铁氧化物形式存在，经与硫酸反应后生成硫酸亚铁$FeSO_4$和硫酸高铁$Fe_2(SO_4)_3$，二价铁离子在酸性溶液中比较稳定，pH值为5时发生水解生成氢氧化铁沉淀，其反应式如式（3-23）所示；硫酸高铁在酸性溶液中不稳定，pH值为2.5时就开始水解生成碱式硫酸盐或氢氧化铁沉淀，反应式如式（3-24）、式（3-25）所示。

$$FeSO_4 + H_2O \longrightarrow Fe(OH)_2\downarrow + H_2SO_4 \tag{3-23}$$

$$Fe_2(SO_4)_3 + 2H_2O \longrightarrow 2Fe(OH)SO_4\downarrow + H_2SO_4 \tag{3-24}$$

$$Fe_2(SO_4)_3 + 6H_2O \longrightarrow 2Fe(OH)SO_4\downarrow + 3H_2SO_4 \tag{3-25}$$

这些铁的氢氧化物是有害的，在钛液水解时一起水解沉淀到偏钛酸中，而且无法通过水洗除去，在煅烧时又变成氧化铁，降低富钛料中的二氧化钛含量，为了尽量多的除去铁，应将溶液中的三价铁离子都还原成二价铁离子，然后在水解时调整pH值使钛离子水解沉淀出来，而保持二价铁离子不水解或者先通过冷却结晶的方式使硫酸亚铁从溶液中分离出来，即可除去铁。

钛液的还原：钛精矿中的铁主要以二价和三价两种状态存在，但是与碱混合焙烧之后，矿物的二价铁大部分被氧化成三价铁，所以酸解之后的钛液中主要以硫酸高铁［$Fe_2(SO_4)_3$］为主，少量以硫酸亚铁［$FeSO_4$］的形式存在。

上述两种盐在一定条件下都会水解生成沉淀，反应式如式（3-26）、式（3-27）所示：

$$Fe_2(SO_4)_3 + 6H_2O \longrightarrow 2Fe(OH)_3\downarrow + 3H_2SO_4 \tag{3-26}$$

$$FeSO_4 + 2H_2O \longrightarrow Fe(OH)_2\downarrow + H_2SO_4 \tag{3-27}$$

硫酸亚铁比硫酸铁稳定，硫酸亚铁只有在pH值大于6.5时才开始发生水解，因为钛液在水解时保持这较高的硫酸浓度，故始终为溶解状态，在偏钛酸洗涤时可被除去。硫酸高铁在pH值为1.5的酸性溶液中就已经开始水解，在洗涤偏钛酸的过程中，当pH达到1.5时就开始水解生成氢氧化高铁沉淀，混杂在偏钛酸中，严重影响富钛料的质量。为了防止这种情况发生，钛液中不允许有三价铁离子的存在，因此需要把高价铁还原成二价铁。

对于钛液的还原，一般采用廉价的铁粉或者铁屑，试验采用铁粉作为还原剂，在酸解之后的钛液中加入铁粉，目的是将 Fe^{3+} 还原成 Fe^{2+}，反应式如式（3-28）所示：

$$Fe^{3+} + Fe \longrightarrow 2Fe^{2+} \quad (3\text{-}28)$$

加入的铁粉量一般以钛液中出现三价钛为标准（以 TiO_2 计 1~3g/L），三价钛的出现，表明此时钛液中的三价铁离子已经全部被还原为二价铁，因为钛液中的三价铁和四价钛都为高价态物质，三价铁的还原能力大于四价钛的还原能力，只有三价铁离子被还原完毕之后，四价钛才会被还原。四价钛被还原为三价钛的反应方程式如式（3-29）、式（3-30）所示：

$$2TiOSO_4 + Fe + 2H_2SO_4 \longrightarrow Ti_2(SO_4)_3 + FeSO_4 + 2H_2O \quad (3\text{-}29)$$

$$2TiSO_4 + Fe \longrightarrow Ti_2(SO_4)_3 + FeSO_4 \quad (3\text{-}30)$$

加入铁屑还可以将一部分重金属离子还原为金属随残渣而被除去，有利于提高富钛料的品质。

3.7.2.5　钛液的水解原理

钛液的水解属于盐类的水解，但与普通的盐类水解过程又有不同，因为它还有偏钛酸晶体的形成过程，所以可以把钛液的水解看成盐类水解、再结晶的过程，可利用结晶原理解释，影响盐类水解的主要因素为 pH 值、温度和浓度。

钛液的水解：钛液的水解主要是利用各种离子水解的 pH 值不同，调节适当的 pH 值，使钛离子发生水解生成水合二氧化钛沉淀下来，由于其他杂质不发生水解而仍旧留在母液中，故可实现杂质和水合二氧化钛的分离。

部分金属氢氧化物生成沉淀时的 pH 值见表 3-8。钛液的水解非常复杂，钛液中的钛不是以简单的 Ti^{4+} 形式存在，而是以水合阳离子 $[Ti(H_2O)_6]^{4+}$ 的形式存在，水合阳离子与氧离子结合形成 $(TiO)_n^{2n+}$ 长链的聚合结构，用化学式可以简单归纳为：

$$Ti(SO_4)_2 + H_2O \longrightarrow TiOSO_4 + H_2SO_4 \quad (3\text{-}31)$$

$$TiOSO_4 + 2H_2O \longrightarrow H_2TiO_3\downarrow + H_2SO_4 \quad (3\text{-}32)$$

表 3-8　部分金属离子氢氧化物沉淀时的 pH 值

氢氧化物	开始出现沉淀的 pH 值	氢氧化物	开始出现沉淀的 pH 值
$Ti(OH)_3$	2.5~3	$Fe(OH)_2$	4.5~7
$Ti(OH)_4$	0.47~1	$Fe(OH)_3$	2~3
$Cr(OH)_3$	4.5~5.6	$Mn(OH)_2$	8.6~10.8
$Ce(OH)_4$	0.8~1.2	$Co(OH)_2$	7.2~8.7

化学反应式（3-32）几乎不存在或者很少存在，因为当钛液 pH 值小于 2.45 时，钛液中以 $TiOSO_4$ 为主，理论上只有在不含游离酸的中性水溶液中，$TiOSO_4$ 才会全部水解生成 H_2TiO_3。但是实际中不仅钛液中含有部分游离酸，而且水解过程中会产生游离酸，因此钛液的水解不仅有 H_2TiO_3 生成，而且还伴随着 $TiOSO_4$ 的生成。$TiOSO_4$ 也可以用 $TiO_2 \cdot SO_3$ 表示，H_2TiO_3 用 $TiO_2 \cdot H_2O$ 表示，钛液的水解产物实际上是一系列含水并吸附一定量 SO_3 的二氧化钛胶体凝聚物，分子式可以表示为 $TiO_2 \cdot xH_2O \cdot ySO_3$，称为水合二氧化钛，$x$ 和 y 的数值根据水解条件和 pH 值的高低有所不同。

氢氧化钛是两性物质，但是偏酸性，所以称为钛酸，其中 $Ti(OH)_4$ 称为 α 钛酸或正钛酸，$TiO(OH)_2$ 称为 β 钛酸或者偏钛酸，为了书写和记忆方便，习惯把水合二氧化钛称为偏钛酸，化学式为 H_2TiO_3。

钛液水解生成的水合二氧化钛中的 H_2O 和 SO_3，不是以化合物的形式依靠化学键和 TiO_2 结合在一起，而是靠很强的吸附作用与之结合，很难用洗涤的方法完全除去，工业上采用加热煅烧，700℃时 SO_3 基本被除去，所以将水洗后的水合二氧化钛在 900℃煅烧生成金红石型二氧化钛的同时，可除去 SO_3。

结晶过程：钛液的水解包含三个步骤：(1) 晶核的形成。即从钛液中析出第一批晶体小颗粒，它们将作为下一步骤结晶的中心；(2) 晶核的长大与沉淀的形成。即当晶核形成以后，若继续发生水解，则根据结晶原理，晶核表面将会发生钛的固析，这就促使晶核慢慢长大，当达到一定程度时，便成为沉淀析出；(3) 沉淀物及溶液的组分随着水解过程的延续而变化。

结晶过程实际上是固体物质以晶体形态从蒸汽、溶液或者熔融物质中析出的过程，此过程要经历晶核的形成与长大两个步骤，这两个步骤的推动力都是溶液的过饱和度。过饱和度的大小直接影响晶核的形成和晶体长大的速度，而这两个过程的速度大小又影响结晶产品的粒度和粒度分布。只有当溶液达到过饱和状态时，才会有晶体析出，过饱和度与温度的关系如图 3-6 所示。

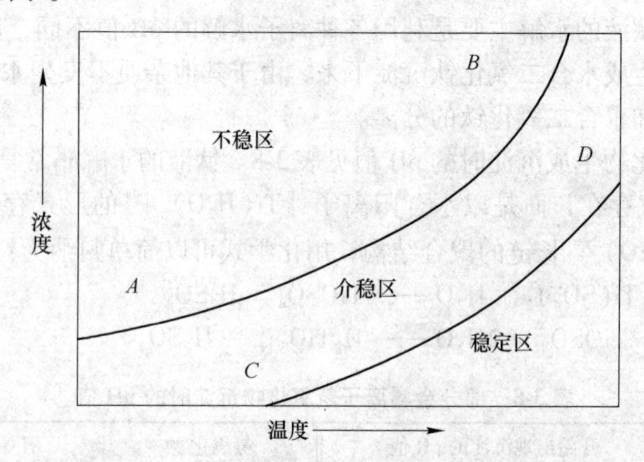

图 3-6　溶液中过饱和度与温度的关系曲线

图 3-6 中，*AB* 线为溶液过饱和并且溶质能自发地结晶的过饱和度曲线，*CD* 线为具有正溶解度特性的溶解度曲线。溶液的温度-浓度关系图被这两条曲线分为三个区域：*AB* 线以上属于不稳区，在此区域中的溶液能自发地产生晶核，并长大形成晶体；*CD* 线以下的区域属于稳定区，在此区中溶液没有达到饱和，因此不可能产生结晶；两线之间的区域称为介稳区，在这个区域的溶液不会自发地形成晶核，只有在溶液中加入晶种时，溶液才会以加入的晶种为结晶核心，逐渐长大。试验表明，溶解度曲线 *CD* 线是保持固定不变的，而过饱和度曲线 *AB* 线的位置与多种因素有关，例如当搅拌增强时，溶质加速溶解，趋向于不饱和溶液，*AB* 线就会趋近 *CD* 线。虽然结晶过程比较复杂，但是每一个结晶过程都可以根据其特定的条件找到一条与之相对应的过饱和度曲线。溶液过饱和度公式如式 (3-33) 所示：

$$\ln \frac{c}{c_0} = \frac{2aM}{\rho RTr} \tag{3-33}$$

式中 c_0——大粒晶体的溶解度；

c——球形微晶体的溶解度；

a——晶体的界面张力，J/cm^2；

M——分子量；

ρ——晶体的密度，g/cm^3；

R——气体常数，$J/(mol \cdot K)$；

T——温度，K；

r——晶体半径。

由式（3-33）可以看出，晶体越小，溶液的过饱和度越大，即只有过饱和度较大时，晶核才会从溶液中自发地形成。而对具有通常粒度的晶体，这种较大的过饱和度已经过饱和；反之，如果溶液的过饱和度太小，已形成的晶核则会重新溶解，晶核更不会长大。

吉布斯推导出从水溶液中形成具有临界粒度的晶核速度方程式：

$$\lambda = k\exp\left[-\frac{\psi \pi \alpha^3 M^2}{\rho^2 (RT)^3 \ln S}\right] \tag{3-34}$$

式中 λ——在单位时间和单位溶液体积中形成的晶核数目；

ρ——晶体密度，g/cm^3；

S——以 c/c_o 表示的过饱和度；

k——常数；

M——分子量；

ψ——晶体的形状系数；

α——界面张力，J/cm^2；

R——气体常数，$J/(mol \cdot K)$；

T——温度，K。

由式（3-34）可知，影响晶核形成速度的因素主要有温度、过饱和度和界面张力，其中影响最大的是过饱和度 S。间歇操作进行结晶时，如果过饱和度过大，就会产生过量晶核，从而得到很细的晶体。为了使晶体能够按照要求成长，获得粒度均匀的产品，必须采取措施防止晶核过量生成。一般在溶液中加入适量的适宜粒度晶种，使溶质在加入的晶种表面上生长，并将溶液的过饱和度控制在介稳区，可减少新晶核的形成。另外，缓慢的搅拌可以使晶种均匀地悬浮在整个溶液中，减少新晶核的产生。

晶体成长包括三个步骤：第一步，溶质通过扩散作用穿过靠近晶体表面的静止液层，到达晶粒表面；第二步，到达晶粒表面的溶质在晶面逐步长大并放出结晶热；第三步，放出的结晶热传入溶液主体。第一步扩散作用的推动力是浓度差，第二步长大过程则是依靠另一浓度差为推动力完成的，由于大多数物料的结晶热数值较小，所以可以忽略第三步对整个结晶过程的影响。

晶体成长的速率方程式为：

$$C_M = K_M(C - C^*) \tag{3-35}$$

式中　C_M——晶体成长速率，$kg/(m^2 \cdot K)$；

K_M——晶体成长总系数，$kg/(h \cdot C)$；

$C-C^*$——晶体成长的过饱和度，kg 溶质/kg 溶剂。

由式（3-35）可知，过饱和度对晶体成长速度有很大影响，只有过饱和度足够大时，晶体成长速率才会加快。晶体成长速率还受到晶体大小的影响，这是由于大晶体在其周围溶液中沉降速度比小晶体快，使邻近晶体表面的静止液层变薄而使扩散变得更加容易，所以，有时候较大晶体的成长速率比小晶体快。在结晶过程中，如果溶液过饱和度过大，晶体成长速度过快，使得晶粒大的晶体成长更快，结果造成晶体粒度不均匀；当过饱和度不太大时，晶体成长速度相对均匀，一般在搅拌的作用下得到的晶体粒度会更均匀。在结晶过程中，关键在于控制好溶液的过饱和度，使它位于介稳区，从而得到优质、均匀的晶体颗粒。

3.7.3　试验材料及方法

3.7.3.1　试验材料及设备

试验矿样为云南某地钛精矿，黑色，其化学成分见表 3-9，试验时需细磨到-200 目。

试样的 X 衍射分析如图 3-7 所示，图 3-8 所示的电子探针查明的原矿矿物组成见表 3-10，可知钛精矿主要矿物相为钛铁矿（$FeTiO_3$），质量分数为 92.85%，伴生有磁铁矿和石英。

表 3-9　钛精矿的化学成分　（%）

元素	Al_2O_3	SiO_2	MnO	MgO	Sn	Fe	Cr	TiO_2	CaO	V	Zn	Ni	Co
化学成分	0.89	1.46	0.516	0.95	<0.02	36.37	0.086	48.5	0.052	0.20	0.034	0.082	0.071

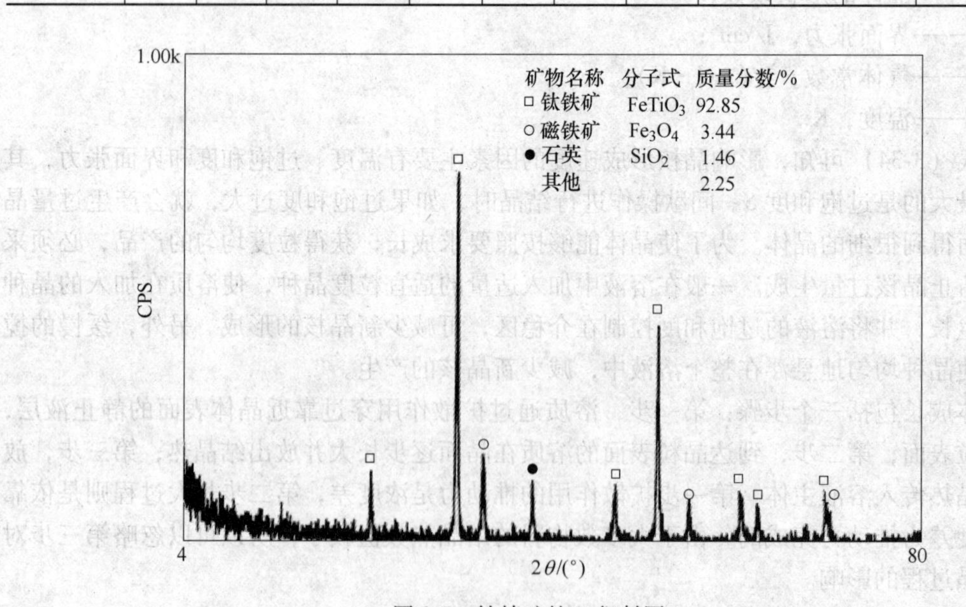

图 3-7　钛精矿的 X 衍射图

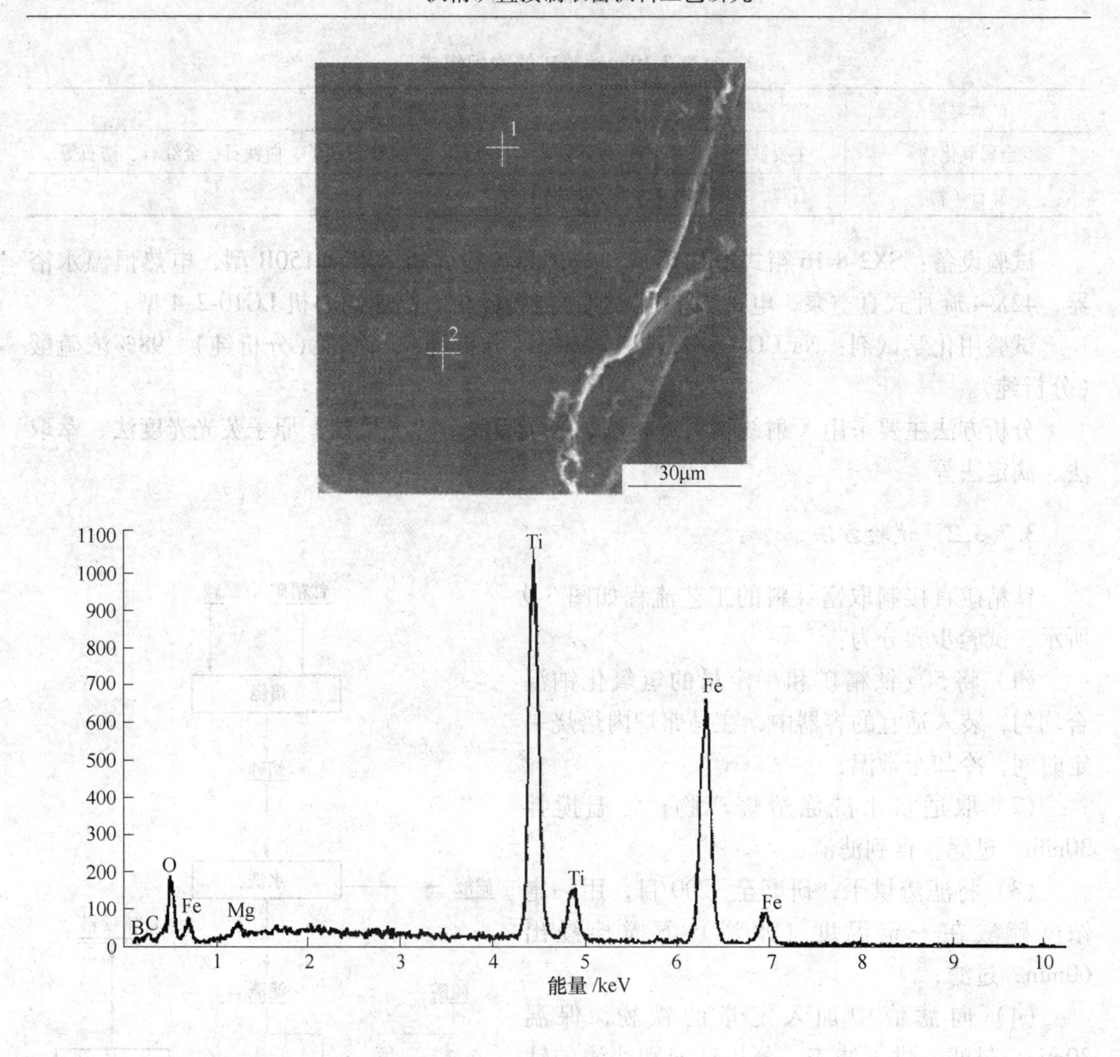

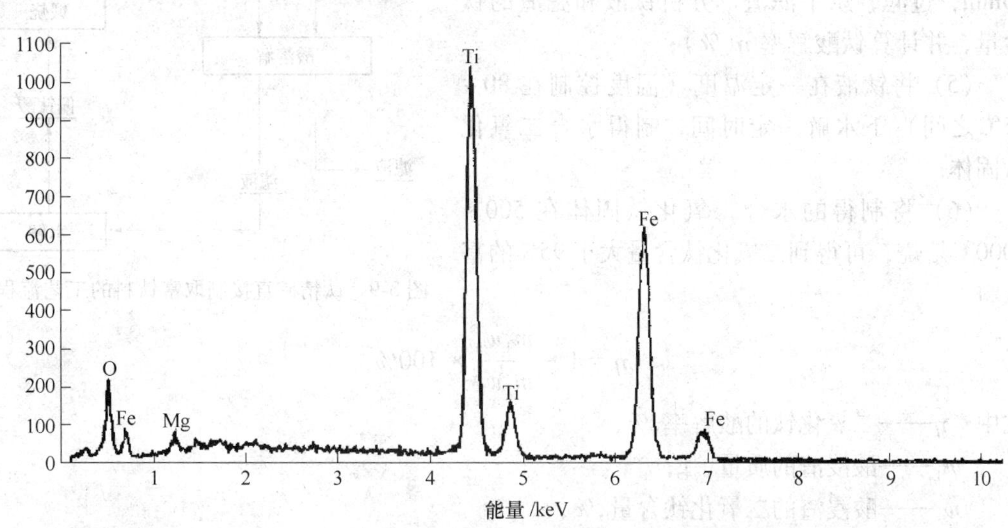

图 3-8 钛精矿的电子探针能谱半定量测定结果

表 3-10 钛精矿的物相组成

矿物类型	矿 物 种 类
金属氧化物	主要钛铁矿，其次钛-磁赤铁矿、褐铁矿，少量钛磁铁矿、白钛石、金红石、锆石等
脉石矿物	石英，少量蛇纹石、褐铁矿黏土

试验设备：SX2-8-16 箱式电加热马弗炉，圆盘粉碎机 XPF-Φ150B 型，电热恒温水浴器，42X-4 旋片式真空泵，电子天平，高速万能粉碎机，高速离心机 LG10-2.4 型。

试验用化学试剂：Na_2CO_3(分析纯)、NaOH(分析纯)、铁粉（分析纯)、98%浓硫酸(分析纯)。

分析方法主要采用 X 射线衍射分析法、原子吸收分光光度法、原子荧光光度法、萃取法、滴定法等。

3.7.3.2 试验方法

钛精矿直接制取富钛料的工艺流程如图 3-9 所示，试验步骤分为：

（1）将 50g 钛精矿和一定量的氢氧化钠混合均匀，装入适宜的容器中，在马弗炉内焙烧一定时间，冷却至常温；

（2）取适量水洗涤焙烧产物，常温搅拌 30min，过滤，得到滤渣；

（3）将滤渣烘干，研磨至-200 目，用一定浓度硫酸在一定温度（水浴）下搅拌浸出 60min，过滤；

（4）向滤液中加入定量的铁粉，保温 30min，过滤，烘干滤渣，分析钛液和滤渣的钛含量，并计算钛酸解率 η(%)；

（5）将钛液在一定温度（温度控制在 80～95℃之间）下水解一定时间，制得水合二氧化钛固体；

（6）将制得的水合二氧化钛固体在 500～1000℃焙烧，可得到二氧化钛含量大于 95%的富钛料。

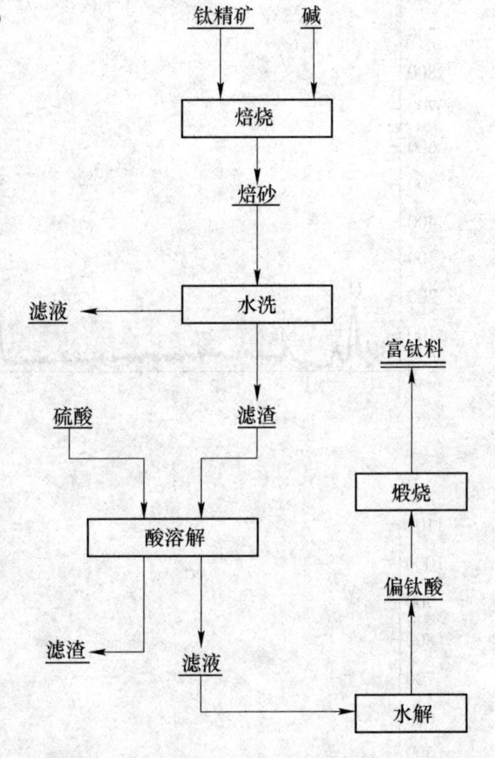

图 3-9 钛精矿直接制取富钛料的工艺流程

$$\eta = 1 - \frac{m_1 w_1}{m_2 w_2} \times 100\%$$

式中 η——二氧化钛的酸解率,%；

m_1——酸浸渣的质量，g；

w_1——酸浸渣的二氧化钛含量,%；

m_2——钛精矿的质量，g；

w_2——钛精矿的二氧化钛含量,%。

$$\varepsilon = \frac{m_5 \times w_5}{m_2 \times w_2} \times 100\%$$

式中 ε——二氧化钛的回收率,%;

m_5——富钛料的质量，g;

w_5——富钛料的二氧化钛含量,%。

3.7.4 试验结果及讨论

3.7.4.1 焙烧试验条件

焙烧的目的是使钛的氧化物在焙烧后尽可能多地生成偏钛酸钠和钛酸钠，试验将钛精矿分别与碳酸钠、氢氧化钠进行混合焙烧试验，以酸解率最高为适宜条件。

A 钛精矿与碳酸钠混合焙烧试验

钛精矿和碳酸钠混合焙烧，采用正交试验方法，通过预备试验确定出各因素和水平，见表 3-11，试验结果见表 3-12。

表 3-11 钛精矿与碳酸钠混合焙烧正交试验的因素和水平

水平	A（焙烧温度）/℃	B（焙烧时间）/h	C（碱矿比）
1	800	1	0.99
2	860	2	1.49
3	920	3	1.99

表 3-12 钛精矿与碳酸钠混合焙烧正交试验结果及分析

试验	A/℃	B/h	C	酸解率/%
1-1	800	1	0.99	42.85
1-2	800	2	1.49	48.76
1-3	800	3	1.99	53.10
1-4	860	1	1.49	46.25
1-5	860	2	1.99	51.65
1-6	860	3	0.99	50.87
1-7	920	1	1.99	45.23
1-8	920	2	0.99	49.61
1-9	920	3	1.49	41.48
Ⅰ	144.74	134.33	143.33	
Ⅱ	148.77	150.02	136.49	
Ⅲ	136.32	145.45	149.98	
K_1	48.23	44.78	47.78	
K_2	49.59	50.01	45.50	
K_3	45.44	48.48	49.99	
R	4.15	5.23	4.49	
因素主次	3	1	2	
适宜条件	A2	B2	C3	

从表 3-12 的正交试验结果可以看出，三个因素影响大小主次依次为 B>C>A，初步选定的优化条件为：焙烧温度 860℃，焙烧时间 2h，碱矿比 1.99。通过表中试验数据可以看出，焙烧温度和焙烧时间都已经出现了峰值，说明这两个因子较适宜，但是对于碱矿比，还需做进一步的探索，以达到适宜的试验条件，补充如表 3-13 所示的试验。

表 3-13　钛精矿与碳酸钠混合焙烧补充试验

试　验	A/℃	B/h	C	酸解率/%
1-10	860	2	0.83	45.22
1-11	860	2	1.57	51.50
1-12	860	2	2.30	52.10

将试验 1-5、1-10、1-11、1-12 的结果绘制成曲线，如图 3-10 所示。

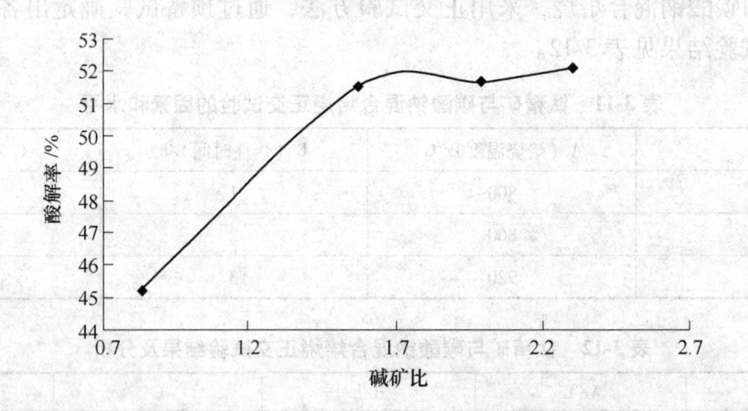

图 3-10　钛精矿与碳酸钠混合焙烧补充试验中碱矿比对酸解率的影响

由图 3-10 可知，碱矿比在 0.83~1.57 之间时，随着碱矿比的增加，钛酸解率增加幅度较大，但是在碱矿比超过 1.57 之后，酸解率增加的幅度趋小。由于过高的碱矿比将会增加水洗的负担，并且在酸洗过程中消耗更多的酸，故选取适宜的碱矿比为 1.57。在确定钛精矿与碳酸钠焙烧温度 860℃，焙烧时间 2h，碱矿比 1.57 的焙烧条件下，钛的酸解率最高只有 66%，酸解率较低，效果不佳。

B　钛精矿与氢氧化钠混合焙烧试验

为了提高钛酸解率，试验选用碱性较强的氢氧化钠。采用正交试验法，通过大量的预备试验确定出各因素和水平，见表 3-14，试验结果见表 3-15。

表 3-14　钛精矿与氢氧化钠混合焙烧正交试验的因素和水平

水　平	A（焙烧温度）/℃	B（焙烧时间）/h	C（碱矿比）
1	510	3	1.58
2	540	4	1.80
3	570	5	2.02

表 3-15　钛精矿与氢氧化钠混合焙烧正交试验结果及分析

试　验	A/℃	B/h	C/g	酸解率/%
2-1	510	4	1.58	78.02
2-2	510	5	1.80	82.60
2-3	510	6	2.02	82.10
2-4	540	4	1.80	85.50
2-5	540	5	2.02	86.60
2-6	540	6	1.58	80.20
2-7	570	4	2.02	87.60
2-8	570	5	1.58	84.20
2-9	570	6	1.80	88.00
Ⅰ	242.72	251.12	242.42	
Ⅱ	252.30	253.40	256.10	
Ⅲ	259.80	250.30	256.30	
K_1	80.90	83.70	80.80	
K_2	84.10	84.50	85.40	
K_3	86.60	84.40	85.40	
R	5.70	0.80	4.60	
因素主次	1	3	2	
适宜条件	A3	B2	C2	

从表 3-15 中可以看出，三个因素影响大小主次依次为 A>C>B，故选定的优化条件为焙烧温度 570℃，焙烧时间 5h，碱矿比 1.8。通过表中试验数据可以看出焙烧时间和碱矿比已经出现了峰值，说明这两个因子已达到了适宜条件，但是对于焙烧温度，尚未达到优化条件，补充如表 3-16 所示的试验。

表 3-16　钛精矿与氢氧化钠混合焙烧补充试验

试验	A/℃	B/h	C/g	酸解率/%
2-10	600	5	1.8	90.60
2-11	630	5	1.8	89.10

通过以上试验可以得出：

（1）温度高，反应过程中反应物和产物传质速率加快，反应速率就高，表现为相同时间内酸解率的提高，所以钛酸解率会随着温度的上升而提高；但是温度在达到 600℃之后，酸解率基本不再变化，并且随着温度的上升，酸解率有所下降。原因可能是钛精矿在焙烧过程表面产生了裂纹和孔隙，使焙烧矿的比表面积增大，增大了钛的氧化物与碱的反应界面，使其动力学条件更加充分，从而改善其酸解性能。随着温度的持续升高，反应物质中出现了液相，使得焙烧矿的比表面积减小，反应界面减小。

（2）反应速率除了与反应温度、反应物的性质有关外，还与反应物的浓度、催化剂等条件有关。碱矿比的增大，有利于增大钛精矿与碱的反应界面，碱矿比达到 1.8 时，富钛

料中的 Me_3O_5 型固溶体结构基本被破坏，继续增加氢氧化钠已没有必要，并且过高的碱矿比将增大后续水洗工艺的负担，未水洗完全的碱会中和酸浸过程中的一部分酸，降低酸的浓度，不利于钛精矿的酸解。

（3）焙烧时间长酸解效果不一定好。在焙烧时间达到5h之前，产物中的 TiO_2 含量随着焙烧时间的增加而增加；在焙烧时间超过5h后，产物中的 TiO_2 含量随着时间的增加已基本不再变化，甚至出现降低的趋势。出现这种现象的原因，一方面是由于焙烧时间的增加，焙烧产物中出现黏结现象，形成一种新的不易被硫酸溶解的结构；另一方面是此时碱和钛精矿中的 TiO_2 反应已经比较完全，继续增加反应时间，效果不大。

采用钛精矿与碳酸钠混合焙烧，酸解率最高只能达到66%；采用钛精矿与氢氧化钠混合焙烧，控制适宜的酸浸条件，酸解率最高能达到96%。综上可知：

（1）富钛料制备工艺中，焙烧添加剂需采用氢氧化钠。因为氢氧化钠的碱性比碳酸钠强，能使钛精矿中钛的氧化物更多地转变成钛酸钠和偏钛酸钠，提高钛的酸解率。

（2）钛精矿与氢氧化钠混合焙烧的适宜条件是焙烧温度600℃，保温时间5h，碱矿比1.8。这样可以使钛精矿中的 TiO_2 尽可能充分地与碱相互作用生成钛酸钠或偏钛酸钠，在常温常压下酸溶时更多地转变为 $TiO(SO_4)_2$ 或者 $Ti(SO_4)_2$，从而最大限度地提高钛的酸解率。

3.7.4.2　酸解试验条件

钛精矿中的二氧化钛在焙烧过程中，通过控制适当的焙烧条件，可以使二氧化钛转变为钛酸钠和偏钛酸钠。但是如果要使酸解率达到较好的效果，还需要研究硫酸浸出条件，即浸出温度、酸矿比、酸浓度对酸解率的影响等。通过大量的准备试验，初步确定出影响酸解率的因子和水平，见表3-17，试验结果及分析见表3-18。

表3-17　焙烧矿酸解正交试验因子和水平

水　平	A（浸出温度）/℃	B（酸矿比）	（酸浓度）/%
1	60	61	75
2	70	70	80
3	80	78.4	85

注：酸矿比指的是浓度为98%的硫酸的质量与钛精矿的质量比。

表3-18　正交试验结果及分析

试　验	A/℃	B/mL	C/%	酸解率/%
3-1	60	61	75	79.5
3-2	60	70	80	83.2
3-3	60	78.4	85	85.5
3-4	70	61	80	82.6
3-5	70	70	85	86.2
3-6	70	78.4	75	90.0
3-7	80	61	85	84.0

续表 3-18

试　验	A/℃	B/mL	C/%	酸解率/%
3-8	80	70	75	87.5
3-9	80	78.4	80	89.9
Ⅰ	248.2	246.1	257.0	
Ⅱ	258.8	256.9	255.7	
Ⅲ	261.4	265.4	255.7	
K_1	82.7	82.0	85.7	
K_2	86.3	85.6	85.2	
K_3	87.1	88.5	85.2	
R	4.4	6.5	0.2	
因素主次	2	1	3	
适宜条件	A3	B3	C3	

从表 3-18 中可以看出，随着浸出温度和酸矿比的增加，酸解率呈上升趋势，但没有出现拐点，说明浸出温度和酸矿比都没有达到适宜的试验条件，如果继续升高温度，增加酸矿比，酸解率还有很大的提升空间。随着酸浓度的增加，酸解率基本维持不变。

A　硫酸浓度对酸解率的影响

酸解反应是一个放热反应，通过此反应，焙烧矿中的钛和铁通过溶解反应生成可溶性硫酸盐，并通过加入铁粉把溶液中的三价铁还原成二价铁，目的是在钛液水解时，通过调整适当的 pH 将铁除去。由于试验采用的原料钛精矿中的钙、镁等杂质含量很低，因此对酸解还原得到的钛液不需做沉降、结晶、分离等处理，即可直接作为水解的原料。

硫酸原料的浓度和反应稀释后的浓度对酸解反应有很大的影响，提高硫酸的浓度可以提高硫酸酸解率。硫酸属于活泼强酸，可以任意比例溶于水，并产生大量热，一般控制硫酸的浓度为 85%~98%。但硫酸浓度应尽可能高一些，因为浓度大于 96%的硫酸不仅会在稀释时放出更多的热量，而且溶液中 H^+ 和 SO_4^{2-} 浓度高，活性大，能使酸解反应的速率加快。硫酸的浓度如果过低（小于 92%），由于稀释时释放的热量少，酸解反应不剧烈，不易酸解，稳定性不好。试验采用的是浓度为 98%的浓硫酸。在酸解过程中，先将稀释水倒入焙烧矿中混合均匀，然后加入硫酸，由于稀释热和反应潜热的存在，反应剧烈，待反应温度降为室温后，再用水浴锅进行 1h 保温浸出。

工业上酸解反应的操作一般是先把硫酸放入酸解罐内，在压缩空气的搅拌下投入矿粉。对硫酸的稀释，夏天常常采用低温法，即先把硫酸稀释并冷却到需要的浓度和温度之后再放入矿粉；冬季采用高温法，先加酸，后加矿粉，最后加水稀释，用稀释热来引发反应。工业上一般还要对硫酸进行预热，预热温度常控制在 80~120℃，硫酸预热温度过高，反应激烈，容易产生冒锅事故，并且由于反应速率太快，矿粉和硫酸未来得及搅匀，反应就已经结束，酸解率很低，易出现固相物体。当硫酸浓度过低时，反应迟缓，主反应不明显，并且反应不完全，酸解率较低。

稀释后的硫酸浓度对酸解反应也有很大的影响，它直接影响反应速度和反应的剧烈程度。试验结果表明，酸度在75%~85%范围内对酸解率的影响不大。考虑到浓度高的硫酸中 H^+ 离子和 SO_4^{2-} 能增大渗入矿物表面裂缝中的概率，使 $H^+ - SO_4^{2-}$ 对的偶极作用和固体表面的在位作用加强而加速矿物分解速率。过低的酸度，将会降低单位体积内焙烧矿与酸的接触面积，延长酸解时间，影响酸解率，浓度越低的酸，需要酸解的时间也越长，这样就降低了效率。

B 浸出温度对酸解率的影响

为了寻求适宜的浸出温度，采取控制变量法，固定加酸量78.4mL，酸的浓度为80%，选用不同的浸出温度进行试验，结果如图3-11所示。

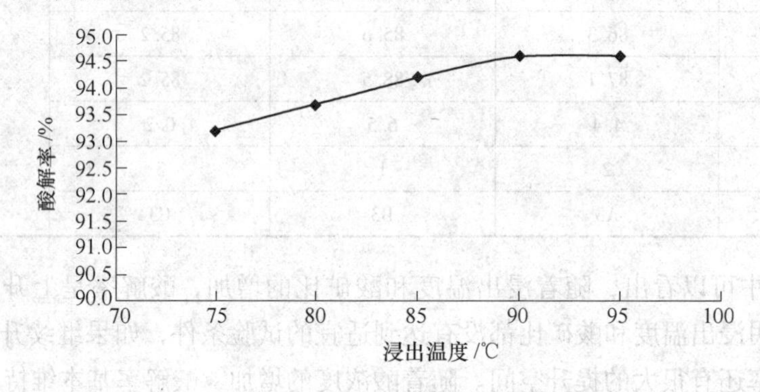

图3-11 浸出温度对焙烧矿酸解率的影响

从图3-11中可以看出，随着浸出温度的上升，酸解率呈上升的趋势，但是在温度达到90℃以后，酸解率基本维持不变，所以适宜的浸出温度是90℃。

一般来说，温度越高，反应越剧烈，酸解率也越高。对于钛精矿的酸解，浸出保温可以使酸解率提高5%~10%。焙烧矿酸解时的浸出温度对酸解率具有很大的影响，因此保持适宜的浸出温度有利于酸解率的提高。保温浸出能够使未反应完全的焙烧矿粉在浸出温度下继续与游离酸反应从而提高酸解率。温度上升，会降低钛液的黏度，有利于杂质的沉降；但是温度如果过高，钛液的稳定性就会下降，容易引起早期水解，所以浸出温度不宜过高，应维持一个适当的温度。

C 酸矿比对酸解反应的影响

为了寻求适宜的酸矿比，固定浸出温度为80℃，酸浓度为80%，选用不同的酸矿比进行试验，结果如图3-12所示。

由图3-12中可以看出，随着酸矿比的增加，焙烧矿的酸解率明显增加，酸矿比的增加有利于偏钛酸钠的溶解；但当酸矿比达到3.85，继续增加酸的用量，酸解率已基本不再变化，故确定适宜的酸矿比为3.85。

酸解时的酸矿比对钛液具有很大影响，当加入较多酸时，钛液的稳定性较好，还可以使酸解反应进行得较彻底，有利于酸解率的提高；但酸量过大，不但会增加酸的消耗，增加富钛料生产的成本，而且过大的酸量会增大后续工艺钛液水解的难度，导致水解反应逆向进行，偏钛酸离子浓度降低，粒度小，水解效率低，水洗时由于偏钛酸离子过细还容易穿漏造成损失。

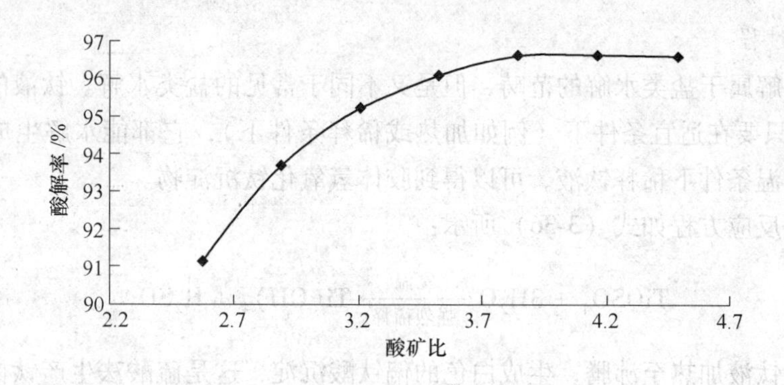

图 3-12　酸矿比对焙烧矿酸解率的影响

D　粒度对酸解率的影响

矿粉粒度和分布也是影响酸解的一个因素，粒度小且均匀能起到更好的效果。矿粉粒度越大，反应越缓慢，并且会导致颗粒内部不反应，降低酸解率。粒度分布不均匀也会降低酸解率，反应时，先反应的一般是细颗粒，细颗粒反应会消耗掉一部分酸，降低酸的浓度，导致粗颗粒的反应不完全。试验采用-200 目的焙烧矿作为原料，试验前混匀缩分，目的是为了保证颗粒细小均匀，达到良好的浸出效果。在浸出过程中，搅拌要均匀，如果搅拌不均匀，会导致一部分焙烧矿粉不反应，降低酸解率；如果搅拌过于剧烈，物料容易喷溅在搅拌容器上，无法反应，同样会降低酸解率。

3.7.4.3　适宜水解条件试验

焙烧矿经过酸解过程，再加入适量水浸取并用铁粉还原，钛液中的铁含量较高，并且大部分都以硫酸亚铁的形式存在。由于硫酸亚铁的溶解度受温度影响较大，且随着温度的降低，溶解度也随之降低，所以在钛液水解之前进行冷冻处理能除去大部分硫酸亚铁。冷冻结晶得到的硫酸亚铁晶体如图 3-13 所示。

图 3-13　冷冻结晶得到的硫酸亚铁晶体

A 水解过程

钛液的水解属于盐类水解的范畴，但是又不同于常见的盐类水解。钛液的水解没有固定的pH值，只要在适宜条件下（例如加热或稀释条件下），它都能水解生成水合二氧化钛沉淀，在常温条件下稀释钛液，可以得到胶体氢氧化钛沉淀物。

一般认为反应方程如式（3-36）所示：

$$TiOSO_4 + 3H_2O \xrightarrow[\text{强烈稀释}]{\text{室温}} Ti(OH)_4 + H_2SO_4 \tag{3-36}$$

还可以对钛液加热至沸腾，生成白色的偏钛酸沉淀，这是硫酸法生产钛白粉工业应用的水解过程，反应式如式（3-37）所示：

$$TiOSO_4 + 2H_2O \xrightarrow{\text{沸腾}} H_2TiO_3 + H_2SO_4 \tag{3-37}$$

水解生成的偏钛酸为无定形结构，直径约为3~10nm，它以一定数量（20~30个）按照一定的方向配位结合形成胶体颗粒。胶体颗粒在硫酸盐离子作用下加速凝聚，形成凝聚体（偏钛酸）而沉淀析出。凝聚体是由大约1000个60~75nm的小胶体颗粒凝聚而成，直径约为0.6~0.7μm。水解的过程可以分为三个步骤，即晶核形成，晶体长大，沉淀的形成。随着水解过程的进行，沉淀和溶液的成分在不断发生变化。水解条件决定着胶体颗粒、晶体和粒子的大小，影响产品的最终质量，水解过程至关重要。

水解过程首先是从均匀的钛液中析出微小结晶中心，水解条件不同时，得到晶核的数量和组分也有所不同，而晶核的数量和组成也决定了水解产物的性质和组成，因此，形成晶核是水解的重要环节。

各种离子水解pH的范围不同，试验时调整钛离子水解的pH值为2.5~3.2。

B 水解试验结果及讨论

通过预备试验，确定出影响水解的主要因素为水解温度和水解时间。试验采用优化的焙烧条件和酸解条件制得的钛液为原料（浓度40.73g/mL）。

C 水解温度对水解产物的影响

钛液的水解是一个吸热反应，所以提高温度是加快水解速率的有效方法。钛液在较低温度下沉淀析出偏钛酸较困难，只有升高到一定温度下才能取得较好的水解效果。

水解温度对偏钛酸的粒度也有很大的影响，在低温条件下长时间水解，所得到的偏钛酸颗粒过细，不但会造成过滤困难，还会延长水解时间，造成效率过低。国外有些学者认为水解温度为100℃时，得到的偏钛酸具有优良的性能。在沸腾温度下得到的偏钛酸颗粒稍粗，但是在100℃水解温度下得到的偏钛酸水洗和过滤比较困难，试验在≤95℃条件下进行。

在搅拌速率70r/min，搅拌时间4h的情况下，在不同的水解温度下水解得到偏钛酸，将偏钛酸在900℃条件下进行焙烧2h得到富钛料。水解温度对富钛料中二氧化钛含量、富钛料质量、二氧化钛产量、二氧化钛产率的影响分别如图3-14~图3-17所示。

由图3-14~图3-17中可以看出，二氧化钛的含量，随着温度的上升，二氧化钛的产率上升，但是在达到90℃之后，各项指标不再增加，甚至有下降的趋势，说明90℃为较适宜的水解温度。在此试验条件下，富钛料的最大质量为 21.3g，TiO_2 含量最高达到 95.4%。水解初期，钛液的浓度较大，当温度升到足够高时，水解反应剧烈，水解速率达到最大值，可以明显看到钛液的颜色由黑色向灰白色转变，由试验确定出水解的优化温度为 90℃。

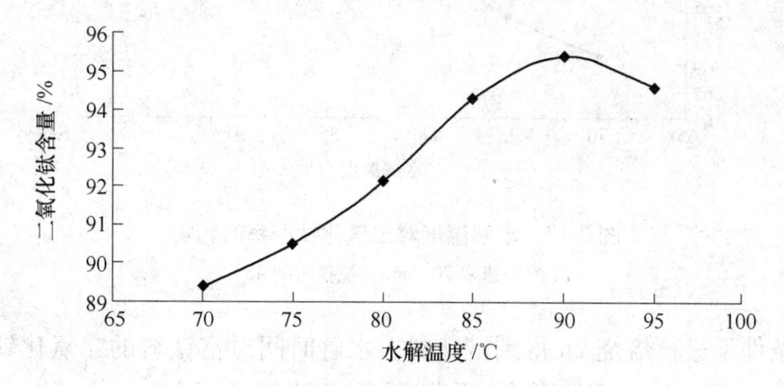

图 3-14 水解温度对二氧化钛含量的影响
（搅拌速率 70r/min，搅拌时间 4h）

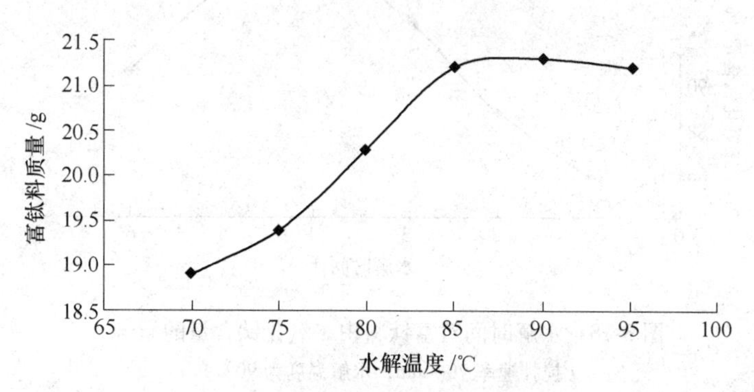

图 3-15 水解温度对富钛料质量的影响
（搅拌速率 70r/min，搅拌时间 4h）

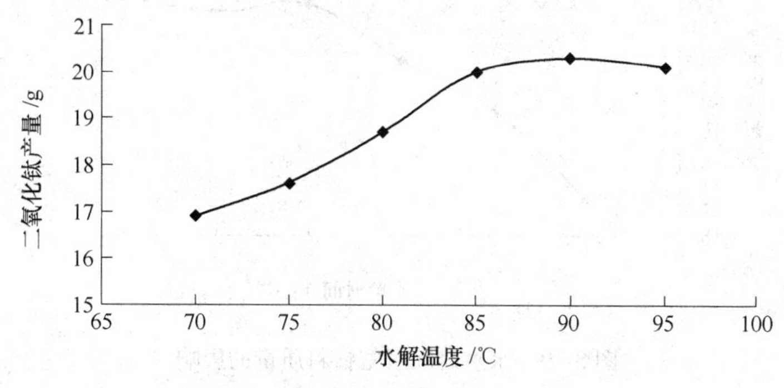

图 3-16 水解温度对二氧化钛产量的影响
（搅拌速率 70r/min，搅拌时间 4h）

D 水解时间对水解产物的影响

在搅拌速率 70r/min，水解温度为 90℃，不同的水解时间下，水解得到偏钛酸，对偏

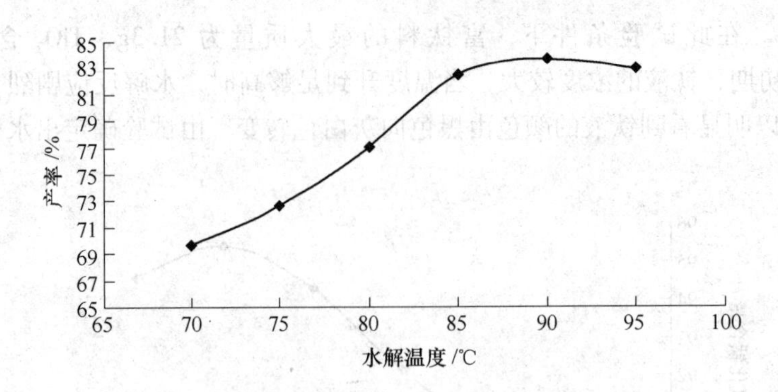

图 3-17 水解温度对二氧化钛产率的影响

（搅拌速率 70r/min，搅拌时间 4h）

钛酸在 900℃条件下进行焙烧 2h 得到富钛料。水解时间对富钛料的二氧化钛含量、质量、二氧化钛含量、二氧化钛产率的影响分别如图 3-18～图 3-21 所示。

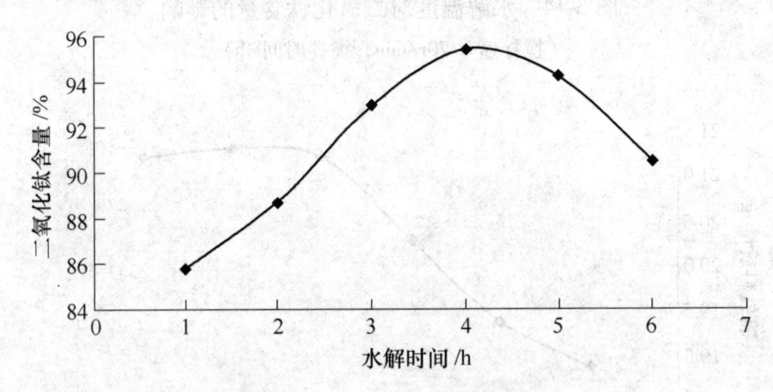

图 3-18 水解时间对富钛料中二氧化钛含量的影响

（搅拌速率 70r/min，水解温度为 90℃）

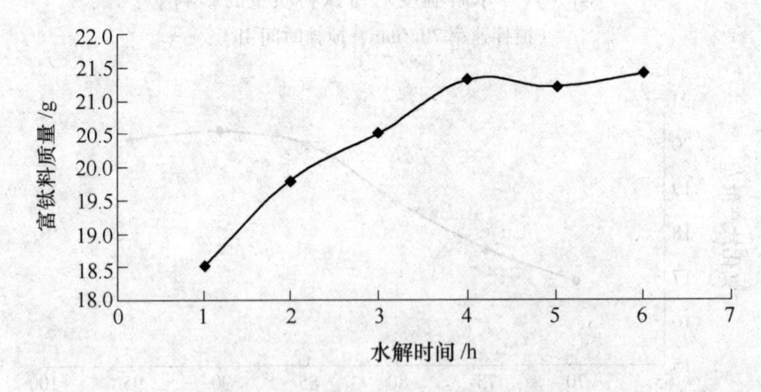

图 3-19 水解时间对富钛料质量的影响

（搅拌速率 70r/min，水解温度为 90℃）

水洗时间的长短较大地影响着水解的完全程度。水解时间长，能有效提高水解率，但是对偏钛酸的粒度和均匀分布具有很大的影响。

由图 3-18～图 3-21 中可以看出，随着水洗时间的延长，富钛料的二氧化钛含量、质

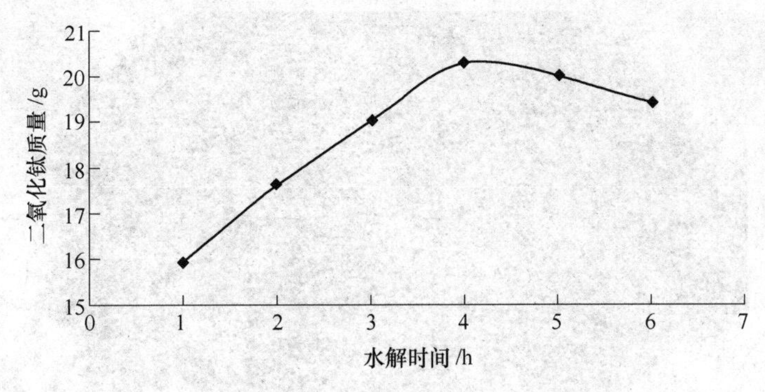

图 3-20　水解时间对富钛料中二氧化钛质量的影响

（搅拌速率 70r/min，水解温度为 90℃）

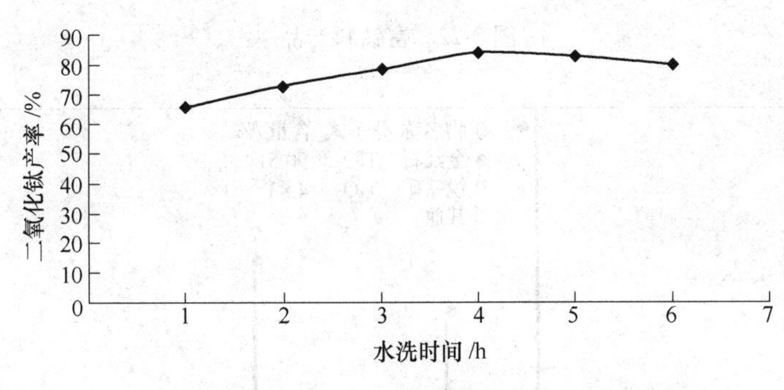

图 3-21　水解时间对二氧化钛产率的影响

（搅拌速率 70r/min，水解温度为 90℃）

量、二氧化钛产率增加趋势都较为明显，但是在水洗时间超过 4h 之后，以上各项指标基本维持不变，甚至有降低的趋势，其原因是在时间达到 4h 之前，不断有偏钛酸形成，随着时间的延长，钛液水解已经完全，继续延长时间已经没有必要，并且随着时间的延长，偏钛酸颗粒变粗，某些杂质被包裹在颗粒之中，容易造成水洗困难，使得富钛料中杂质含量增大，二氧化钛含量降低。此试验条件下得到的富钛料最大量为 21.2g，TiO_2 最高含量为 95.4%。

E　搅拌速率对水解产物的影响

水解必须在搅拌状态下进行，这样才能使钛液的浓度和温度分布较均匀，从而生成粒度均匀的偏钛酸颗粒。搅拌速率要做到适中，一般为 60~80r/min。根据结晶理论，搅拌速率越大，生成的晶体颗粒越细，根据相关资料，确定搅拌速率为 70r/min。

3.7.4.4　偏钛酸的煅烧处理

将偏钛酸在 900℃煅烧 2h，即得到呈土黄色的富钛料，平均直径约为 4mm，如图 3-22 所示，X 射线衍射图如图 3-23 所示。

由 X 射线衍射图可知，富钛料中的主要矿物相为金红石和锐钛型，其中金红石占大部分，约为 90.51%；有少量锐钛型二氧化钛，含量为 4.83%，总的二氧化钛含量为 95.34%，其他部分为杂质。元素分析得到富钛料中的化学成分见表 3-19。

图 3-22　富钛料产品

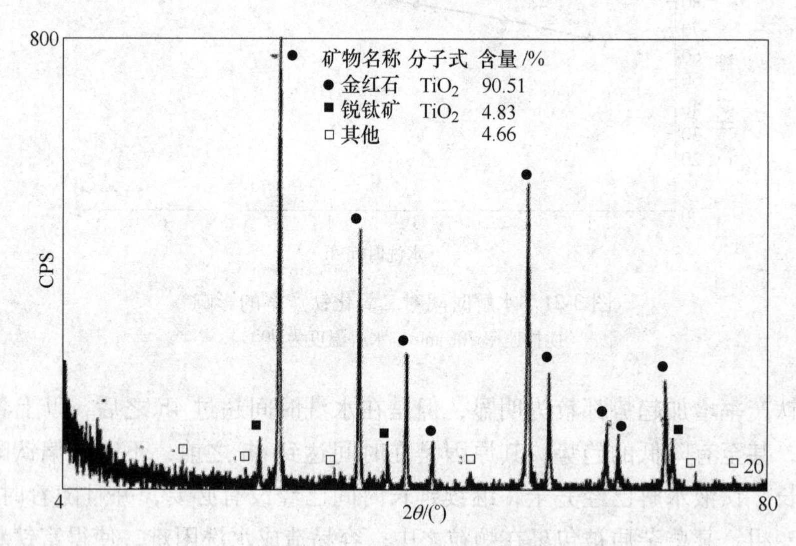

图 3-23　富钛料的 X 衍射图

表 3-19　富钛料的化学成分

元　素	TiO_2	Fe_2O_3	CaO	MgO	其他
含量/%	95.39	1.73	0.055	0.91	1.92

水解产物中含有水分子，并且吸附着 SO_3，水解产物常表示为 $TiO_2 \cdot xSO_3 \cdot yH_2O$，煅烧过程中发生的反应如式（3-38）所示：

$$TiO_2 \cdot xSO_3 \cdot yH_2O \longrightarrow TiO_2 + xSO_3\uparrow + yH_2O\uparrow \tag{3-38}$$

水合二氧化钛中的结晶水和游离水在 150~300℃时脱去，硫在温度达到 650℃时脱去。当温度达到 700~900℃范围时，二氧化钛开始由锐钛型向金红石型转化。

3.7.5　小结

（1）将钛精矿与碱混合焙烧处理，得到的焙烧产物为偏钛酸钠和少量钛酸钠，酸解效果较好，适宜的焙烧条件为：焙烧温度为600℃，焙烧时间为5h，碱矿比为1.8∶1。

（2）将焙烧产物研磨至-200目之后，采用浓度为98%的浓硫酸经稀释后酸解，最高酸解率可达96%。通过试验确定出优化的酸解条件为：浸出温度为90℃，酸矿比3.84∶1，硫酸浓度为80%。

（3）将酸解得到的钛液，进行水解，通过对比试验得到的优化水解条件为：水解温度为90℃，搅拌速率为70r/min，水解时间为4h。

（4）将钛精矿与碱混合焙烧处理制取富钛料的方法可行，工艺流程为：将钛精矿与碱在一定温度下焙烧，生成偏钛酸钠和少量钛酸钠，偏钛酸钠和钛酸钠在常温常压下溶于热酸，过滤得到钛液，再把钛液进行水解，将水解产物焙烧即可制得富钛料。整个工艺过程简单、灵活，便于实际操作，可为实际生产提供技术支撑。

4 钛渣的综合利用

4.1 大型密闭直流电弧炉冶炼钛渣研究

4.1.1 直流电弧炉概述

电弧炉主要是利用电极与炉料之间放电发出的热量来进行熔炼的。电弧炉冶炼技术应用初期，主要用于炼铁和炼钢。电能具有清洁、高效、方便等优越的特性，是工业化发展的优选能源。19 世纪中叶以后，各种大规模实现电—热转换的冶炼装置陆续出现，1879 年，Willian Siemens 首先进行了使用电能熔化钢铁炉料的研究；1899 年，赫劳特研制成三相交流电弧炉，成为现代炼钢电弧炉的雏形；1900 年，法国人 P. L. T. Heroul 设计的第一台炼钢电弧炉投入生产，从此，交流电弧炉炼钢在近 100 年中得到了长足的发展，成为最重要的炼钢方法之一。

交流电弧炉存在诸多缺点，如电弧不稳定、噪声大、电网干扰以及过度的炉壁烧损、热效率不高、电力传输损失较大、电极消耗量大等。随着大容量可控硅技术的发展，直流电弧炉迅速发展。在直流电弧炉的开发研制中，居世界前列的主要有瑞士 ABB 公司、德国 MAN-GHH 公司和法国 Clecim 公司。1982 年，诞生了世界上第一台用于实际生产的直流电弧炉（direct current electric arc furnace，DC furnace），其容量为 12t，以中心电极作为阴极接入电炉，炉底为阳极，DC 炉的应用和发展是火法冶金突破性的进展。

世界上已经建成投产或交流改造的直流电弧炉，用于炼钢的最大单炉容量达到 150t（120MV · A），最大的还原直流电弧炉是南非的 40MV · A 直流电弧炉。

4.1.2 DC 炉

DC 炉的电源由专用整流器提供直流电，中心电极组成阴极，炉底为阳极，配有高强度炉壁冷却系统，电弧和熔池之间的传导形成高速电离气体喷射。与传统的火法冶金炉相比，DC 炉具有诸多优点。

4.1.2.1 DC 炉对前级电网的冲击小

电炉功率越大，对电网的干扰也越大，在熔炼时会经常发生运行短路，产生很大的冲击电流。交流电弧炉运行中会产生突然的、强烈的电流冲击，导致电网电压的快速波动，引起照明、白炽灯和电视画面的闪烁；而直流电炉对前级电网造成的电压波动（即电压闪烁效应）为可比交流电炉的 30%~50%，且无需设置动态补充装置。

4.1.2.2 直流电弧炉生产效率高

DC 炉熔炼形成的直流电弧是连续的稳定电弧，而交流电弧因极性不断变化，要发生反复的点燃、熄灭过程，属于不稳定电弧，所以直流电炉的电弧长度设定值要比交流炉的长。

4.1.2.3 熔炼单位电耗低

DC 炉的大电流线路和炉子构件中附加的电损耗小，只有一根电极及电极把持器使热损失减少，单位质量的钛矿电耗较交流炉电耗低。

4.1.2.4 电极消耗低

电极消耗由端部消耗、侧面氧化和断裂三部分组成，而这三者又都与电极根数成正比，所以使用一根电极的直流电炉的电极消耗相应减少；同时，作为顶电极的是阴极，其上的功率消耗较低，电极端部的平均温度比交流电炉低，经测定，如将顶极电极改成阳极则消耗增加约1倍；另外，作用于顶部的电动力小，电极颤动不大，机械性电极折断损失减少。DC 炉可以采用较高的电压电流比，相应电流较低，以致与电流平方成正比的电极端部消耗减少。直流无集肤效应，电流不会集中于电极侧表面而使温度升高，所以电极侧表面的烧损少。各种生产的实践证明，DC 炉的电极消耗一般只是交流炉的 50%左右，需要特别指出的是，采用空心电极的 DC 炉消耗可以得到异乎寻常的降低。

4.1.2.5 偏弧易于控制

DC 电炉存在的电弧偏向是由于炉外供电线路的大电流产生的磁场对电弧力的作用所引起的朝变压器相反方向的偏弧，其可以通过特殊几何形状结构的导线布置，或采用可分别控制电流的输出装置来抑制与消除。三相交流电弧的偏向，则是每相电弧受到其他两相电弧所建立磁场的作用而被电磁力移至电极端靠近炉壁的外侧所致，是交流电弧自身引发的，没有改善的办法。

4.1.2.6 噪声污染小

DC 炉电弧稳定，燃烧平稳，且易于隔音。

4.1.2.7 熔池搅拌优越

钛渣属多渣熔炼，主要是钛铁矿的熔融还原过程，即渣-铁间的液-液相反应，传质（传热）为控制性环节，因此熔池搅拌是强化熔炼的重要手段。直流电炉的高速等离子体射流（阳极射流很弱，故交流电弧形成不了高速射流）可使熔渣层产生强制对流运动。在交流电炉的熔炼中，虽有温度梯度引起的熔渣层流动却要受到电磁力产生环流的部分反向作用，故而会有所减弱，铁液层基本无流动，同时直流还有交流所不具有的金属熔池搅拌作用。

4.1.2.8 熔池反应区热量高度集中

直流电炉熔池反应区处于正负极之间，电流分布像炉底导电的单相交流熔池那样都流经炉底，可以把输入炉内的能量更多地分配给反应区和炉底，从而使它们获得高功率密度，反应区功率密度高即温度高。三相交流电炉则存在相输入不平衡的现象，且以熔池作为电气零点，三电极位于熔池之上，不利于反应区和炉底的加热。

4.1.2.9　阳极效应

直流电弧的阳极效应使熔池吸热比例增加，这是炉底阳极直流电炉的一个重要特点。因直流矿热电炉中的阳极效应产生的附加热量可以进一步加热炉底（阳极），有利于提高炉底温度，所以直流炉比交流炉的熔炼具有抑制炉底上涨和炉眼易开、出炉畅通的优点，这对高熔点的短渣性很强的钛渣具有重要的意义。

DC 炉除了以上特点外，Jones 等指出，DC 炉熔炼过程还具有持续性和高强度的特点。极端高温下 DC 炉的等离子电弧由电离的微粒组成，并在石墨电极和熔池之间形成传导路径。当温度超过 5000K 时，气体分子被电离成阳离子和带负电荷的电子，产生强烈的传导等离子体。电流通过这种导电物质从电炉电极送到炉内熔池，形成闭路电路。电弧产生的大部分能量被直接传输到电弧正下方固定的区域，对熔炼的物料进行有效加热。

Golovanov 等认为，DC 炉的主要优点就是输入电压的可调性，据此可调节 DC 炉输入电流及物料的还原程度；另外，还可以通过电气设备实现 DC 炉的快速控制。

云南某公司引进国外钛渣生产先进技术和部分设备，在钛矿资源丰富的云南省建成了国内首台 30MV · A 密闭直流电弧炉（DC 炉），用于熔炼钛渣。由于 DC 炉冶炼钛渣机理复杂，不同的原料成分导致熔炼条件不同，会对 DC 炉的运行产生不同的影响。为了对引进的国外先进生产设备、工艺进行吸收、再创新，针对云南钛矿的特点，以下对大型直流电弧炉冶炼钛渣关键技术进行了研究。

4.1.2.10　DC 炉的结构

直流电炉的结构与交流电炉基本一致，尤其是单电极直流电炉与单相交流炉底导电的电炉，无论是电炉结构还是熔池形态，都是很相似的。

采用单电极的直流电弧炉主要机械设备包括顶电极、电极把持器、电极升降机构、电极压放装置、敞口护罩、密闭炉盖、炉体、液压系统、水冷系统、加料系统等。直流电炉的电气设备主要是整流变压器、整流器、电抗器及滤波器等。

DC 炉装有一根电极（负极）和一个空气冷却的导电炉底（正极）。随着电流从负极流向正极，电极和钛渣熔池间将会产生稳定的等离子电弧。该等离子电弧将提供工艺所需的绝大部分热能。如图 4-1 所示。

4.1.2.11　DC 炉还原冶炼原理分析

电炉法生产钛渣的实质是钛矿与还原剂碳混合加入电炉中，利用碳热还原冶炼。钛精矿中的铁氧化物被选择性地还原为金属铁，而钛矿中 TiO_2 被富集在炉渣中，经过渣铁分离获得钛渣和金属铁。前期研究发现，钛渣化学组成一直保持理论组成 M_3O_5，其中阳离子主要是 Fe^{2+} 和 Ti^{3+}，但具体的机理尚不明确。

钛精矿是一种以偏钛酸亚铁晶格为基础的多组分复杂固溶体，一般可表示为：$m[(Fe, Mg, Mn)O \cdot TiO_2] \cdot n[(Fe, Al, Cr)_2O_3]$，$m + n = 1$，其基本成分为偏钛酸铁 $FeTiO_3$。C. S. Kucukkaragoz，R. H. Eric 经过分析得出钛精矿的碳热还原过程分为两个阶段：第一阶段为 $Fe^{3+} \rightarrow Fe^{2+} \rightarrow Fe$，$Ti^{4+} \rightarrow Ti^{3+}$，为固态还原过程，还原水平达到 50%；第二

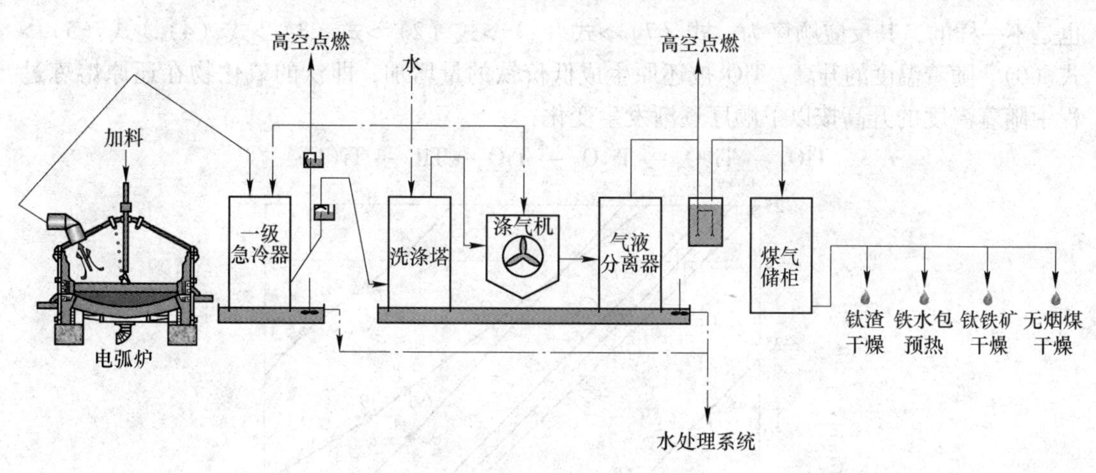

图 4-1　烟气净化设备连接图

阶段为还原剩下的50%，为 $Ti^{3+}\rightarrow Ti^{2+}$，最终形成 TiO_{1-x}，为熔化造渣过程。

Pesl 和 Eric 研究了在熔炼温度下，在氩气和一氧化碳气氛中，Fe_2O_3-TiO_2-M_xO_y 的碳热还原。由于钛精矿中杂质成分种类繁多，但含量较少，固体碳还原钛精矿的反应一般仅考虑其主要成分 $FeTiO_3$ 的主要反应，见表 4-1。

表 4-1　固体碳还原钛精矿的主要反应

反应方程式	吉布斯自由能	序号
$FeTiO_3+C = TiO_2+Fe+CO$	$\Delta G^\ominus=190900-161T$	(1)
$\frac{3}{4}FeTiO_3+C = \frac{1}{4}Ti_3O_5+\frac{3}{4}Fe+CO$	$\Delta G^\ominus=209000-168T$	(2)
$\frac{2}{3}FeTiO_3+C = \frac{1}{3}Ti_2O_3+\frac{2}{3}Fe+CO$	$\Delta G^\ominus=213000\text{-}171T$	(3)
$\frac{1}{2}FeTiO_3+C = \frac{1}{2}TiO+\frac{1}{2}Fe+CO$	$\Delta G^\ominus=25260-177T$	(4)
$2FeTiO_3+C = FeTi_2O_5+Fe+CO$	$\Delta G^\ominus=185000-155T$	(5)
$\frac{1}{4}FeTiO_3+C = \frac{1}{4}TiC+\frac{1}{4}Fe+\frac{3}{4}CO$	$\Delta G^\ominus=182500-127T$	(6)
$\frac{1}{3}FeTiO_3+C = \frac{1}{3}Ti+\frac{1}{3}Fe+CO$	$\Delta G^\ominus=304600-173T$	(7)
$\frac{1}{3}Fe_2O_3+C = \frac{2}{3}Fe+CO$	$\Delta G^\ominus=164000-176T$	(8)

按各反应式的标准自由能变化与温度的关系式，计算不同温度下的标准自由能变化值（$\Delta G^\ominus$）并绘制成 $\Delta G^\ominus$-T 图（图 4-2），进行反应趋势的比较。

电炉还原熔炼钛铁矿的最高温度可达 2023K。从图 4-2 中可见，在这样高的温度下，式（1）~式（8）反应的（$\Delta G^\ominus-T$）值都是负值（反应（5）未表示在图中），图中 A 点为 $FeTiO_3$ 熔化温度（1743K），B 点为 Fe 熔度（1809K），C 点为 Ti 熔点（1933K）。从热力学上说明这些反应均可进行，并随温度的升高，反应的倾向均增大；但是，上述各个反应式的开始反应温度（即 $\Delta G_T^\ominus=0$）是不相同的，在同一温度下各个反应进行的趋势大小也是不一样的，其反应顺序为：式（7）>式（1）>式（2）>式（3）>式（4）>式（5）>式（6）。随着温度的升高，TiO_2被还原生成低价钛的量增加，即钛的氧化物在还原熔炼过程中随着温度的升高按以下顺序逐渐发生变化：

$$TiO_2 \rightarrow Ti_3O_5 \rightarrow Ti_2O_3 \rightarrow TiO \rightarrow TiC \rightarrow Ti(Fe)$$

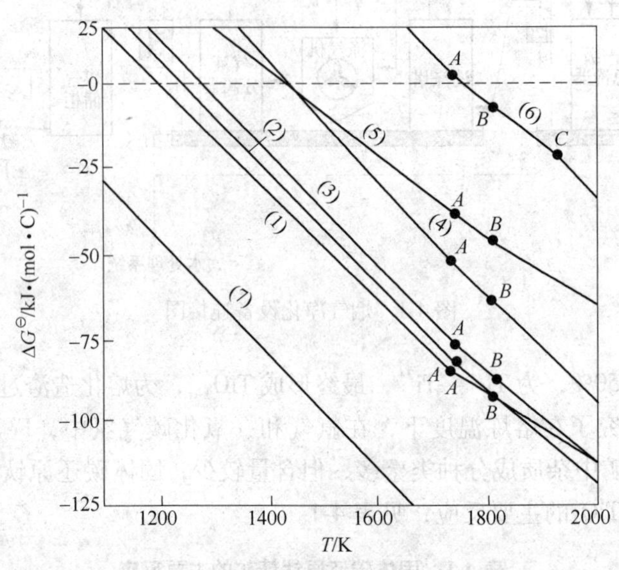

图 4-2　钛铁矿还原熔炼反应的 $\Delta G^{\ominus}$-T 关系图

反应式（1）~式（7）中还原 1mol $FeTiO_3$所消耗的还原剂碳量不同，控制一定配碳量及在一定温度的条件下，反应主要按式（1）进行，生成 Fe 和 TiO_2，而反应式（2）~式（7）只能是部分进行。在足够高的温度且过量还原剂存在的条件下，TiO_2也能被还原为钛的低价氧化物及碳化物。

在熔炼过程中，不同价的钛化合物是共存的，它们数量的相互比例是随熔炼温度和还原度大小而变化的。在还原熔炼过程中，除了碳的还原作用外，由于碳的气化反应产生的 CO 和反应生成的 CO 也参与反应，见表 4-2。

表 4-2　CO 参与的反应

反应方程式	吉布斯自由能	序号
$CO_2+C = 2CO$	$\Delta G_T^{\ominus}=172200-173T$	(9)
$FeTiO_3+CO = TiO_2+Fe+CO_2$	$\Delta G_T^{\ominus}=18680+15.7T$	(10)
$\frac{3}{4}FeTiO_3+CO = \frac{1}{4}Ti_3O_5+\frac{3}{4}Fe+CO_2$	$\Delta G_T^{\ominus}=37000+3.26T$	(11)
$\frac{2}{3}FeTiO_3+CO = \frac{1}{3}Ti_2O_3+\frac{2}{3}Fe+CO_2$	$\Delta G_T^{\ominus}=32600+4.8T$	(12)
$Fe_2O_3+CO = \frac{2}{3}FeO+CO_2$	$\Delta G_T^{\ominus}=-1547-34.4T$	(13)
$\frac{1}{3}Fe_2O_3+CO = \frac{2}{3}Fe+CO_2$	$\Delta G_T^{\ominus}=-7883+1.59T$	(14)

反应过程中，CO 起到了把氧化物中的氧迁移给碳的作用，消耗的仍然是还原剂碳。

密闭电炉中，在有 C 存在下，CO 的这种还原作用会得到加强。

杂质的还原反应见表 4-3。

钛精矿以及无烟煤中的其他杂质组分，如 MgO、CaO、SiO_2、Al_2O_3、MnO、V_2O_5等的碳还原反应见表 4-3。

表 4-3 主要杂质的碳还原反应

反应方程式	吉布斯自由能	序号
$MgO+C == Mg+CO$	$\Delta G_T^{\ominus}=597500-277T$	(15)
$CaO+C == Ca+CO$	$\Delta G_T^{\ominus}=661900-269T$	(16)
$SiO_2+C == SiO+CO$	$\Delta G_T^{\ominus}=667900-327T$	(17)
$\frac{1}{2}SiO_2+C == \frac{1}{2}Si+CO$	$\Delta G_T^{\ominus}=353200-182T$	(18)
$\frac{1}{2}Al_2O_3+C == \frac{2}{3}Al+CO$	$\Delta G_T^{\ominus}=443500-192T$	(19)
$MnO+C == Mn+CO$	$\Delta G_T^{\ominus}=285300-170T$	(20)
$\frac{1}{2}V_2O_5+C == \frac{1}{2}V_2O_3+CO$	$\Delta G_T^{\ominus}=165700-133T$	(21)
$\frac{1}{3}Cr_2O_3+C == \frac{2}{3}Cr+CO$	$\Delta G_T^{\ominus}=780961-520.02T$	(22)

MgO、CaO、Al_2O_3、SiO_2、MnO、V_2O_5和 Cr_2O_3还原的开始反应温度分别为 2153K、2463K、2322K、1944K、1681K、1243K 和 1502K，由此可见，SiO_2、MnO、V_2O_5和 Cr_2O_3在钛精矿熔炼温度（2023K 左右）下会发生不同程度的还原，还原产物硅、锰、钒和铬溶于金属铁相中。MgO、CaO 和 Al_2O_3在还原熔炼钛精矿的温度下不可能被还原，但在电弧作用下的局部高温区，仍有可能发生这种还原反应，但这些杂质远比 FeO 和 TiO_2难以还原，所以矿中的大部分杂质（除 SiO_2还原量较多外）基本上被富集在渣相中。

实际上，还原熔炼过程是多种反应在一个多组分系统中同时进行的，所以实际发生的反应要复杂得多。不发生还原的组分（如 MgO、Al_2O_3、MnO 等）会在渣相中富集，使渣相中 FeO 的活度降低。随着还原熔炼过程的逐渐深入，渣相中的 FeO 的活度变得越来越小，促使 FeO 还原变得越来越困难，从而促进 TiO_2的还原。在还原熔炼的后期，渣相中 FeO 浓度较低，其还原就更难进行。实际生产中，渣中总是保持一定量的 FeO。

国内外的研究和实践证明，CaO 是电炉熔炼钛渣良好的助熔剂，CaO 的含量增加，反应会朝着降低黏度的方向发展，特别在还原度较大情况下就更为显著，如图 4-3 所示。

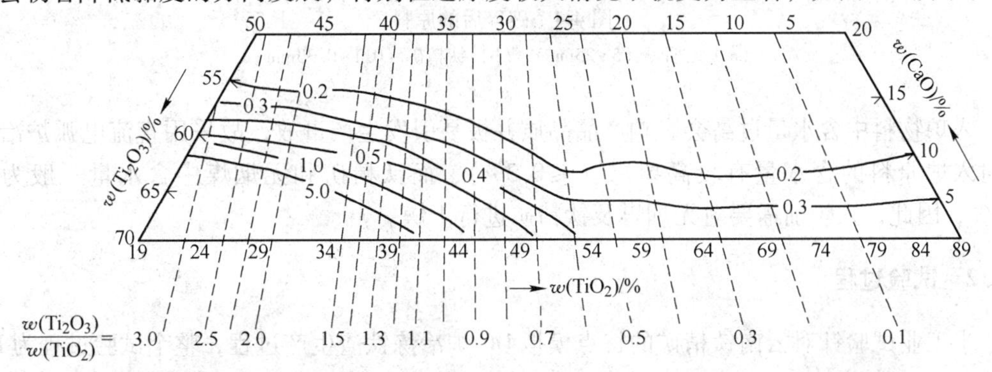

图 4-3 CaO 对钛渣黏度的影响（含有 3%FeO，4%SiO_2，2%Al_2O_3，2%MgO）

在还原度不大（$w(Ti_2O_3)/w(TiO_2) < 0.5$）时，MgO 的存在有利于降低钛渣黏度；当还原度增大时，MgO 会使钛渣黏度增加。

Al_2O_3为熔点较高的化合物，它与 TiO_2组成的多元渣系随 Al_2O_3含量的增加，熔渣的熔点和黏度升高。

4.2　DC 炉冶炼钛渣半工业试验

钛渣的冶炼生产与普通的火法冶金相比有其特殊性，钛渣生产的工艺条件与原料品质的相关性较密切。因此，在 DC 炉项目的实施过程中，针对云南钛精矿的特点，首先以在瑞典 Mefos 运行的 3MV · A 直流电弧炉（DC 炉）为基础，将云南钛铁矿及无烟煤运至瑞典，开展相关的试验研究工作，研究适合于云南钛精矿直流电弧炉冶炼产业化中的关键技术，为工艺设备的设计提供依据。

4.2.1　试验原料

入炉无烟煤需经过破碎，控制粒度为 5~25mm 的无烟煤大于 85%，如图 4-4 所示。钛精矿入炉物料粒度为 0.1~0.33mm，对入炉物料粒度要求严格的原因主要是，粒度太小，入炉加料作业时容易产生飞扬，造成物料损失；粒度太大，则会影响还原熔炼还原的速度。

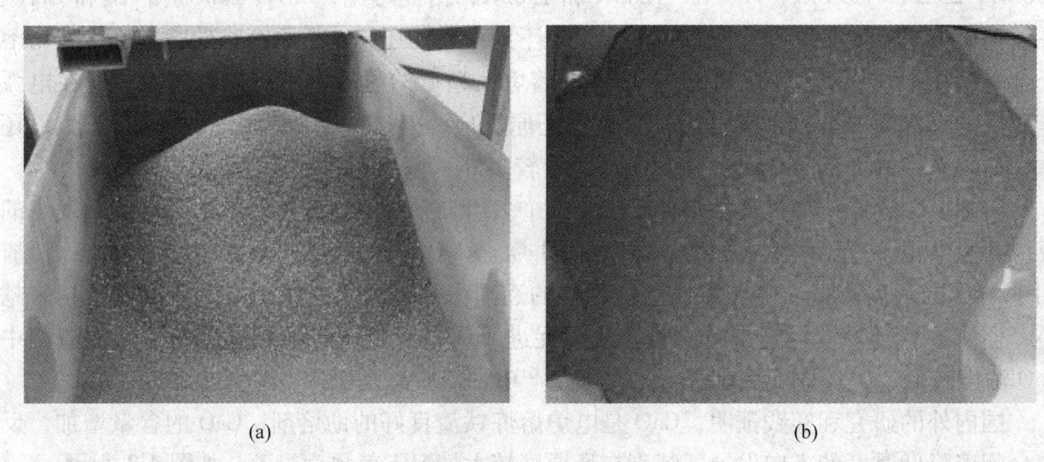

(a)　(b)

图 4-4　破碎后的原料

（a）无烟煤（5~25mm）；（b）钛精矿（0.1~0.33mm）

入炉物料中含水量过高会影响产品品质并极易引发生产事故，故采用直流电弧炉冶炼时对入炉原料的含水量有较高要求（≤0.3%），而钛精矿和无烟煤中含水量一般为≤8.0%，因此，入炉前需要对无烟煤及钛精矿进行干燥。

4.2.2　试验过程

半工业试验针对云南钛精矿的特点模拟 DC 炉冶炼钛渣生产过程，整个试验过程为 DC 炉冶炼工艺流程的简化，以此为实际工艺设计及生产提供参数。

4.2.3　试验及检验设备

（1）3MV · A 中空电极圆形密闭直流电弧炉，用于钛铁矿冶炼；

（2）液压钻孔机，取样时利用液压钻孔机在排放口钻孔；

（3）高频红外碳硫分析仪 HCS878，快速、准确地测定排出铁水中碳、硫两元素的质量分数；

（4）X 荧光光谱仪 ZSX PrimusII，用于分析钛铁矿、钛渣中各元素的含量；

（5）压样机，X 荧光光谱仪的配套设备；

（6）电感耦合等离子体发射光谱仪 iCAP6300，用于对钛渣和生铁中元素的定性、定量分析；

（7）光电直读光谱仪 QC/V，钛铁矿成分分析。

4.2.4　试验结果

A　钛渣成分

在 Mefos 中空电极 3MW · A 直流炉进行的云南钛铁矿熔炼试验实现了高质量 TiO_2 渣的生产，通过调整入炉物料的比例，使钛渣中 TiO_2 的含量从 87% 提高到 91%，工艺稳定后，钛渣中 MgO 平均含量约为 1.5%。其物料平衡及控制条件见表 4-4。

表 4-4　半工业试验物料平衡及控制条件

编号	温度/℃	无烟煤进料量/$kg \cdot h^{-1}$	钛铁矿进料量/$kg \cdot h^{-1}$	AIP/%	进入物料/kg				排出物料/kg			O/I/%	输入功率/MW	IPR/kg 钛铁矿 · MW^{-1}
					无烟煤	钛铁矿	总量	金属	渣	烟尘	总量			
1	1650	85	600	14.46	170	1176	1346	1732	0	72	1804	156.88	2	588.000
2	1720	85	600	14.25	285	2000	2285	1008	415	92	1515	74.58	2.6	769.231
3	1675	112	800	14.15	283	2000	2283	1245	785	75	2105	105.45	2.8	714.286
4	1710	112	800	14.20	284	2000	2284	0	314	97.8	411.8	16.51	3.0	666.667
5	1710	112	800	14.30	286	2000	2286	960	478	72	1510	74.59	2.9	689.655
6	1746	112	800	14.30	295	2063	2358	860	1500	78	2437	118.89	3.0	687.667
7	1733	112	800	14.41	288	1999	2287	0	277	89	366	14.50	3.0	666.333
8	1700	140	1000	14.69	294	2001	2295	1238	750	84	2072	103.70	3.0	667.000
9	1700	147	1000	14.57	292	2004	2296	550	802	98	1450	70.93	2.8	715.714
10	1730	147	1000	15.04	301	2001	2302	1328	600	102	2029	101.53	2.9	690.000
11	1731	147	1000	15.10	317	2100	2417	370	710	108	1187	54.22	3.0	700.000
12	1740	147	1000	15.10	302	2000	2302	833	808	114	1755	87.01	2.8	714.286
13	1768	147	1000	14.81	298	2012	2310	0	1000	109	1108	52.55	3.0	670.667
14	1774	144	1000	14.59	292	2002	2294	656	300	106	1061	50.42	3.0	667.333
15	1700	140	1000	13.34	267	2001	2268	1257	647	121	2043	101.28	2.9	690.000
16	1710	140	1000	14.36	285	1984	2269	327	1140	109	1576	78.24	2.8	708.571
17	1746	140	1000	14.15	283	2000	2283	0	310	103	412	16.34	2.8	714.286

续表 4-4

编号	温度/℃	无烟煤进料量/kg·h^{-1}	钛铁矿进料量/kg·h^{-1}	AIP/%	进入物料/kg				排出物料/kg			O/I/%	输入功率/MW	IPR/kg 钛铁矿·MW^{-1}
					无烟煤	钛铁矿	总量	金属	渣	烟尘	总量			
18	1747	138	1000	13.85	277	2000	2277	0	1516	114	1630	80.38	2.9	689.655
19	1743	137	1000	13.74	275	2001	2276	1070	652	103	1825	90.73	2.9	690.000
20	1730	136	1000	13.54	271	2002	2273	2600	350	117	3066	156.50	3.0	667.333
21	1750	134	1000	13.84	277	2002	2279	100	1030	71	1200	58.52	3.0	667.333
22	1700	134	1000	13.53	197	1456	1653	930	1433	61	2424	169.39	2.0	728.000
总数	—			14.30	6119	42804	48923	17064	15817	2095.8	34986.8	80.81	—	—
平均值				14.94	278.14	1945.64	2223.77	775.64	718.95	95.26	1590.31	87.00	—	689.183

B　O/I 比

O/I 比反映生产过程产出的有直接经济价值的物料与入炉净钛铁矿的比例关系，是直接反映 DC 炉熔炼经济效益的指标，这一指标可以间接反映产品钛渣的品位。随机选取半工业试验过程中入炉、出炉物料以及控制条件，从表 4-4 可以看出，O/I 比平均值为 87.00%，O/I 比接近于理论上的期望比率。

计算式如下：

$$R = \frac{M_{\mathrm{Fe}} + M_{\mathrm{Slag}}}{M_{\mathrm{Ilmenite}} - M_{\mathrm{Dust}}} \times 100\%$$

式中　R——O/I 比,%；

M_{Fe}——周期内产品铁的质量，t；

M_{Slag}——周期内产品钛渣的质量，t；

M_{Ilmenite}——周期内入炉钛精矿的质量，t；

M_{Dust}——周期内烟尘产生量，t。

C　AIP 与电极消耗

AIP 是控制 DC 炉内还原程度的工艺指标，通过计算，得到 AIP 应该在 10.406%～14.144%之间。由于半工业试验采用的 DC 炉冶炼规模小，物料损失大，设定的 AIP 大都高于计算得到的理论上限值，平均值为 14.94%。

可用物料和能量的流量稳定性来描述 DC 炉的工艺稳定性。图 4-5 所示为半工业试验 367 批炉料加料速率的流量，由图可以看出整个试验过程中钛铁矿和无烟煤的流量是相对稳定的。

在半工业试验过程中，中空电极的总消耗为 282.506kg，根据表 4-4 计算，单位钛铁矿电极消耗量为 6.6kg/t 钛铁矿。由于半工业试验电炉容量小，使用的中空电极体积较小，而实际工业生产中使用的电极体积大，所以实际工业生产中电极暴露在炉内环境中而被物理和化学侵蚀的比表面积较小，故而工业规模炉子的单位钛铁矿电极消耗量要比半工业试验得到的电极消耗量要小。

D　输入功率与 IPR

DC 炉熔炼过程中，炉内输入输出能量需保持平衡，IPR 是衡量 DC 炉输入功率能否满

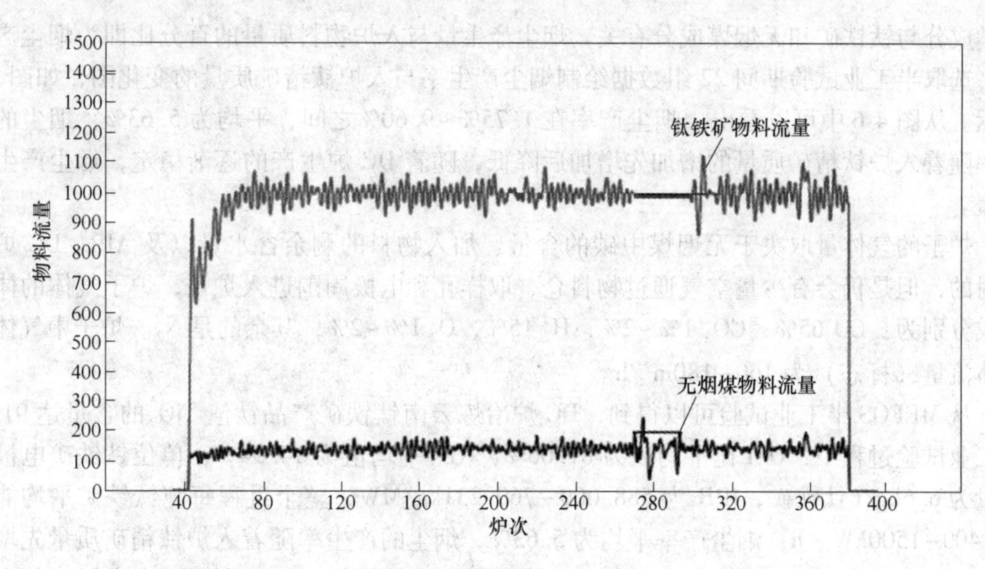

图 4-5 367 炉次加料情况

足熔炼要求的指标，即衡量 DC 炉能量能否达到平衡的指标。

具体电耗的整体趋势和瞬时电耗如图 4-6 所示。整个试验过程中，DC 炉熔炼过程的能量消耗总量为 135MW · h，具体消耗分别为：用于熔化加入的炉料能量消耗约为 6MW · h；熔炼还原钛铁矿大约消耗 70MW · h；其余的 60MW · h 用于加热并完成加热过程。IPR 为 588.000~769.231kg/MW，整个过程每吨钛铁矿平均能耗为 1400~1500kW · h。

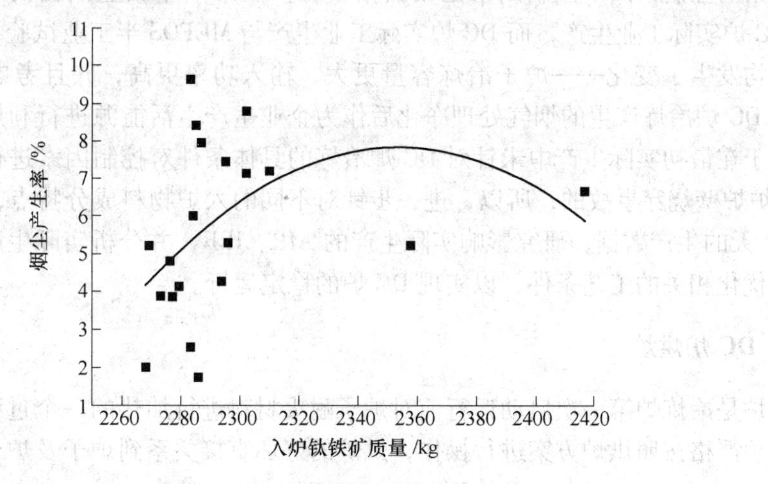

图 4-6 半工业试验烟尘产生率

由于炉底是采用空气冷却，空气冷却造成的热损失无法测量，仅统计了排放孔、炉壁以及炉顶三个方面的冷却损失，DC 炉在 250~300kW 时，热损失是稳定的。考虑炉底风冷热损失，假定 DC 炉的热损失约为 400kW，则在不考虑热量损失的情况下 DC 炉冶炼钛渣每吨钛铁矿能耗为 1000~1100kW · h。

E 烟尘及烟气

烟尘的形成是由于加入的物料携带和泡沫渣的破裂造成的（进入到细粒渣滴中），其化学成分与钛铁矿和无烟煤成分有关。烟尘产生量与入炉物料质量的百分比即为烟尘产生率。选取半工业试验期间 22 组数据绘制烟尘产生率与入炉钛精矿质量的变化图，如图 4-6 所示。从图 4-6 中可以看出，烟尘产率在 1.75%~9.60%之间，平均为 5.63%，烟尘的产生率随着入炉钛精矿质量的增加先增加后降低，随着 DC 炉生产的逐渐稳定，烟尘产生率趋缓。

炉子的气体量取决于无烟煤中碳的含量、加入物料的剩余含水量以及 AIP。DC 炉是密封的，但是仍会有少量空气通过物料仓、取样孔和电极周围进入炉子，炉子气体的体积组成分别为：CO 65%，CO_2 1%~2%，H_2 15%，O_2 1%~2%，其余的是 N_2。炉子中气体的具体流量（标态）为 160~180m^3/h。

从 MEFOS 半工业试验可以得到，DC 炉冶炼云南钛铁矿产品钛渣 TiO_2的含量达 91%。半工业试验过程中，O/I 比平均值为 87.00%，AIP 平均值为 14.94%，单位钛铁矿电极消耗量为 6.6kg/t 钛铁矿，IPR 为 588.000~769.231kg/MW，整个过程每吨钛铁矿平均能耗为 1400~1500kW · h，烟尘产率平均为 5.63%，烟尘的产生率随着入炉钛精矿质量先增加后降低。由于半工业试验条件的限制，对 DC 炉产生的烟气未加以利用，在实际工业生产中针对烟气的净化及利用还需进一步分析。

4.3 DC 炉工业生产

前面已经论述了 DC 炉冶炼钛渣受到入炉物料的成分、钛渣成分、AIP、能耗比 IPR 四个因素的控制，四个控制因素是相辅相成的。MEFOS 半工业试验获得的参数可以具体指导 DC 炉实际工业生产，而 DC 炉实际工业生产与 MEFOS 半工业试验相比，以上四个控制因素均发生了变化——炉子冶炼容量更大、输入功率更高，并且考虑了能源的充分利用，将 DC 炉冶炼产生的烟气处理净化后作为企业生产生活能源进行利用，实现了节能降耗。由于在最初实际生产中未针对 DC 炉冶炼的具体条件对控制因素进行调整，造成了发生 DC 炉炉壁烧穿事故的，所以，进一步针对不同的入炉物料成分特点，选取试生产期间连续 43 天的生产数据，研究影响实际生产的 AIP、IPR，并分析实际生产中烟气和烟尘产生率，优化相关的工艺条件，以实现 DC 炉的稳定运行。

4.3.1 DC 炉烘炉

烘炉是冶炼炉第一次启动运行前对炉子耐火材料进行加热的一个过程，此过程十分重要，必须严格按照烘炉方案进行操作，烘炉的好坏直接关系到炉子及炉子耐火材料的使用寿命。

DC 炉的烘炉不仅是为了使耐火砖达到性能指标，也是 DC 炉安全生产的必要条件。DC 炉烘炉时采用 6 台高速燃烧器，通过调节燃烧器的喷油量以及风量对炉内温度进行调节，在 DC 炉炉顶、炉壁及炉底共安装 18 支热电偶（炉底 10 支、排放口 4 支、炉顶 4 支）来监测烘炉时电炉的温度，并通过热电偶温度显示对燃烧器火力进行调节。

在烘炉前，把炉子里面筑炉时遗留的杂物清理干净后，为了保护在出铁口平面以下的侧墙耐火材料免遭烘炉损害，需要在炉底铺一层厚 50mm、侧墙高 300mm 的内衬。向电炉内依次加入铁和无烟煤，以便更好地烘炉，炉膛表面要用铁锭覆盖，以保护炉膛和侧墙耐火材料。详细的烘炉前物料准备及安装图如图 4-7 所示。

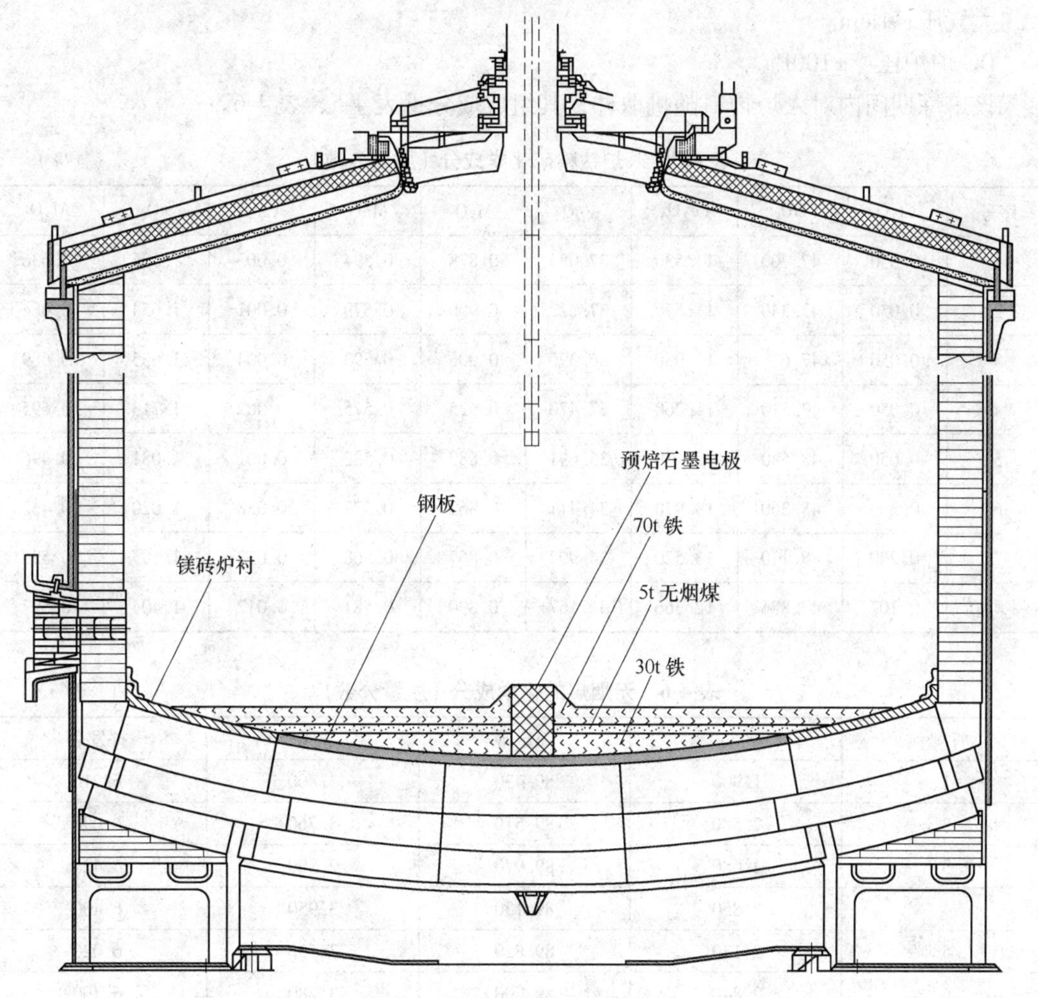

图 4-7　烘炉前物料准备及安装

烘炉按耐火砖厂家提供的烘炉升温曲线实施。从室温开始，使用柴油进行烘炉，升温速率为 30℃/h；炉内温度达到 100℃后，调整升温速率为 20℃/h；温度达到 200℃后，保温 12h；然后以 20℃/h 的速率升温，升到 450℃后再保温 12h；然后以 10℃/h 的速率升到 1200℃并保温 12h。添加电极并放入炉中开始起弧，把炉内温度重新提升到 1200℃后再保温 24h，然后投入生铁建立熔池，每天投入 70t 生铁，全部投铁计 700t，熔铁过程中应保持炉内温度在 1350℃左右。在启动熔池过程中，为确保炉子安全，应控制炉子功率在 5MW 以下，即炉子在“空闲模式”下运行。

4.3.2　入炉物料成分

钛精矿冶炼钛渣生产中入炉物料包括钛精矿、无烟煤、石墨电极以及送料鼓入的 N_2，生产过程中通过中空石墨电极将钛精矿和无烟煤加入 DC 炉内。试生产过程中，随机对一定熔炼周期内的物料进行计算和分析，其间 DC 炉工艺条件如下：

物料入炉温度：298K。

物料熔炼温度：2023K。

大气压：1atm。

DC 炉炉压：±100Pa。

该熔炼期间内对入炉物料随机取样，其组成成分见表 4-5、表 4-6。

表 4-5　入炉钛精矿化学成分（质量分数）　（%）

序号	H_2O	TiO_2	Fe_2O_3	FeO	MgO	MnO	CaO	SiO_2	Al_2O_3
1	0.050	47.700	11.530	37.083	0.878	0.594	0.003	1.526	0.636
2	0.050	47.340	11.570	37.222	0.900	0.579	0.001	1.654	0.684
3	0.050	47.673	12.080	36.390	0.906	0.593	0.004	1.635	0.669
4	0.050	47.310	11.260	37.470	0.925	0.575	0.002	1.713	0.695
5	0.050	48.580	12.630	35.691	0.889	0.582	0.001	1.081	0.496
6	0.300	48.360	13.970	34.411	0.862	0.577	0.038	1.020	0.462
7	0.200	48.170	13.520	34.902	0.867	0.568	0.037	1.197	0.539
平均值	0.107	47.876	12.366	36.167	0.890	0.581	0.012	1.404	0.597

表 4-6　无烟煤的化学成分（质量分数）　（%）

序号	水分	固定碳	灰分	挥发分
1	1.900	89.430	3.800	6.210
2	2.580	89.510	3.760	6.090
3	2.680	89.970	2.890	6.420
4	2.850	89.130	3.950	6.400
5	2.120	89.820	3.530	6.020
6	2.840	89.700	3.280	6.460
7	2.700	89.750	3.540	6.280
平均值	2.524	89.616	3.536	6.269

与 MEFOS 半工业试验物料成分相比，表 4-5 和表 4-6 列出的 DC 炉生产的物料成分中，钛精矿 TiO_2品位略低，SiO_2、Al_2O_3和 MnO 的含量略高，而 CaO 和 MgO 的含量又偏低，因为 V_2O_5、CoO 和 Cr_2O_3在钛精矿中的含量非常低，所以实际生产中并未测定这两种杂质，同时实际生产中使用的原料为钛铁矿精选后的钛精矿，非铁杂质含量比半工业试验使用的钛铁矿含量低。

采用的无烟煤未干燥前水分含量较半工业试验采用的无烟煤水分含量略高，而灰分的含量略低。灰分的主要成分为 Fe_2O_3、Al_2O_3、SiO_2、CaO、MgO、V_2O_5、MnO。

DC 炉采用的石墨电极尺寸规格为 625mm×525mm×1500mm，电极的碳含量可以达到 99.0%，设定石墨电极消耗量为 6.6kg/t 钛精矿。设定消耗量较半工业试验中石墨电极消耗量高，主要原因是考虑到试生产期间 DC 炉投料速度偏低，且 DC 炉较长时间处于“空闲模式”，造成石墨电极的消耗。电极消耗量将会在物料平衡中进行验证。

4.3.3 DC 炉物料平衡

物料平衡以选取的试生产期间连续 43 天的实际生产数据为基础进行计算，整个熔炼期间物料平衡及 DC 炉输入功率情况见表 4-7。从表 4-7 中可以看出，43 天的 DC 炉输入物料总量为 5159.072t，输出物料总量为 5072.849t，两者相差 86.223t，输出物料与输入物料质量百分比为 98.329%。考虑到烟尘量只能通过烟气处理系统后续的水处理污泥进行间接衡量，无法精确统计，各个环节数据存在一定的误差等因素，DC 炉输入输出物料基本是平衡的。

表 4-7 熔炼周期内 DC 炉物料平衡

编号	输入功率 /MV·A	O/I /%	入炉物料					出炉物料				
			无烟煤 /t	钛精矿 /t	电极 /t	合计 /t	*AIP*	钛渣 /t	铁 /t	烟气 /t	烟尘 /t	合计 /t
1	12	73.276	12.040	99.100	1.248	112.388	12.149	55.400	12.350	27.886	6.642	102.278
2	12	111.392	16.112	130.660	0.000	146.772	12.331	96.590	44.050	32.483	4.403	177.527
3	12	61.999	11.010	90.550	1.231	102.791	12.159	27.300	25.650	25.707	5.146	83.803
4	12	112.515	11.700	96.060	0.000	107.760	12.180	97.150	7.300	24.315	3.228	131.993
5	12	125.032	10.660	87.340	1.216	99.216	12.205	59.500	43.500	24.945	4.961	132.906
6	12	120.440	13.754	103.350	0.000	117.104	13.308	62.050	57.300	28.583	4.255	152.188
7	15	—	15.680	131.910	1.201	148.791	11.887	0.000	0.000	35.343	7.440	42.783
8	15	—	19.860	163.950	1.063	184.873	12.113	30.750	0.000	43.713	11.041	85.504
9	6	—	6.640	55.010	0.000	61.650	12.071	75.600	0.000	13.799	4.083	93.482
10	6	—	0.000	0.000	1.071	1.071	—	38.650	0.000	2.459	1.054	42.163
11	6	—	0.000	0.000	0.000	0.000	—	0.000	0.000	0.000	0.000	0.000
12	6	—	3.250	27.140	0.000	30.390	11.975	15.700	0.000	6.754	1.521	23.975
13	12	51.256	14.375	117.680	1.205	133.260	12.215	52.540	3.850	32.640	7.663	96.693
14	12	64.776	15.480	125.370	0.000	140.850	12.347	76.000	0.000	32.170	8.043	116.213
15	6	63.390	6.130	49.910	1.192	57.232	12.282	29.190	0.000	15.476	3.862	48.528
16	12	79.079	7.065	56.720	0.000	63.785	12.456	13.300	27.450	14.682	5.189	60.621
17	12	67.835	10.335	81.490	1.060	92.885	12.683	10.700	40.750	23.911	5.644	81.005
18	12	91.370	10.825	86.670	0.000	97.495	12.490	42.150	33.500	22.496	3.875	102.021
19	12	51.160	12.128	100.780	1.162	114.070	12.034	16.500	30.200	27.872	9.498	84.070
20	12	—	1.240	15.280	0.000	16.520	8.115	43.200	0.000	2.577	1.117	46.894
21	12	71.352	14.838	114.240	0.000	129.078	12.988	10.100	66.950	30.836	6.254	114.140
22	12	108.911	12.788	98.320	1.161	112.269	13.007	8.050	93.200	29.241	5.354	135.845
23	12	—	9.790	80.460	1.054	91.304	12.168	104.650	0.000	22.765	4.765	132.180
24	12	84.680	17.035	136.690	0.000	153.725	12.463	50.050	57.000	35.402	10.273	152.725
25	12	110.648	16.757	135.930	1.130	153.817	12.328	88.250	54.750	37.418	6.691	187.109
26	12	71.538	8.570	70.500	1.120	80.190	12.156	22.050	24.800	20.381	5.010	72.241

续表 4-7

编号	输入功率/MV·A	O/I /%	入炉物料					出炉物料				
			无烟煤/t	钛精矿/t	电极/t	合计/t	*AIP*	钛渣/t	铁/t	烟气/t	烟尘/t	合计/t
27	12	85.250	17.183	140.870	0.000	158.053	12.198	80.450	31.200	35.709	9.903	157.262
28	12	80.013	15.840	129.960	1.298	147.098	12.188	70.950	28.750	35.898	5.355	140.953
29	12	84.197	17.028	137.940	1.360	156.328	12.344	53.150	55.65	38.509	8.719	156.028
30	12	85.989	16.460	134.250	0.000	150.710	12.261	78.900	29.200	34.207	8.536	150.843
31	12	127.518	10.735	86.540	1.214	98.489	12.405	44.000	61.350	25.096	3.924	134.370
32	12	59.561	4.950	41.070	0.000	46.020	12.053	21.900	0.000	10.287	4.301	36.488
33	12	74.801	10.914	87.850	1.213	99.977	12.423	31.700	29.600	25.466	5.899	92.665
34	15	70.499	22.751	184.790	0.000	207.541	12.312	95.650	26.350	47.280	11.737	181.017
35	15	108.130	24.250	197.200	1.226	222.676	12.297	78.450	128.150	53.210	6.134	265.944
36	15	95.555	17.029	136.830	1.226	155.085	12.445	95.550	29.700	38.204	5.754	169.208
37	15	65.178	21.223	168.020	0.000	189.243	12.631	73.000	32.300	44.105	6.462	155.867
38	15	99.102	17.508	137.120	1.172	155.800	12.768	62.450	63.900	39.075	9.625	175.050
39	15	70.502	21.450	169.040	1.172	191.662	12.689	76.600	33.000	47.267	13.583	170.450
40	15	—	5.546	43.350	2.322	51.218	12.794	0.000	30.900	16.856	2.165	49.921
41	15	103.832	20.714	163.100	0.000	183.814	12.700	103.350	62.650	43.047	3.227	212.274
42	6	50.725	19.516	154.370	1.171	175.057	12.642	41.800	31.050	43.246	10.753	126.849
43	6	73.644	24.865	196.150	0.000	221.015	12.677	74.350	62.70	51.674	10.051	198.775
合计	—	—	566.024	4563.560	29.488	5159.072	—	2207.670	1359.050	1242.989	263.140	5072.849

如前述，控制 DC 炉冶炼过程的限制因素为入炉物料成分、*AIP*、钛渣成分和输入功率，同时给出了理论 *AIP* 为 10.406%～14.144%，试生产期间在物料平衡的基础上，首先对 *AIP*、电极消耗量和 O/I 比相互关系进行研究。

生产操作过程中，由于加料速率的变化不可避免地会造成入炉物料损失，故实际 *AIP* 要高于按入炉物料化学成分计算的理论 *AIP* 的下限值 10.406%。实际生产熔炼周期内 *AIP* 平均值为 12.403%，有效生产天数（41 天）的 *AIP* 平均值为 12.291%，均位于按化学成分计算的理论 *AIP* 区间范围内，且十分接近 *AIP* 的中间值 12.275%。

入炉物料无烟煤质量与钛精矿质量之间变化趋势一致，在 DC 炉工业生产正常进行时，需要严格按照一定的 *AIP* 进行操作。试生产过程由于 DC 炉的输入功率会不定期变化，加料速率需随着 DC 炉输入功率的增大而增加；当输入功率降低时，加料速率也需随之降低，甚至停止向 DC 炉内继续投料。针对不同功率，在 DC 炉工业生产正常进行时，需要严格按照一定的 *AIP* 进行操作。6MW 时 *AIP* 平均值为 12.329%，12MW 时 *AIP* 平均值为 12.382%，15MW 时 *AIP* 平均值为 12.464%，随着 DC 炉输入功率的增加，*AIP* 也要相应的增加，如图 4-8 所示。

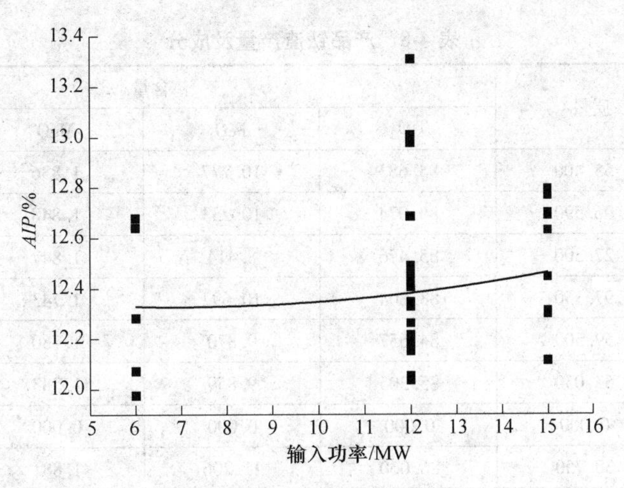

图4-8 输入功率与*AIP*关系图

A 钛渣与*AIP*

在DC炉输入功率稳定情况下，*AIP*的变化会导致生产工艺中O/I比、钛渣中TiO_2含量的变化；同时，*AIP*与输入功率又是相互影响的两个工艺控制因素，所以，DC炉熔炼是一个受到*AIP*、输入功率、入炉物料成分影响的多因素过程，*AIP*和DC输入功率变化如图4-9所示。三个因素同时影响DC炉产品钛渣中TiO_2的含量，其中，入炉钛精矿中TiO_2含量是非人为因素，*AIP*以及DC炉输入功率是可控制的人为操作因素。从图4-8中可以看出，试生产期间，DC炉输入功率变化时，*AIP*也相应进行调整，以保证DC炉内反应平衡。当输入功率骤升时，若不相应大幅提高*AIP*，则出炉钛渣的TiO_2含量降低；若输入功率下降，不改变*AIP*，则钛渣中TiO_2含量升高。

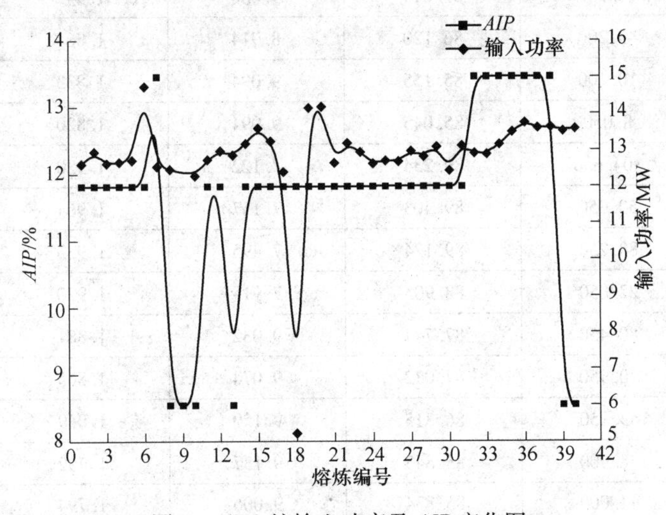

图4-9 DC炉输入功率及*AIP*变化图

DC炉输入功率一定时，*AIP*稳定在一定区间内小范围波动，而试生产周期内稳定功率下*AIP*的波动主要是为了寻求DC炉更好的熔炼条件，是对*AIP*进行小范围调整的结果。产品钛渣产量及成分见表4-8。

表 4-8　产品钛渣产量及成分

编号	质量/t	含量/%			
		TiO_2	FeO	MgO	CaO
1	55.400	85.683	10.777	1.836	0.093
2	96.590	86.074	10.233	1.848	0.106
3	27.300	85.476	8.414	1.847	0.084
4	97.150	83.804	10.697	1.743	0.080
5	59.500	84.657	9.870	1.780	0.075
6	62.050	85.305	9.859	1.783	0.061
7	0.000	0.000	0.000	0.000	0.000
8	30.750	86.060	11.206	1.881	0.046
9	75.600	86.525	10.269	1.856	0.059
10	38.650	87.857	8.110	1.867	0.060
11	0.000	0.000	0.000	0.000	0.000
12	15.700	85.119	8.926	1.770	0.113
13	52.540	85.011	10.469	1.515	0.054
14	76.000	84.828	10.170	1.770	0.063
15	29.190	85.354	8.976	1.801	0.095
16	13.300	88.363	7.350	1.902	0.062
17	10.700	84.936	10.511	1.817	0.059
18	42.150	85.893	9.841	1.849	0.048
19	16.500	87.814	9.086	1.942	0.054
20	43.200	86.120	8.914	1.868	0.049
21	10.100	85.155	9.094	1.833	0.049
22	8.050	85.045	9.994	1.820	0.040
23	104.650	89.234	7.122	1.930	0.041
24	50.050	89.403	7.157	1.964	0.042
25	88.250	89.124	7.495	1.933	0.041
26	22.050	88.905	7.915	1.920	0.047
27	80.450	87.747	9.032	1.881	0.040
28	70.950	87.032	9.074	1.865	0.041
29	53.150	86.315	9.150	1.849	0.038
30	78.900	85.843	9.137	1.752	0.044
31	44.000	85.834	9.006	1.794	0.037
32	21.900	87.200	9.146	1.891	0.068
33	31.700	86.823	10.200	1.843	0.039
34	95.650	85.488	10.596	1.805	0.051
35	78.450	86.244	10.238	1.846	0.053

续表 4-8

编号	质量/t	含量/%			
		TiO_2	FeO	MgO	CaO
36	95.550	85.225	10.083	1.799	0.058
37	73.000	84.048	10.760	1.756	0.124
38	62.450	84.678	9.874	1.764	0.066
39	76.600	85.286	9.666	1.791	0.068
40	0.000	0.000	0.000	0.000	0.000
41	103.350	86.559	9.971	1.868	0.062
42	41.800	87.717	9.182	1.905	0.192
43	74.350	87.331	9.042	1.895	0.065
平均值	—	86.278	9.415	1.834	0.064

AIP 对钛渣 TiO_2含量的影响如图 4-10 所示。取有效的 34 天生产对应的 *AIP* 与钛渣 TiO_2含量绘制关系图，拟合后发现产品钛渣中 TiO_2的含量并不是随着 *AIP* 的增加而升高，无烟煤比例越高，TiO_2的含量反而下降。造成这一现象的原因分析如下：一方面，试生产期间 DC 炉输入功率较小，对应的加料速度也较小。在加料速度不大的情况下，入炉物料容易产生飞扬，部分物料尚未发生还原就随烟气进入了烟气处理系统。另一方面，在 DC 炉熔炼碳热还原过程中，并不是 *AIP* 越大，产品钛渣中 TiO_2的含量就越高。当 *AIP* 达到一定程度，继续提高 *AIP*，DC 炉内还原碳的含量过高，而过多的碳使熔渣中的非铁杂质发生还原，抑制了 FeO 的还原反应，杂质还原后富集进入渣相，使钛渣中 TiO_2受到稀释而贫化，不能进一步提高钛渣中 TiO_2的品位。从图 4-11 中可以看出，当 *AIP* 为 12.243%时，钛渣中 TiO_2含量达到最高，为 89.17%。

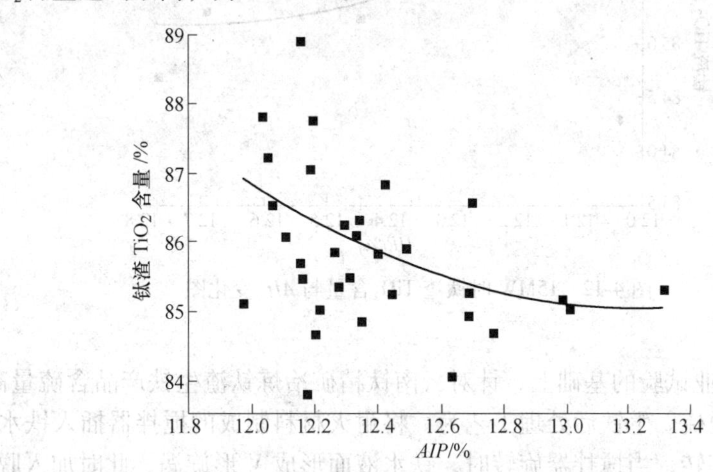

图 4-10 熔炼周期内 *AIP* 与钛渣 TiO_2含量的关系

AIP 偏低，即配碳量不足，还原反应处于缺碳状态，由于钛精矿中的 FeO 易于离解出氧并与碳结合，使 FeO 还原反应优先于 TiO_2等氧化物，碳的最大可能消耗在 FeO 的还原。

随着 *AIP* 的增加，杂质的还原量增多，熔渣的组成不断发生改变，熔渣中的杂质将

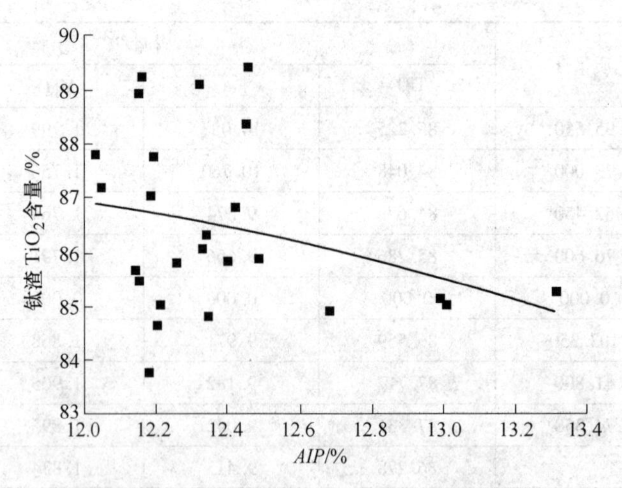

图 4-11　12MW 时钛渣 TiO_2 含量与 *AIP* 变化图

被碳还原，当熔炼结束时，钛精矿中的这些杂质进入熔渣，不利于生产高品质钛渣。同时高的配碳量使钛精矿中 TiO_2 发生还原，使还原反应的速度下降，得到的钛渣中低价钛的含量偏高，同样影响钛渣的品质。从图 4-12 即可看出，*AIP* 提高了，钛渣 TiO_2 含量反而降低。

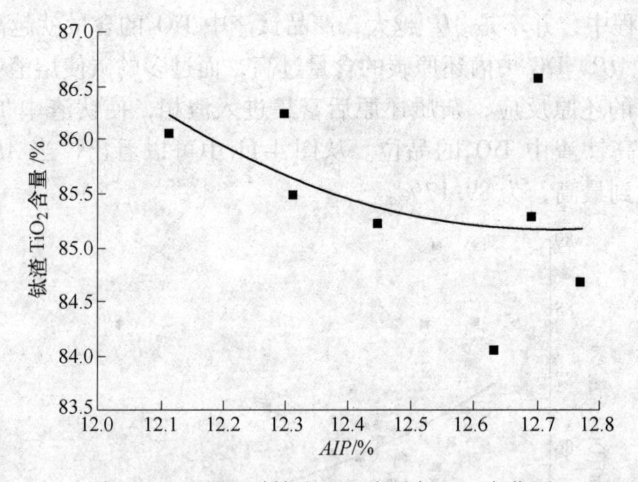

图 4-12　15MW 时钛渣 TiO_2 含量与 *AIP* 变化图

B　生铁与 *AIP*

在 MEFOS 半工业试验的基础上，针对云南钛精矿冶炼钛渣生铁产品含硫量高的特点，增加生铁机械搅拌脱硫。生铁后处理工艺为：将耐火材料制成的搅拌器插入铁水罐液面下一定深处，并使之旋转，当搅拌器旋转时，铁水液面形成 V 形旋涡，此时加入脱硫剂，脱硫剂借机械搅拌作用卷入铁水中并与之接触，微粒在桨叶端部区域内由于湍动而分散，从而进行脱硫反应；当搅拌器停止搅拌后，所生成的干稠状渣浮到铁水面上，扒渣后即达到脱硫的目的。扒渣脱硫后的铁水吊运至铸铁位，进行浇铸，喷水冷却，铁水被铸成小块。工艺流程如图 4-13 所示。

生铁作为 DC 炉熔炼产品之一，其成分可直接反应炉内熔炼的还原程度。

C　烟气

DC 炉烟气的产生量取决于无烟煤固定碳的含量、入炉物料的剩余含水量以及加料速率。烟气中的 N_2 不参加熔炼反应，DC 炉熔炼过程中，控制炉内压强为微负压，在加料过程中鼓入的 N_2 的量大幅降低，导致实际熔炼中产生的烟气中 CO 的含量较半工业试验中高，熔炼周期内烟气平均组成成分见表 4-9。

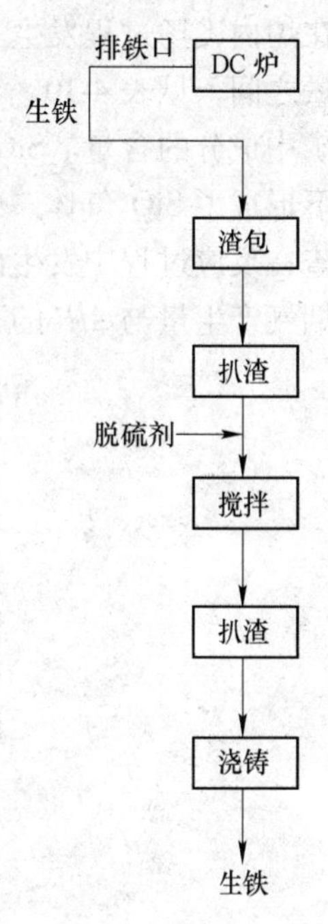

图 4-13　生铁后处理工艺流程

选取试生产周期内无烟煤入炉质量与烟气产生量的有效数据绘制散点图并拟合，结果如图 4-14 所示。烟气的产生量与入炉无烟煤的量成正比，随着无烟煤入炉量增大，烟气产生量也增大；同时，正常熔炼条件下，无烟煤入炉质量又受到控制因素 *AIP* 的限制，因此进一步分析 *AIP* 与烟气产生量的关系。选取 *AIP* 与烟气产生量的有效数据绘制散点图，如图 4-15 所示，拟合后发现，随着 *AIP* 的增大，烟气的产生量先增大后降低。前面提到，反应过程中，除了碳的还原作用外，由于碳的气化反应产生的 CO 和反应生成的 CO 也参与反应，根据反应方程式（9），当还原碳的量充足，炉腔内的 CO_2 与 C 发生反应生成 CO，这一反应使烟气中 CO_2 比例降低，CO 比例上升，烟气的产生量因而降低。

表 4-9　DC 炉烟气成分

组成	CO	CO_2	O_2	H_2	N_2
质量分数/%	89.45	1.44	0.07	1.56	7.48

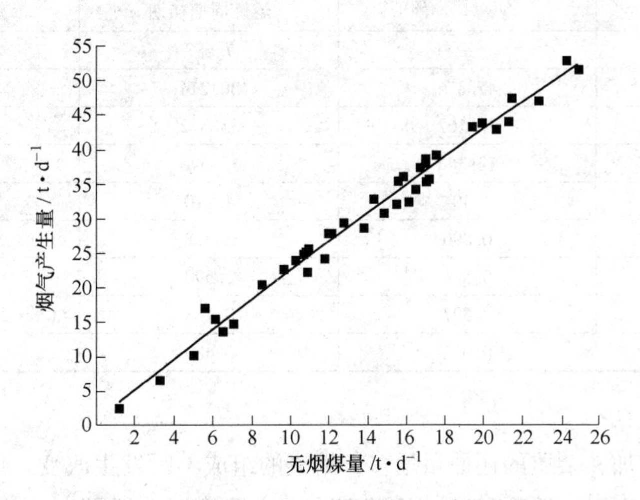

图 4-14　烟气产生量与无烟煤入炉质量关系图

D　烟尘

DC 炉产生的烟尘主要通过烟气处理系统产生的污泥量来衡量。入炉物料的损失，入炉钛精矿与无烟煤产生飞扬，未落入熔池内，随上升的烟气进入烟气处理系统，形成烟尘。烟尘的组成成分与投加的物料成分有直接关系，主要成分为 TiO_2、FeO、Fe_2O_3。物料在炉内飞扬过程发生一定的还原，导致烟尘组成成分含量介于钛精矿和无烟煤的各成分含量之间，见表 4-10。当 DC 炉运行逐渐稳定后，TiO_2和 FeO 的含量就开始接近使用的钛精矿中成分的含量。SiO_2的含量比在钛精矿中的含量高很多，这是因为在高温和强还原环境下形成了 SiO_2气体。烟尘中 MgO、MnO 的含量和钛渣中的含量相吻合，这是因为液态熔渣在反应过程中发生破裂，随着烟气带到烟气处理系统。烟尘的产生率将会在后续分析。烟气产生量与 *AIP* 的关系如图 4-15 所示。

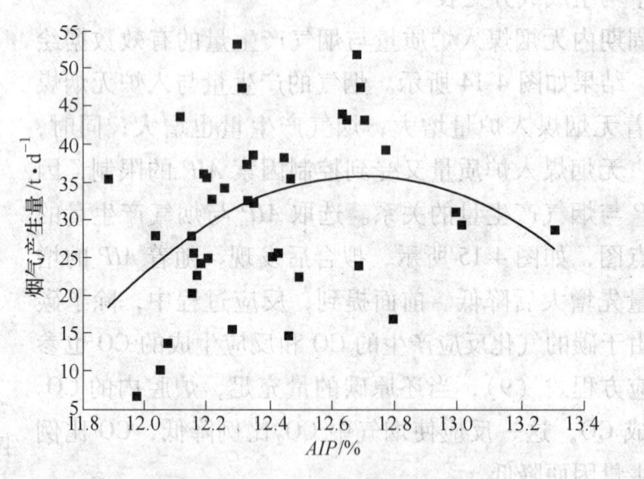

图 4-15　烟气产生量与 *AIP* 的关系

表 4-10　DC 炉烟尘成分与钛精矿成分对比

成　分	钛精矿（质量比）/%	烟尘（质量比）/%	
		熔炼周期初期	熔炼周期中后期
C	—	7.687	0.000
TiO_2	47.876	30.214	36.021
FeO	36.167	35.372	32.812
Fe_2O_3	12.366	15.578	10.356
SiO_2	1.404	4.210	13.21
MgO	0.890	2.328	3.328
MnO	0.581	2.590	2.669
Al_2O_3	0.597	0.768	1.543
CaO	0.012	0.489	0.049

E　挂渣层与 *AIP*

随着 *AIP* 的增加，杂质的还原量增多，熔渣的组成不断发生改变，熔渣中的杂质将被碳还原。当熔炼结束时，钛精矿中的这些杂质进入熔渣，不利于生产高品质钛渣；同时，高的配碳量会使钛精矿中 TiO_2发生还原，使还原反应的速度下降，得到的钛渣中低价钛的含量偏高，同样影响钛渣的品质。

AIP 不仅影响 DC 炉中物料还原的进程和产品钛渣品质，还直接影响 DC 炉的炉况，主要体现在对熔渣流动性和挂渣层的影响。由于钛渣冶炼温度高且熔渣的腐蚀性强，需要在生产过程中在炉壁上形成一层挂渣层，来保护 DC 炉内衬耐火砖。

如果炉内温度持续降低，挂渣层上方会形成渣壳，如图 4-16（a）所示熔池周边一圈暗色部分。挂渣层逐渐变厚，同时渣壳逐渐扩大，随着熔炼过程中 CO 气体在渣壳下的不断积聚，容易造成泡沫渣和垮料，严重时会造成 DC 炉爆炸。

DC 炉正常运行期间输入输出的能量达到平衡状态，挂渣层厚度是基本不变的，挂渣层的成分与熔渣成分基本相同。保持输入能量不变，而 *AIP* 过大时，熔渣中的 MgO 会发生还原，熔渣流动性变差，熔渣和挂渣层形成的系统体系为了达到平衡，会使挂渣层中的 MgO 不断进入熔渣，使挂渣层不断被还原而变薄，造成安全隐患，严重时可造成炉底、炉壁烧穿的重大安全事故，或者局部挂渣层变薄塌落造成爆炸。图 4-16（b）即该 DC 炉因炉壁挂渣层变薄，造成的炉底烧穿事故。所以，须时刻监控出炉钛渣中 MgO 含量，如果出炉 MgO 含量发生骤变，需及时应对，避免发生 DC 炉生产事故。

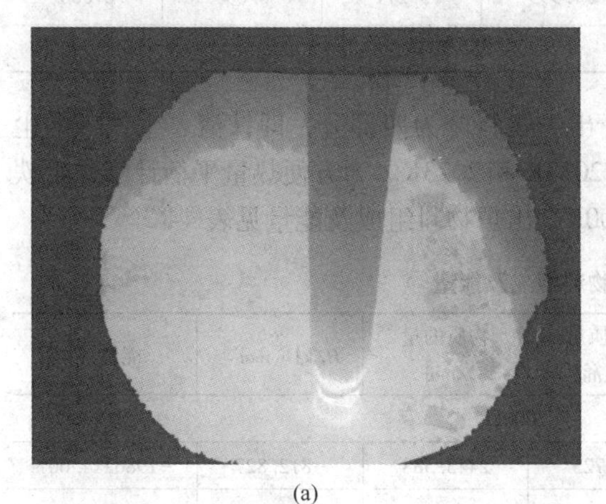
(a)

(b)

图 4-16　DC 炉炉壁烧穿事故照片

F　熔炼能量平衡与 *IPR*

从前述知，熔炼周期内，当 *AIP* 为 12.243%时，钛渣中 TiO_2 的含量达到最高值。按照入炉钛精矿 1t，无烟煤 122.43kg 计算，其入炉物料热量见表 4-11，入炉物料中包括钛精矿、无烟煤、石墨电极以及鼓入氮气，温度为 298.15K。

表 4-11　入炉物料组成成分及能量

组成成分		质量分数 /%	按 1t 钛精矿计算/kg	摩尔质量 /kg · kmol^{-1}	物质的量 /mol	H/kJ · mol^{-1}	能量/kJ
298.15K							
钛精矿	$FeTiO_3$	84.043	840.430	151.725	5539.159	−1235.535	−6843824.757
	Fe_2O_3	12.366	123.660	159.692	774.365	−824.248	−638268.542
	Al_2O_3	0.597	5.970	101.961	58.552	−1675.692	−98114.514
	CaO	0.012	0.120	56.077	2.140	−635.089	−1359.027
	MgO	0.890	8.900	40.304	220.820	−601.241	−132765.775
	SiO_2	1.404	14.040	60.084	233.672	−910.857	−212841.496
	MnO	0.581	5.810	70.937	81.903	−385.221	−31550.810

续表 4-11

组成成分		质量分数 /%	按 1t 钛精矿计算/kg	摩尔质量 /kg · $kmol^{-1}$	物质的量 /mol	H/kJ · mol^{-1}	能量/kJ
				298.15K			
无烟煤	C	89.616	109.717	12.011	9134.699	0.000	0.000
				298.15K			
石墨电极	C	99.900	5.994	12.011	499.043	0.000	0.000
				298.15K			
入炉气体	N_2	99.073	18021.764	28.086	641.675	0.000	0.000
	O_2	0.927	168.653	31.999	5.271	0.000	0.000
合计		−7958724.921					

生产中，DC 炉熔炼温度控制为 2023K，出炉物料分为四部分，即钛渣、生铁、烟尘以及烟气，出炉温度分别为 2023K、1723K、2023K 和 2023K。为方便热量平衡计算，生铁出炉温度取 1700K，其余物料出炉温度取 2000K，出炉物料组成及能量见表 4-12。

表 4-12　出炉物料组成及能量

组成成分	质量分数 /%	按 1t 钛精矿计算/kg	摩尔质量 /kg · $kmol^{-1}$	物质的量 /mol	H/kJ · mol^{-1}	能量/kJ
渣	2000K					
TiO_2	86.278	370.754	151.725	2443.588	−812.827	−1986214.001
CaO	0.064	0.275	56.077	4.904	−543.628	−2666.119
FeO	9.415	40.458	71.846	563.120	−145.035	−81672.096
MgO	1.834	7.881	40.304	195.539	−514.626	−100629.233
铁	1700K					
Fe	96.680	254.683	55.847	4560.373	54.049	246483.606
Si	0.100	0.263	28.086	9.380	86.597	812.240
C	1.261	3.322	12.011	276.566	28.021	7749.669
烟气	2000K					
CO	89.450	215.514	28.010	7694.081	−53.797	−413918.453
H_2	1.560	3.759	2.016	1864.471	52.951	98725.601
CO_2	1.440	3.469	44.010	78.833	−302.062	−23812.494
N_2	7.480	18.022	28.086	641.675	56.137	36021.711
O_2	0.070	0.169	31.999	5.271	59.176	311.893
烟尘	2000K					
TiO_2	40.021	20.413	151.725	134.538	−812.827	−109356.253
Fe_2O_3	11.356	5.792	159.692	36.271	−623.732	−22623.250
FeO	33.812	17.246	71.846	240.039	−145.035	−34814.002
Al_2O_3	0.944	0.481	101.961	4.722	−1465.979	−6922.768

续表 4-12

组成成分	质量分数/%	按 1t 钛精矿计算/kg	摩尔质量/kg · kmol^{-1}	物质的量/mol	H/kJ · mol^{-1}	能量/kJ
烟尘	2000K					
CaO	0.049	0.025	56.077	0.446	−543.628	−242.284
MgO	3.328	1.697	40.304	42.116	−514.626	−21673.940
MnO	3.669	1.871	70.937	26.381	−292.094	−7705.664
SiO_2	6.210	3.167	60.084	52.716	−781.326	−41188.706
合计						−2463334.543

通过表 4-11、表 4-12 可以算出，试生产周期内，每冶炼 1t 钛精矿需要消耗约 5495390.378kJ 的能量，即 1526.497kW，以此为计算依据，可以计算出熔炼周期内，在不同加料速度下，DC 炉的能量消耗量。同时，由于整个 DC 炉系统输入能量和输出能量是平衡的，整个熔炼期间 DC 炉的平均热量损失为 4.971MV · A。热量损失包括炉壁和炉顶冷却水热损失、炉底风冷热损失、电力设备热损失以及少量未预见热损失等。钛精矿冶炼过程中，这四部分的热量损失和出炉物料带走的物理热之和与输入的能量是基本相等的，整个系统的能量输入输出保持平衡，表 4-13 给出了试生产熔炼周期内 *IPR* 的数值。

表 4-13 熔炼周期内热量损失

编号	电炉输入率/MW	钛精矿/t	钛精矿加料速率/t · h^{-1}	物料熔炼所需能量/MW	热量损失/MW	*IPR*/kg 钛精矿 · MW^{-1}
1	12	99.100	4.129	6.303	5.697	344.083
2	12	130.660	5.444	8.311	3.689	453.667
3	12	90.550	3.773	5.759	6.241	314.417
4	12	96.060	4.003	6.110	5.890	333.583
5	12	87.340	3.639	5.555	6.445	303.250
6	12	103.350	4.306	6.573	5.427	358.833
7	15	131.910	5.496	8.390	6.610	366.400
8	15	163.950	6.831	10.428	4.572	455.400
9	6	55.010	2.292	3.499	2.501	382.000
10	6	0.000	0.000	0.000	6.000	0.000
11	6	0.000	0.000	0.000	6.000	0.000
12	6	27.140	1.131	1.726	4.274	188.500
13	12	117.680	4.903	7.485	4.515	408.583
14	12	125.370	5.224	7.974	4.026	435.333
15	6	49.910	2.080	3.174	2.826	346.667
16	12	56.720	2.363	3.608	8.392	196.917
17	12	81.490	3.395	5.183	6.817	282.917
18	12	86.670	3.611	5.513	6.487	300.917
19	12	100.780	4.199	6.410	5.590	349.917

续表 4-13

编号	电炉输入率/MW	钛精矿/t	钛精矿加料速率/$t \cdot h^{-1}$	物料熔炼所需能量/MW	热量损失/MW	*IPR* /kg 钛精矿 · MW^{-1}
20	12	15.280	0.637	0.972	11.028	53.083
21	12	114.240	4.760	7.266	4.734	396.667
22	12	98.320	4.097	6.254	5.746	341.417
23	12	80.460	3.353	5.118	6.882	279.417
24	12	136.690	5.695	8.694	3.306	474.583
25	12	135.930	5.664	8.646	3.354	472.000
26	12	70.500	2.938	4.484	7.516	244.833
27	12	140.870	5.870	8.960	3.040	489.167
28	12	129.960	5.415	8.266	3.734	451.250
29	12	137.940	5.748	8.774	3.226	479.000
30	12	134.250	5.594	8.539	3.461	466.167
31	12	86.540	3.606	5.504	6.496	300.500
32	12	41.070	1.711	2.612	9.388	142.583
33	12	87.850	3.660	5.588	6.412	305.000
34	15	184.790	7.700	11.753	3.247	513.333
35	15	197.200	8.217	12.543	2.457	547.800
36	15	136.830	5.701	8.703	6.297	380.067
37	15	168.020	7.001	10.687	4.313	466.733
38	15	137.120	5.713	8.721	6.279	380.867
39	15	169.040	7.043	10.752	4.248	469.533
40	15	43.350	1.806	2.757	12.243	120.400
41	15	163.100	6.796	10.374	4.626	453.067
42	6	154.370	6.432	9.819	−3.819	1072.000
43	6	196.150	8.173	12.476	−6.476	1362.167
平均值	4.971					

根据表 4-13 熔炼周期内热量损失数据，熔炼编号为 20、32、40、42 和 43 的 5 组数据不符合实际情况，去掉这 5 组数据后，绘制热量损失图，如图 4-17 所示。拟合后热量损失的中间值为 5.050MW，与炉子“空闲模式”需保持功率在 5MW 这一操作要求一致。根据产线工艺技术参数，取炉壁和炉顶冷却水平均用量，共计 $955m^3/h$，冷却水经热交换后温度上升约 3℃，粗略计算，冷却水造成的热损失量大约为 3.343MW，那么在实际生产中，炉底空气对流冷却、电力设备以及未预见热损失平均约为 1.628MW。当 DC 炉达到设计功率时，热量损失占整个输入能量的 16.570%，炉底空气对流冷却、电力设备以及未预见热损失约占输入能量的 5.427%。

DC 炉熔炼过程中，炉内输入输出能量需保持平衡，而 *IPR* 是衡量 DC 炉输入功率能否满足熔炼要求的指标，即衡量 DC 炉能量能否达到平衡的指标。

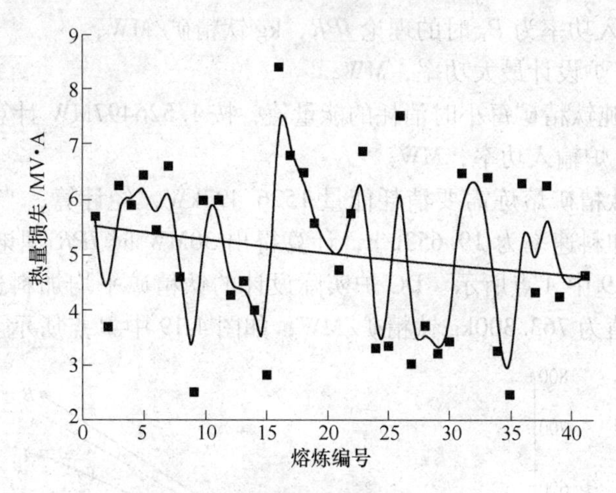

图 4-17 熔炼周期热量损失变化

熔炼周期内不同输入功率 6MW、12MW、15MW 下，有效天数的 *IPR* 平均值分别为 183.433kg(钛精矿)/MW、351.534kg(钛精矿)/MW、415.360kg(钛精矿)/MW。输入功率为 6MW、12MW、15MW 时，对应的理论 *IPR* 分别为 103.723kg(钛精矿)/MW，379.417kg(钛精矿)/MW，434.546kg(钛精矿)/MW，绘制 *IPR* 与 DC 炉输入功率变化图，如图 4-18 所示。试生产熔炼周期内 *IPR* 实际平均值与理论值相差不大，且随着 DC 炉输入功率的提高，*IPR* 也随之增加，但是 *IPR* 升高的趋势有所趋缓。

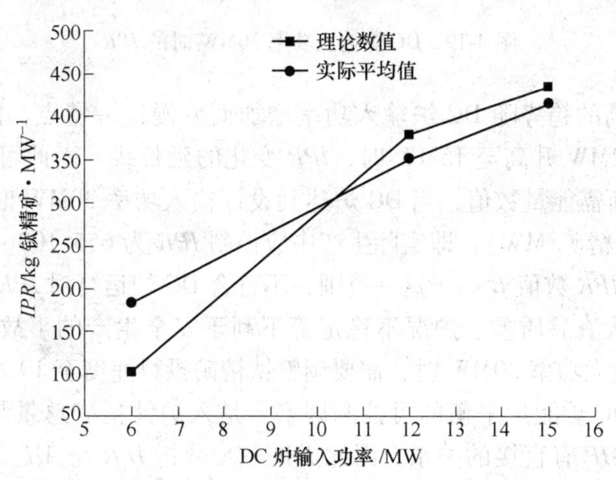

图 4-18 熔炼周期内 *IPR* 与 DC 炉输入功率关系图

DC 炉输入功率发生变化，*IPR* 须进行相应调整，以保证 DC 炉输入输出能量能够达到平衡在 *IPR* 增加量较小的情况下，如果入炉物料中 FeO 的含量增加，熔渣液相温度将降低，钛渣黏性降低，DC 炉挂渣层厚度变薄；*IPR* 剧增将导致炉子加料过多，进而严重降低 DC 炉熔炼工艺温度，使钛渣黏性和挂渣层厚度增加。

根据 DC 炉的额定功率，*IPR* 的理论值应为：

$$IPR_{TH} = \frac{P_D \times 1000}{E_{Lose} P_{In}}$$

式中　IPR_{TH}——输入功率为 P_{In}时的理论 *IPR*，kg 钛精矿/MW；

P_D——DC 炉设计最大功率，MW；

E_{Lose}——每吨钛精矿每小时消耗的能量值，按 1.526497MW 计算；

P_{In}——DC 炉输入功率，MW。

由上可知，吨钛精矿熔炼需要消耗能量 1526.497kW，经计算，当输入功率为 30MW 时，对应的钛精矿加料速率为 19.653t/h，计算得出 30MW 时 *IPR* 理论值为 655.100kg 钛精矿/MW，如图 4-19 中 *A* 点所示。DC 炉实际设计的钛精矿平均加料速率为 22.9t/h，对应的 *IPR* 设计平均值为 763.300kg 钛精矿/MW，如图 4-19 中 *B* 点所示。

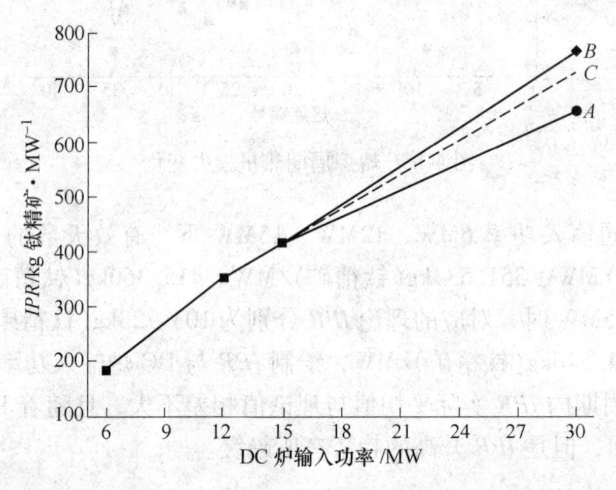

图 4-19　DC 炉输入功率 30MW 时的 *IPR*

根据 *IPR* 值升高的趋势随 DC 炉输入功率增加而变慢这一特点，图 4-19 中虚线表示 DC 炉输入功率由 12MW 升高至 15MW 时，*IPR* 变化的延长线，由此可以看出，根据计算得到的钛精矿熔炼所需能量数值，当 DC 炉达到设计输入功率 30MW 时，*IPR* 应该在小于 *C* 点（734.490kg 钛精矿/MW）。即实际生产中应控制 *IPR* 为 655.100~734.490kg 钛精矿/MW。DC 炉设计的 *IPR* 数值 *B* 高于这一范围，不符合 DC 炉运行对 *IPR* 的要求，为了避免投料速度过大造成钛渣品质差、炉况不稳定等不利于安全生产的事故发生，在实际生产中，当 DC 炉达到最大功率 30MW 时，需要调整钛精矿投料速度至 19.653~22.305t/h。

IPR 作为衡量 DC 炉能量平衡的可控制因素，是入炉钛精矿总量与输入功率的比值，而钛精矿总量又与 *AIP* 有直接的关系，因此需进一步分析 *IPR* 与 *AIP* 的关系，以建立 DC 炉生产控制因素的联动机制（图 4-20）。

从图 4-20 中可以看出，随着入炉物料 *AIP* 的不断增大，*IPR* 先升高后降低。*IPR* 升高阶段是由于 *AIP* 不断升高，DC 炉熔池内钛精矿还原程度因还原碳的逐渐充足而得到加强，DC 炉输入的能量得到充分的利用。*IPR* 降低阶段，是由于熔池内过多的还原碳使杂质还原程度得到提高，造成能量消耗在不必要的杂质还原上。从图 4-20 可以看出，实际生产中不论 *IPR* 如何变化，应控制 *AIP* 不超过 12.64%。这一点也证明了前面的物料平衡得到的熔炼周期内 *AIP* 的平均值为 12.403%，从整个熔炼周期上分析，可满足使 DC 炉熔池内保持缺碳状态的要求，在此情况下应通过调整 *IPR* 来实现系统热量平衡。

DC 炉实际设计钛精矿平均加料速率为 22.9t/h，输入能量为 30MV · A，以热量损失

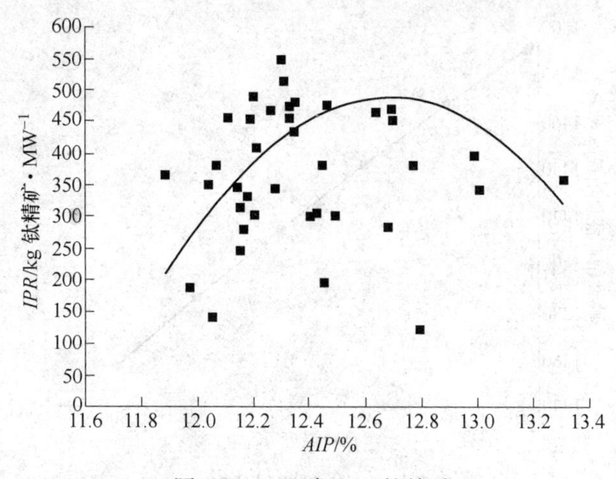

图 4-20　*IPR* 与 *AIP* 的关系

为 5.050MW 为准，得到每吨钛精矿熔炼生产钛渣消耗的能量约为 1089.520kW，分析试生产熔炼周期内吨钛精矿能耗高于设计，能耗高的原因如下：

第一，由于试生产期间内投料速度、电炉功率都不断发生变化，未达到设计要求，能量消耗会高于正常运行时单位钛精矿所需消耗的能量。

第二，热量平衡计算中，相比较入炉物料成分分析，出炉物料仅对部分成分进行了分析，钛渣中有含量约为 2.409%的杂质成分未计入出炉物料热量平衡计算中，生铁中有含量约为 1.959%的杂质成分未计入出炉物料热量平衡计算中；同时由于烟尘及烟气成分尚不精确，因此试生产熔炼周期内每吨钛精矿熔炼生产钛渣实际消耗的能量必然低于 1526.497kW。按照出炉物料计算的能量为实际能量 95%计算，则实际吨钛精矿能耗约为 1490.484kW。

第三，由于入炉物料在加料口落入熔池过程中，与上升的高温烟气、烟尘相遇，相当于入炉物料在进入熔池之前进行了预热。分别假定入炉物料进入熔池时被加热至 300K、400K、500K、600K、700K 和 800K，以表 6.34、表 6.35 数据为基础绘制吨钛精矿熔炼能量消耗曲线，如图 4-21 所示。从图中可看出，吨钛精矿熔炼钛渣能量的消耗量随着入炉物料温度的升高而降低，呈线性关系，可以建立以下线性方程指导实际生产能量平衡的控制。

$$f(t) = A - a(t - 298.15)$$

式中　$f(t)$ ——物料温度为 t 时每吨钛精矿熔炼钛渣能量消耗量，kW；

　　A——经验系数；

　　a——经验系数；

　　t——物料温度，K。

图 4-21 确定了上述方程中 A、a 经验系数的数值分别为 1490.484、0.267，可以在实际生产中积累 DC 炉能量消耗数据，通过方程确定入炉物料在进入熔池时的温度，以更好地保持 DC 炉能量平衡，使其炉况保持最佳运行状态；并进一步验证 DC 炉设计时吨钛精矿能量消耗 1089.520kW 的可行性，若经实际运行否定了设计的能耗指标，则在 DC 炉运行过程中需要降低钛精矿的加料速度，使 DC 炉能够保持能量动态平衡。

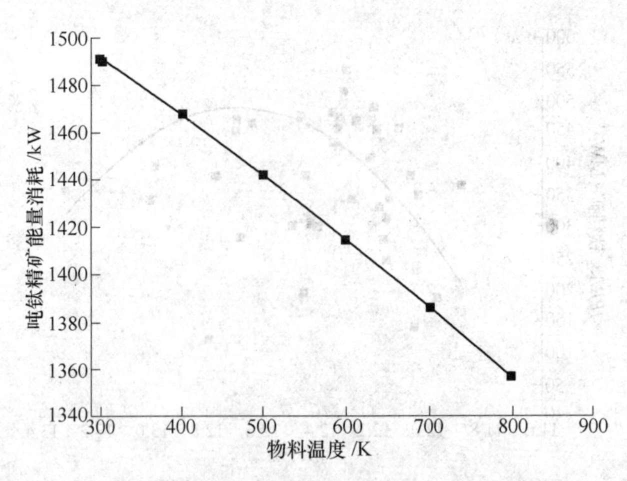

图 4-21　每吨钛精矿熔炼能量消耗量随入炉物料温度变化

4.3.4　DC 炉烟气处理系统分析及利用

4.3.4.1　烟气处理工艺的选择

电炉冶炼钛渣过程产生的烟气具有排放量大、温度高（可达 1750℃）、烟尘含量高（最大含尘量（标态）可以达到 300g/m³）等特点。由于产生的烟气中 SO_2 含量极低、粉尘含量高；同时，为保证处理净化后的烟气能够有效回用，所以烟气处理的主要任务是去除粉尘使烟气得以净化。根据 DC 炉冶炼钛渣产生的烟气特点，选择烟气净化设备时，除了处理能力要符合 DC 炉的要求，还需要考虑易燃易爆、温度和粉尘粒径等因素。

A　电炉烟气参数

（1）平均烟气量（标态）：7000m³/h；
最大设计烟气量（标态）：10000m³/h。
（2）来自电炉的烟气温度：1750℃；
设计最大原气体温度：1775℃。
（3）最大含尘浓度（标态）：300g/m³。

B　爆炸因素

物料转化为粉尘后，比表面积增加，提高了物质的活性，在具备燃烧的条件下，可燃粉尘氧化放热反应速度超过其散热能力，最终转化为燃烧，称为自燃。当浓度达到爆炸界限并遇明火且氧气充足时，会发生爆炸。煤尘、焦炭尘、铝、镁和某些含硫分高的矿尘均系爆炸性粉尘，DC 炉入炉物料中有关可燃粉尘的爆炸浓度下极限及起火点见表 4-14。

表 4-14　有关粉尘爆炸浓度下极限及起火点

粉尘名称	爆炸下极限 /g · m⁻³	起火点/℃
钛	45	460
铁	120	316
钛铁	14	370

DC 炉烟气出炉温度均高于可燃粉尘的起火点温度，除了以上可燃粉尘的存在，还含有一氧化碳、氢等可燃成分，这些可燃成分与空气或氧气混合，高温烟气容易达到最低着火温度，易发生爆炸。对有燃烧或爆炸危险的粉尘、易燃碎屑和气体成分的除尘系统，应采用不产生火花的除尘器，如湿式除尘器。净化含有易燃、易爆性烟尘所采用的除尘器，应能连续进行自动排尘，使除尘器内不积聚灰尘，并消除产生火花的可能。

C 含尘气体温度因素

DC 炉冶炼钛渣过程产生的烟气温度很高，当烟气温度超过 130℃时，在除尘工程中即被称为高温烟气。除尘设备一般使用温度均不超过 500℃，无法适应 DC 炉冶炼钛渣出炉烟气的要求。故针对 DC 炉的烟气温度高的特点，需要对烟气首先进行冷却降温处理。

冷却高温烟气的介质可以采用温度低的空气或水，冷却方式有直接水冷、间接水冷、直接风冷、间接风冷。这四种冷却方式的优缺点对比见表 4-15。

表 4-15 冷却方式对比

名称	方 式	优 点	缺 点	适用温度/℃
直接水冷	往高温烟气中直接喷水，用水雾的蒸发吸热，使烟气冷却	设备简单，投资小，水和动力消耗不大	增加烟气含湿量、腐蚀性及烟尘的黏结性；湿式运行要增设泥浆处理设备	不适宜于初始温度小于 150℃的情况，同时降温后的烟气温度一般高于 20~30℃
间接水冷	用水冷却在管内流动的烟气	可以保护设备避免金属氧化物结垢，有利于清灰，热水可利用	耗水量很大，一般出水温度不大于 45℃，提高出水温度会产生大量水垢，影响冷却效果	出口烟气温度大于 450℃
直接风冷	将常温的空气直接混入高温烟气中	结构简单，可自动控制使温度严格控制在一定值	增加烟气量，需加大收尘设备及风机容量；不适宜处理易燃易爆烟气	适用于较低温度（200℃以下）及要求降温量较小的情况
间接风冷	用空气冷却在管内流动的高温烟气	热风可利用	动力消耗大，冷却效果不及水冷	烟气初始温度为 500℃以下，要求冷却到终温 120℃的情况

从表 4-15 的对比可以初步确定，DC 炉产生的烟气温度为 1750℃，冷却后的烟气根据便于后续净化处理的原则，宜选用直接水冷方式进行冷却；同时直接水冷也适应易燃易爆烟气处理的要求，运行过程中不会产生火花。

4.3.4.2 烟气净化气固分离

A 气固分离目的

DC 炉冶炼钛渣烟气气、固分离的目的可以归纳为以下几点：

（1）回收有价物料。钛渣冶炼产生的烟尘中主要含有 TiO_2、FeO、Fe_2O_3，烟尘通过气固分离除尘后获得的物料具有一定的经济价值。

（2）获得洁净的气体。在直流电弧炉冶炼钛渣产生的烟气中含有大量的一氧化碳，通过气固分离获得的洁净的高浓度一氧化碳气体，可作为企业后续备料等工段的热源或备用能源，可节约电能、降低生产成本、减少碳排放量。

（3）净化废气、保护环境。采用的直流电弧炉设计气体最大含尘量（标态）为

300g/m³，根据我国目前的标准规定，烟气不能直接排放，必须经过分离净化达到污染物排放标准的要求，直流电弧炉外排烟气必须达到《工业炉窑大气污染物排放标准》（GB 9078—1996）有色金属熔炼炉二级标准，见表 4-16。

表 4-16　有色金属熔炼炉大气污染物排放标准

炉窑类别	标准级别	排放限值	
		烟（粉）尘浓度 /mg · m^{-3}	烟气黑度（林格曼级）
有色金属熔炼炉	二	100	—

B　颗粒捕集分离的一般机理

含有固体颗粒的气体在离心力、重力等的作用下，固体颗粒偏离气流，经过足够的时间后，移到了分界面上，附着在上面，并不断被除去，如图 4-22 所示。由此可见，要从气流中将颗粒分离出来，必备的基本条件是：（1）有分离界面可让颗粒附着在上面，如容器器壁、某固体表面、大颗粒物料表面、织物或纤维表面、液滴或液膜等；（2）有使颗粒运动轨迹偏离气体流线的作用力，常见的有重力（*A*）、离心力（*A*）、惯性力（*B*）、扩散（*C*）、静电力（*A*）、直接拦截（*D*）等，此外还有热聚力、声波和光压等；（3）有足够的时间使颗粒移到分离界面上，这就要求控制含尘气流的流速；（4）能使附着在界面上的颗粒不断被除去而不会重新返回混入气流内，这就是排料过程，有连续式和间歇式两种。

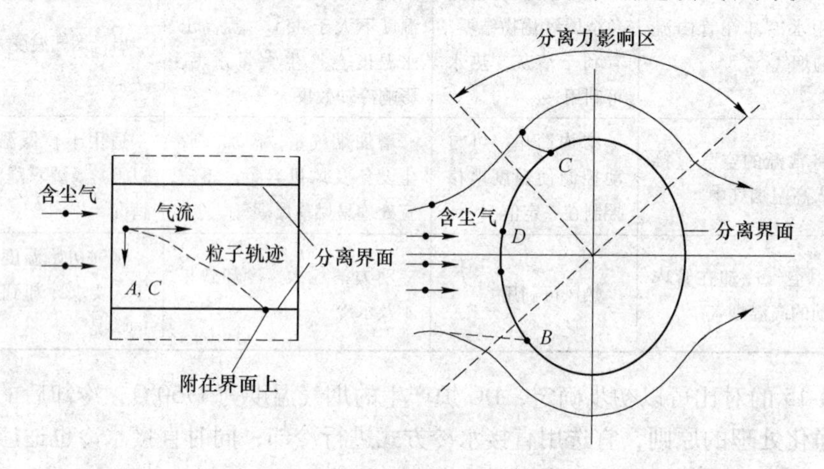

图 4-22　颗粒捕集机理示意图

C　湿法捕集机理

通过比选，DC 炉烟气净化系统选用湿法除尘工艺对出炉高温烟气进行净化处理。湿法捕集是利用液体作为捕集体将气体内所含颗粒捕集下来的一类方法。湿法捕集机理是一种流体动力捕集机理，分为三种形式：液滴、液膜及液层，伴有蒸发和冷凝的过程，所以影响因素较多，捕集机理较为复杂。

（1）液滴。液滴的产生基本上有两种方法，一种是使液体通过喷嘴而雾化，另一种是用高速气流将液体雾化。液体呈分散相，含有固体颗粒的气体呈连续相，两相间存在着相对速度，故可依靠颗粒对液滴的惯性碰撞、拦截、扩散、重力、静电吸引等效应把颗粒捕集下来。

（2）液膜。液膜是将液体淋洒在填料上后在填料表面形成的很薄层的液体网络。此时，液体和气体都是连续相，气体在通过这些液体网络时也会产生上述各种捕集效应。

（3）液层。气体流过液层时生成气泡，气体变为分散相，液体则为连续相，颗粒在气泡中依靠惯性、重力和扩散等机理而产生沉降，被液体带走。

4.3.4.3 烟尘净化设备

任何一种除尘装置都是借助于一种或几种机理来达到分离固体颗粒的目的。湿法除尘是基于含尘气流与某种液体（通常为水）的充分接触，借助于惯性碰撞、扩散等机理捕集。

根据湿法除尘装置的净化机制，可将其分为以液膜形式捕尘、以液滴形式捕尘和以气泡形式捕尘三大类。DC 炉烟气净化选用的主要工艺设备为一级急冷器、洗涤塔、Theisen 涤气机、离心气液分离器等，其设备以液滴形式捕尘为主，以液膜形式捕尘为辅。

A 一级急冷器

烟气净化工艺流程中，高温烟气由 DC 炉排出，经烟管最先进入一级急冷器，在一级急冷器中降温至 200℃以下，同时去除大颗粒烟尘。一级急冷器为逆流式中空洗涤塔，是一种直冷式烟气冷却净化设备，塔内无任何构件设置，采用喷嘴直接喷淋水，属喷雾接触式除尘器。通过冷却循环水喷淋洗涤烟气，使烟气增湿降温，同时净化除尘。在空塔的上部烟气出口管下方布置一个或若干个喷嘴，高压循环水从喷嘴喷出，呈细小水滴或雾化状，烟气从空塔下部进入，与自上而下的喷淋水做逆向运动，发生传热、传质过程。在工业烟气净化中，湿式洗涤塔的应用极为普遍，它既能有效地捕集 0.1~20μm 的固态或液态粒子，同时也能脱除气态污染物。湿式洗涤器具有结构简单、造价低和除尘效率高等优点，适用于净化非纤维性和非水硬性的各种粉尘，尤其是适宜净化冶金行业产生的高温、易燃易爆气体，除尘效率一般大于 20%。

烟气在空塔中的冷却效果和循环水的喷淋效果有一定的关系，而喷淋效果和喷嘴布置、构造及水压密切相关。烟气的降温主要依靠循环水的汽化向烟气增湿来实现。DC 炉烟气处理工艺中使用的水为循环水，循环水喷淋后在一级急冷器沉淀池分离沉淀下来的粉尘颗粒，产生的废水经水处理净化冷却后循环使用。

平均烟气处理量（标态）：7000m^3/h；

设计供水量：200m^3/h；

入口水温：20℃；

入口烟气温度：1750℃，按 2000K 计算；

出口烟气温度：不超过 200℃，按 200℃计。

烟气、烟尘由 2000K 降低至 473K 释放的能量，计算式如下：

$$\Delta E = V_{\text{ilmenite}} \times n_i \times \sum (H_{i,\ \text{in}} - H_{i,\ \text{out}})$$

式中 ΔE——烟气及烟尘降温释放的能量，kJ；

V_{ilmenite}——钛精矿设计平均加料速度，22.9t/h；

n_i——表 4-9 中烟气、烟尘各成分对应的物质的量，mol；

$H_{i,\text{in}}$——烟气、烟尘各成分入口温度物质的焓，kJ/mol；

$H_{i,\text{out}}$——烟气、烟尘各成分出口温度物质的焓，kJ/mol。

$H_{i,473K}$可根据附录C中400K、500K相关物质的焓，采用插入法，通过上式计算得出，当钛精矿加料速度为22.9t/h时，烟气、烟尘温度降至473K需要释放能量1.349×10^{7}kJ/h，喷入一级急冷器的水温因此上升约12.9℃，一级急冷器出口水温约32.9℃。

B　冷却洗涤塔

经一级急冷器冷却后的烟气进入冷却洗涤塔，进一步净化并冷却到35℃以下。该洗涤塔为竖圆型容器，塔的下端浸入水中，为顶部入气和底部出气，通过喷嘴系统把水喷到洗涤塔的烟气中。冷却洗涤塔和一级急冷器的结构相同，为逆流式中空洗涤塔。两者区别为一级急冷器只设置一层喷淋喷嘴，喷入的水滴较大，以迅速降低烟气温度为主要目的。冷却洗涤塔中设置了三层喷淋喷嘴，喷出的水滴较小，且喷嘴的布置由下向上逐层增多。

这种多级喷淋洗涤塔，从除尘原理上更接近漏塔洗涤塔，采用多级喷头形成多层水气，进而加强粉尘粒子的凝并、沉降、收集，高效完成烟气的除尘、降温、净化，除尘效率大于30%，对烟气中水溶性污染物的去除率大于90%。即便烟气中有SO_2，经过一级急冷器和冷却洗涤塔后，烟气中的SO_2也将溶于水中而被除去。

平均烟气处理量（标态）：7000m^3/h；

设计供水量：150m^3/h；

入口水温：20℃；

入口烟气温度：不超过200℃，取473K计算；

出口烟气温度：不超过35℃，取300K计算。

计算时暂不考虑一级急冷器烟尘去除率，通过上式计算得出当钛精矿加料速度为22.9t/h时，烟气、烟尘温度降至300K需要释放能量1.318×10^{6}kJ/h，喷入冷却洗涤塔的水温度上升约2.1℃，出口水温约22.1℃。冷却喷淋塔结构如图4-23所示。

涤气机是用于净化易燃易爆烟气的处理工艺设备，所有涤气系统的基本收集机理均为惯性碰撞，颗粒粒径越大惯性碰撞作用越大，涤气系统的除尘效率越高；但是随着颗粒直径迅速降低到亚微米范围，颗粒的碰撞作用迅速失效。为克服这一局限性，可以通过促进冷凝、增大液滴与颗粒的相对流速，以及减小水滴直径三种方式来提高亚微米固体颗粒的收集效率。

Theisen涤气机是整个DC炉烟气净化工艺的核心设备，是Theisen公司专利技术设备，具有与文氏管除尘器相媲美的高效除尘效率，其占地小、能耗低。Theisen公司资料显示，其涤气机除尘效率可以达到99.99%。涤气机洗涤水通过三个入口注入涤气机内，烟气沿轴向进入涤气机，转子和定子安装在转轴上，旋转冲击杆安装在载体盘上，由于转子杆旋转的离心力，烟气和水混合气流逆向通过固定冲击杆，并产生撞击，水被撞击成极细小的水雾，水雾对气流中的粉尘颗粒产生包裹，增加了颗粒的重力及凝并效果。由于离心力的存在，烟气和洗涤水被甩到固定冲击杆上，水滴进一步雾化，使含尘气流在涤气机内进行充分水浴混合，大大增加了尘粒撞击到水滴并黏附其上的概率，尘粒进而黏附、相互凝聚使烟气得到净化。

Theisen涤气机具有以下特点：

（1）冷凝效果好。烟气通过急冷器和洗涤塔进行二级冷却后，烟气进入涤气机前温度降低至35℃以下，烟气中的水蒸气在此过程中冷凝在亚微米颗粒的表面，使颗粒粒径增大，提高了烟尘的去除效率。

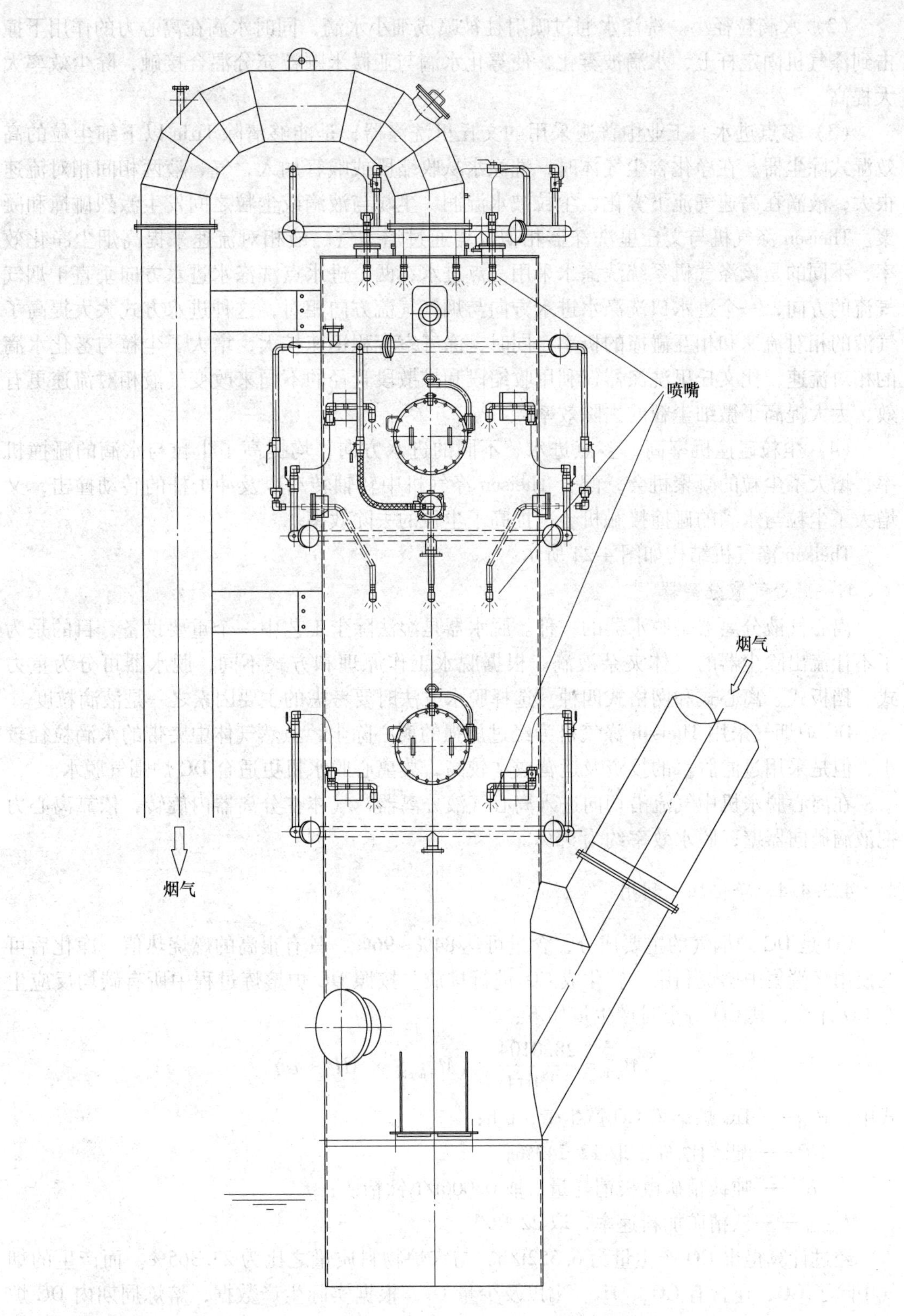

图 4-23　冷却喷淋塔结构

（2）水滴粒径小。洗涤水通过喷射柱被喷成细小水滴，同时水滴在离心力的作用下撞击到涤气机固定杆上，水滴被雾化，使雾化水滴与亚微米颗粒充分混合接触，除尘效率大大提高。

（3）多点进水。工业中普遍采用的文丘里洗涤器，是能够清除 1μm 以下细尘粒的高效湿式除尘器。在净化含尘气体时，洗涤水从收缩段或喉管加入，气、液两相间相对流速很大，液滴在高速气流下雾化，尘粒被水湿润，尘粒与液滴或尘粒之间发生激烈碰撞和凝聚。Theisen 涤气机与文丘里洗涤器相似，均通过增大气、液相对流速来提高烟尘净化效率，不同的是该涤气机系统洗涤水采用三点进水，两个进水点洗涤水进水方向垂直于烟气气流的方向，一个进水口洗涤水进水方向与烟气气流方向相对，这种进水方式大大提高了气液的相对流速和相互碰撞的机率；同时，涤气室容积迅速扩大，增大了尘粒与雾化水滴的相对流速，比文丘里洗涤器仅利用收缩段和扩散段管径的不同来改变气液相对流速更有效，大大提高了微细尘粒的去除效率。

（4）尘粒碰撞机率高。多点进水、不同的进水方向，均提高了尘粒与水滴的碰撞机率，增大了尘粒的凝聚机会，配合 Theisen 涤气机中转轴转动以及冲击杆的转动撞击，又增大了尘粒与水滴的碰撞接触机会，提高了尘粒的去除效率。

Theisen 涤气机结构如图 4-24 所示。

C 离心气液分离器

离心气液分离器是脱水器的一种。脱水器是湿法除尘工艺中一个重要设备，目的是为了不让流出除尘器的气体夹杂液滴。根据脱水工作原理和方式不同，脱水器可分为重力式、挡板式、离心式和网格式四种。选择脱水方法时要考虑的主要因素之一是液滴粒度。

DC 炉烟气采用 Theisen 涤气机为经过加强的离心除尘，虽然气体中夹带的水滴粒径较小，但是采用过滤脱水的投资及运营成本较高，故离心脱水机更适合 DC 炉烟气脱水。

在离心脱水机中气流沿切向进入离心气液分离器，气体在分离器内旋转，依靠离心力把液滴抛向器壁，脱水效率约为 95%。

4.3.4.4 净化烟气利用

CO 是 DC 炉烟气的主要成分，含量可达 84%~96%，具有很高的燃烧热值，净化后可在使用终端集中燃烧利用，转化成 CO_2 进行排放。按照 DC 炉熔炼过程中所有碳均反应生产 CO 计算，其 CO 每小时产生量如下：

$$M_{CO} = \frac{28.0104}{12.011} \times (M_{ilmenite} \times AIP + \alpha)$$

式中 M_{CO}——DC 炉熔炼 CO 产生量，t/h；

AIP——配碳比，%，取 12.243%；

α——吨钛精矿电极消耗量，取 0.006t/t 钛精矿；

$M_{ilmenite}$——钛精矿加料速率，取 22.9t/h。

经过计算得出 CO 产生量为 6.552t/h，与入炉物料质量之比为 23.365%。而产生的烟气中除了 CO，还含有 CO_2、H_2、N_2 以及少量 O_2，根据实际生产数据，熔炼周期内 DC 炉产生的烟气质量约是入炉物料总量的 24.093%。

钛渣冶炼过程中烟气作为产品之一，如有效加以综合利用，不仅可以改变钛渣冶炼烟

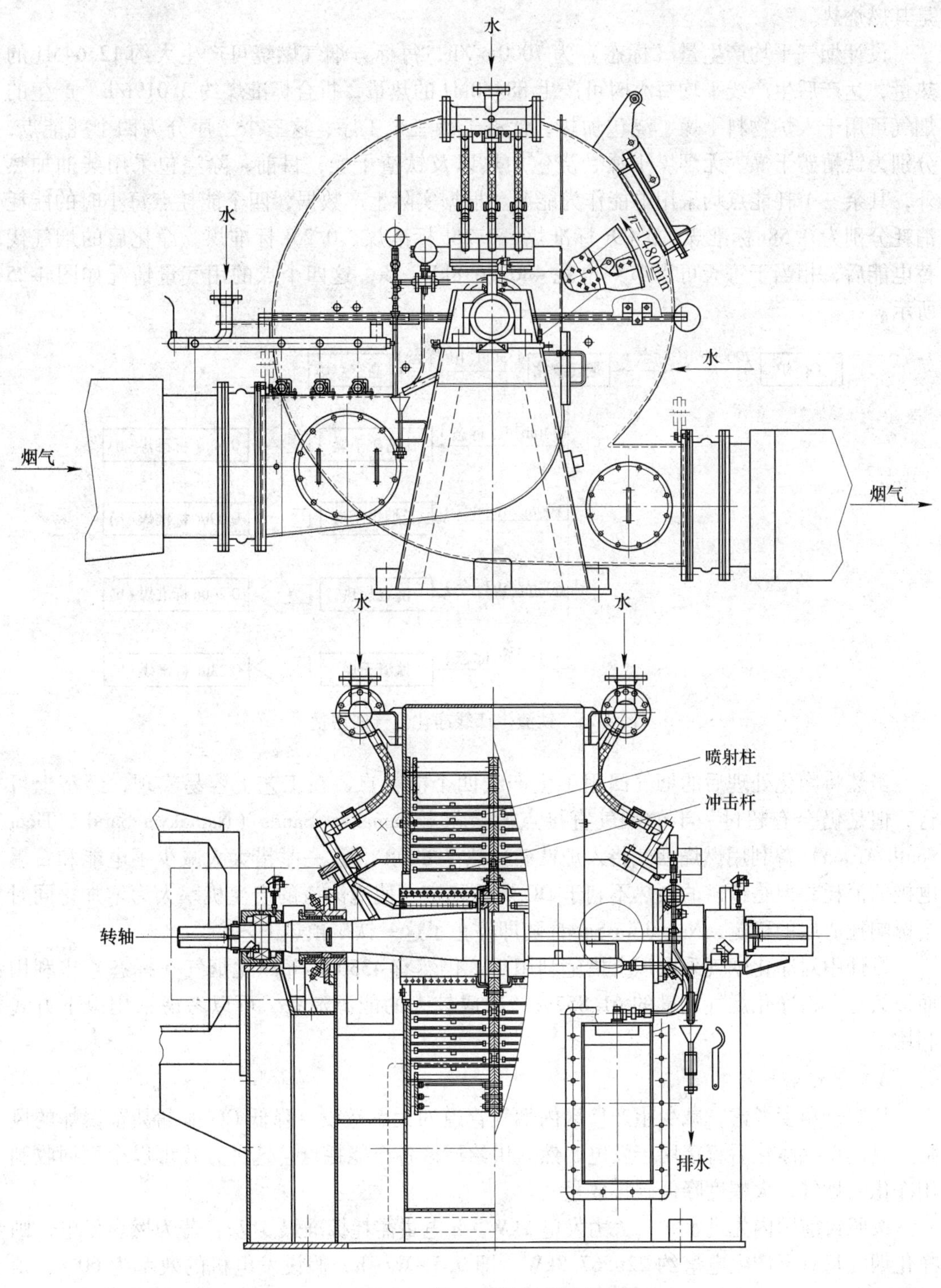

图 4-24　Theisen 涤气机结构

气燃烧直接排放的现状，还可以降低生产的能耗。DC 炉排出的烟气温度极高，但受目前技术方面的限制，尚无法利用高温烟气的显热；而烟气具有经济效益、更便于综合利用的是其燃烧热。

设计烟气平均产生量（标态）为 7000m³/h，每标方烟气燃烧可产生大约 12.64MJ 的热量，达产后生产线平均每小时可产生 88480MJ 的热量，折合标准煤约 3.019t/h。产生的烟气可用于入炉物料干燥、浇包加热、钛渣干燥三个工序，这三个工序分为四个耗能点，分别为钛精矿干燥、无烟煤干燥、浇包加热以及钛渣干燥，目前，除浇包采用柴油加热外，其余三个耗能点均采用电能作为能源。根据实际生产数据，四个能耗点每小时的能耗消耗分别为 0.58t 标准煤、0.09t 标准煤、0.26t 标准煤、0.23t 标准煤。净化后的烟气代替电能后，相当于每天可以节约电耗 480276.8kW · h，这四个点的用气量情况如图 4-25 所示。

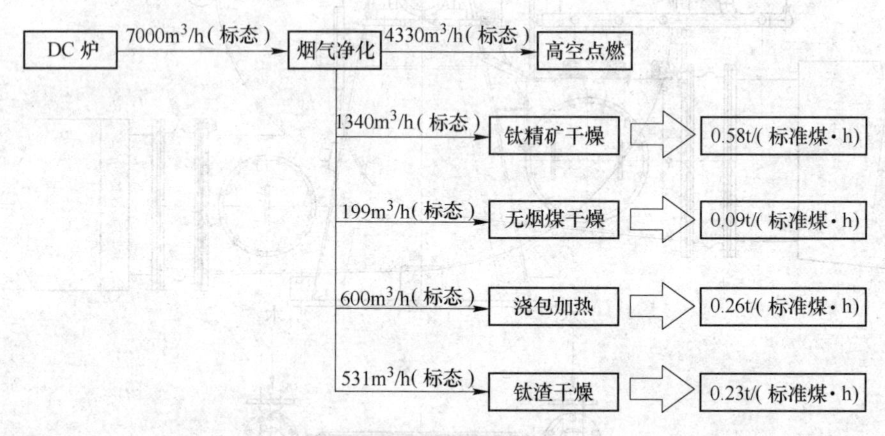

图 4-25　钛渣生产线净化烟气回用量

虽然将净化处理后的烟气回用于生产线四个能耗点，在工艺上容易实现，经济上可行，但是仍会有超过一半的烟气直接点燃放散。Namakwa Sands（Namakwa Sands，Ticor South Africa）曾利用燃烧烟气将入炉钛矿预热至 880℃，这一举措大大减少了电能和石墨电极的消耗，但是钛矿的预热不利于 DC 炉的稳定，使泡沫渣的产生机率大为增加，同时会影响挂渣层的稳定，Namakwa Sands 随即停止了这一钛矿预热工艺。

设计中对净化烟气采取以上措施利用后，仍然有 4330m³/h 净化烟气（标态）未利用而被放空，占净化烟气总量的 61.857%，造成较大的能源浪费，可以考虑采用以下方式利用。

A　净化烟气发电

从安全角度考虑，减少生产厂区内烟气管道的大量敷设，降低 CO 泄漏甚至爆炸的风险，提倡烟气净化后直接用于发电，然后供给厂区各个能耗点，这种方式可以全面回收利用净化的烟气，大幅度降低碳排放量。

按照目前国内先进水平，火力发电 1kW · h 电量需耗标准煤 317g，若为燃煤发电，则净化烟气每日可产生电量约 228567.8kW，即 9.5MW · h，假设发电机的效率为 60%，则需要配套装机容量为 16MW 的发电站。

发电站每年可发电 68570.34MW，电费按照每千瓦时 0.50 元计算，利用净化烟气每年可节约电费支出 3428.517 万元，同时减少二氧化碳排放量约 70588t/a，对企业的节能减排具有重要的意义。

B 城镇居民用管道煤气供给

净化后的烟气是良好的燃料，在天然气资源贫乏的云南地区是很好的替代品。按照每户每月天然气消耗 $50m^3$ 计算，DC 炉产生的烟气可供 87360 居民使用。配合市政燃气管道建设，可有效利用资源，并给城镇居民生活提供便利。

对比上述两个利用方案，净化烟气发电更能满足 DC 炉高能耗的需求，且一次性投资少，日常管理运行简单。合理利用净化烟气的热能，可转变电炉钛渣生产中高消耗、高污染、低效益的生产方式。

4.3.4.5 DC炉熔炼酸溶渣工艺控制

以上研究主要是针对 DC 炉冶炼氯化法用钛渣，硫酸法钛白粉生产工艺虽然具有诸多缺点，但技术成熟、投资较低，在一定时期内仍然占有重要的市场地位，而 DC 炉设计时并未考虑酸溶渣市场需求。为了拓展 DC 炉钛渣产品的运用范围，更好地适应市场需求，下面研究利用 DC 炉直接生产酸溶渣，分析钛渣产品用于硫酸法钛白粉生产的可行性。

以钛渣为原料生产硫酸法钛白粉是采用热的浓硫酸分解钛渣，钛渣的主要成分为 TiO_2 以及少量杂质，如 FeO、MgO、CaO 等，钛渣中的二氧化钛与硫酸发生酸解反应，酸解过程主要反应式如下：

$$TiO_2+2H_2SO_4 \longrightarrow Ti(SO_4)_2+2H_2O+Q$$

$$TiO_2+H_2SO_4 \longrightarrow TiOSO_4+H_2O+24.45kJ$$

$$FeO+2H_2SO_4 \longrightarrow FeSO_4+H_2O+121.45kJ$$

直接制得钛液后，再经钛液水解、过滤、煅烧后制得钛白粉。溶液中可溶性钛总量（以 TiO_2 计）占所投钛渣中所含钛总量（以 TiO_2 计）的百分比，称为酸解率。生产中，酸解是生产钛白粉的最初工序，也是重要工序。钛渣酸解率的高低直接影响到二氧化钛的回收和利用，根据反应，以酸溶渣为钛白粉生产的原料可以降低硫酸消耗、提高 TiO_2 的回收率、能耗低、废弃物产生少，钛渣中不含 Fe^{3+}，不影响水解过程及钛白粉的品质，并大大缩短工艺流程。

A 试验原料及方法

根据中华人民共和国黑色冶金行业标准 YB/T 5285—2007《酸溶性钛渣》，用于生产硫酸法钛白粉的酸溶渣的粒度小于 841μm 粒级的应不小于 95%，水分应不大于 1.0%，同时化学成分需要满足表 4-17 的标准。

表 4-17 酸溶渣化学成分组成（质量分数） (%)

牌号	总钛（以 TiO_2 计）	低价钛（以 Ti_2O_3 计）	FeO	S	P
TZ74	72.0~76.0	≤18.0	≤7.0	≤0.12	≤0.02
TZ78	76.0~80.0	≤20.0	≤10.0	≤0.12	≤0.02
TZ80	> 80.0	≤20.0	≤12.0	≤0.10	≤0.02

DC 炉工艺生产的钛渣含水量低于 0.3%，粒径在 $106\mu m \leqslant \phi \leqslant 850\mu m$ 范围内的钛渣量不低于总量的 80%，粒径为 $\phi \leqslant 106\mu m$ 的钛渣不超过总量的 20%。熔炼周期内钛渣中各成分质量分数如图 4-26 所示。杂质成分 MgO 和 CaO 在熔炼周期内含量变化如图 4-27、图 4-28 所示。

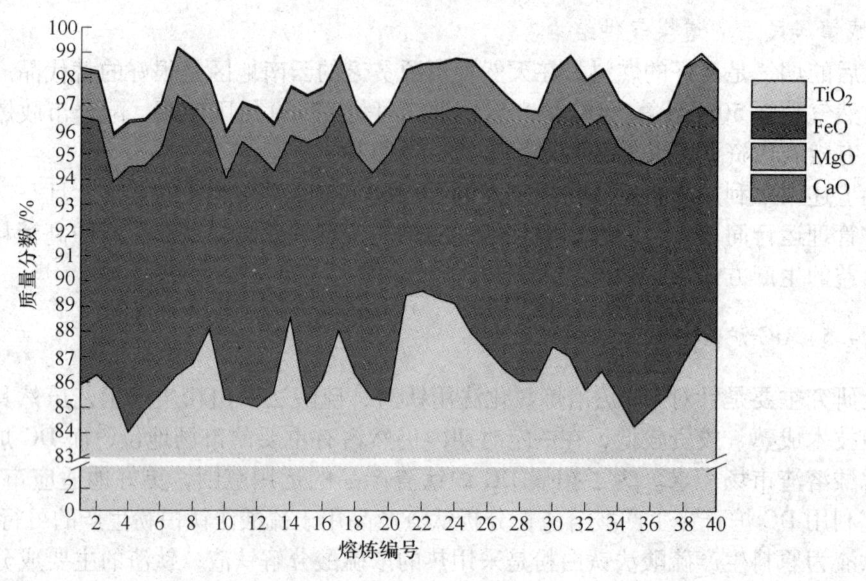

图 4-26　钛渣中各成分含量

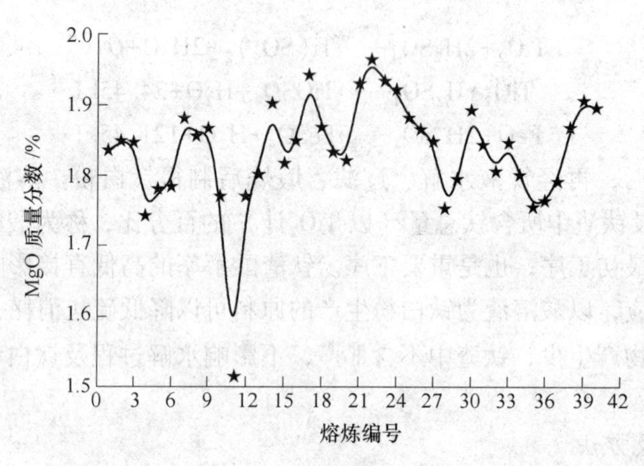

图 4-27　钛渣中 MgO 含量变化

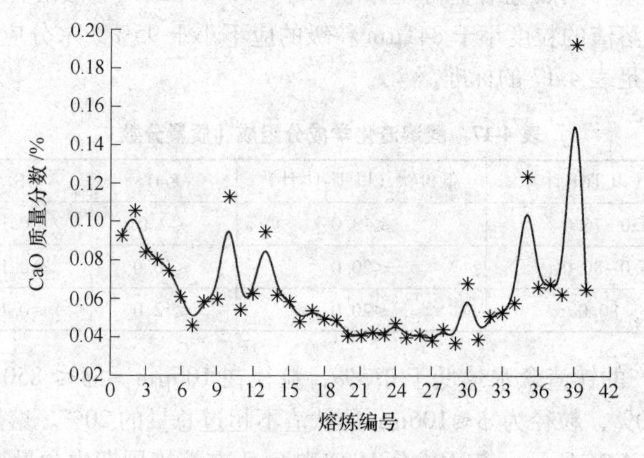

图 4-28　钛渣中 CaO 含量变化

生产的钛渣中基本不含有杂质 S 和 P，对照表 4-17，钛渣的粒径指标基本满足指标要求，化学成分、水分含量指标均能够达到酸溶渣标准的要求。图 4-26 为该熔炼周期内产品钛渣与外购酸溶性钛渣的 XRD 比较，可以看出两者物相组成极为相似，可以认为 DC 炉熔炼生产的钛渣能够满足硫酸法钛白粉生产的要求。

用于硫酸法钛白粉生产的钛渣除应满足以上行业标准要求外，各生产厂家还以钛渣的酸解率高低为指标来确定原料用于自身生产工艺的适用性。为验证 DC 炉熔炼钛渣是否能够满足硫酸法钛白粉生产的要求，从熔炼周期内生产的产品钛渣中随机取样作为原料，以 98%浓硫酸作为试剂，测定钛渣的酸解率。

张树立、薛鑫等以攀枝花钢铁公司高炉炼铁产出的含钛高炉渣为试验原料，研究原料粒度、酸渣比、硫酸浓度、酸解时间、熟化时间、熟化温度、浸取时间、浸取温度、浸取浓度对含钛高炉渣酸解率的影响。

实验室模拟硫酸法钛白粉生产过程中，原料粒度、熟化时间、熟化温度、浸取时间、浸取温度、浸取浓度均以钛白粉厂家实际生产经验设定，试验主要测定在不同的酸解时间、酸解温度、酸渣比三个因素下钛渣的酸解率，以确定该钛渣用于硫酸法钛白粉生产的可行性。设定酸解试验反应控制条件，条件如下：

反应温度 H：160℃、180℃、200℃。

反应时间 T_R：5min、15min、25min。

酸渣比 k（硫酸质量与钛渣质量之比）：根据二氧化钛的反应，二氧化钛与硫酸的理论酸比值为 1∶1.226~1∶2.453；按照钛渣品位为 90%计算（假设其他物质不参加酸解反应），为 1∶1.103~1∶2.208，取酸渣比为 1.4∶1、1.8∶1、2.2∶1。

粒径：DC 炉生产的钛渣粒径 80%为 106~850μm，采用 325 目筛下钛渣（$\phi \leqslant 44\mu m$）。

根据上述条件设计正交试验，测定钛渣酸解率，具体试验步骤如下：

（1）渣样预热。将称量好的钛渣加入三口容量瓶中，电热套加热至 100℃左右。

（2）酸解反应。加入称量好的浓度为 98%的浓硫酸，浓硫酸和钛渣发生酸解反应，同时进行搅拌并加热。钛渣与浓硫酸在容量瓶中剧烈反应，呈沸腾状，并产生大量的烟，容量瓶内温度迅速升至 200℃。酸解反应后期物料逐渐固化，搅拌变得困难，如图 4-29 所示。

图 4-29 酸解反应后期物料发生固化

（3）熟化。酸解反应后，将反应物后保温静置2h进行熟化，熟化温度为200℃。由于熟化过程容量瓶内物料固化严重，故而不需要进行搅拌，如图4-30所示。

图4-30　熟化过程物料固化

（4）浸出。熟化后缓慢冷却至80℃，加水进行浸出（2h），浸出时进行搅拌有利于钛离子溶出；加水量需要没过固体表面，量取蒸馏水200mL加入容量瓶。

（5）取量。浸出后的溶液充分搅拌后，取溶液20mL进行固、液分离。

（6）固、液分离。过滤，进行固、液分离。

（7）干燥分析。对固体分离后的残渣和钛液分别测定 TiO_2 含量。酸解率测定试验流程如图4-31所示。

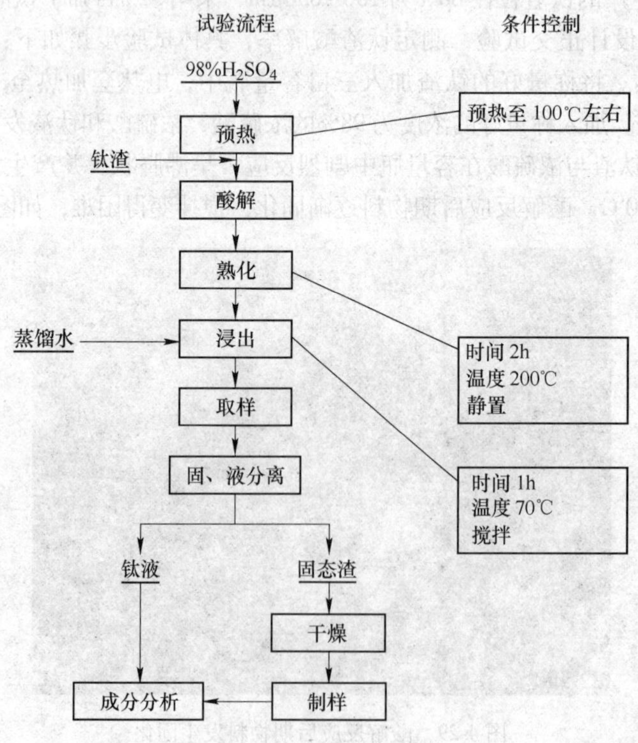

图4-31　酸解率测定试验流程

B 试验及结果分析

试验采用正交试验方法，试验分九组，选出适宜条件后做综合试验。钛渣试验中固定条件有：粒径 $\phi \leqslant 44\mu m$ 的钛渣每组 50g，熟化温度 200℃，投料温度 100℃，浸取温度 80℃，正交因素水平见表 4-18，正交试验见表 4-19。

表 4-18 正交变量表

因 素	条件 1	条件 2	条件 3
渣酸比	1 : 1.4	1 : 1.8	1 : 1.9
酸解时间/min	5	15	25
酸解温度/℃	160	180	200

表 4-19 正交试验表

实验组	酸解时间/min	酸解温度/℃	渣酸比	酸解率/%
1	A1 (5)	B1 (160)	C1 (1.4)	90.258
2	A1 (5)	B2 (180)	C2 (1.8)	90.196
3	A1 (5)	B3 (200)	C3 (2.2)	89.443
4	A2 (15)	B1 (160)	C3 (2.2)	91.73
5	A2 (15)	B2 (180)	C1 (1.4)	91.29
6	A2 (15)	B3 (200)	C2 (1.8)	89.93
7	A3 (25)	B1 (160)	C2 (1.8)	92.399
8	A3 (25)	B2 (180)	C3 (2.2)	91.839
9	A3 (25)	B3 (200)	C1 (1.4)	89.937
T1	269.897	274.387	271.485	
T2	272.95	273.325	272.525	
T3	274.175	269.31	273.012	
m1	89.96567	91.46233	90.495	
m2	90.98333	91.10833	90.84167	
m3	91.39167	89.77	91.004	
	1.426	1.692333	0.509	

钛渣酸解率随着酸解反应时间变长而增大，15min 前酸解率变化较快，酸解规模条件下，15min 时钛渣已经达到很高的酸解固化程度，酸解反应的搅拌随即失去促进酸解反应的作用。酸解初期产生大量白烟，反应剧烈时容器会发生振动，反应释放大量的热，温度可迅速升高至 200℃（最高 220℃），所以，酸解反应时间以 15min 为宜，酸解反应时间继续增加只是变相增加了钛渣的熟化时间。

钛渣酸解率随酸解加热温度的增加反而降低，见图 4-32。根据硫酸法钛白粉生产的相关资料，钛渣酸解过程是放热反应，但是酸解反应存在一个诱发温度，当酸解反应的温度达到诱发温度时，反应即可自发进行，不需要一直加热。根据相关实际生产情况，试验设定了3个温度，即160℃、180℃和200℃。试验结果发现，酸解加热温度在160℃时即可引发钛渣的酸解反应，继续提高酸解加热温度不仅不能提高钛渣的酸解率，还造成了大量能源的浪费。

钛渣酸解率与浓硫酸的用量成正比，当硫酸的用量增加到一定程度后，钛渣酸解率的变化趋缓。根据试验得到的酸解率结果（图4-33），从实际生产节约硫酸消耗量的角度出发，酸渣比为1.8时，钛渣酸解率达到一个较高水平，硫酸的用量较为合理。

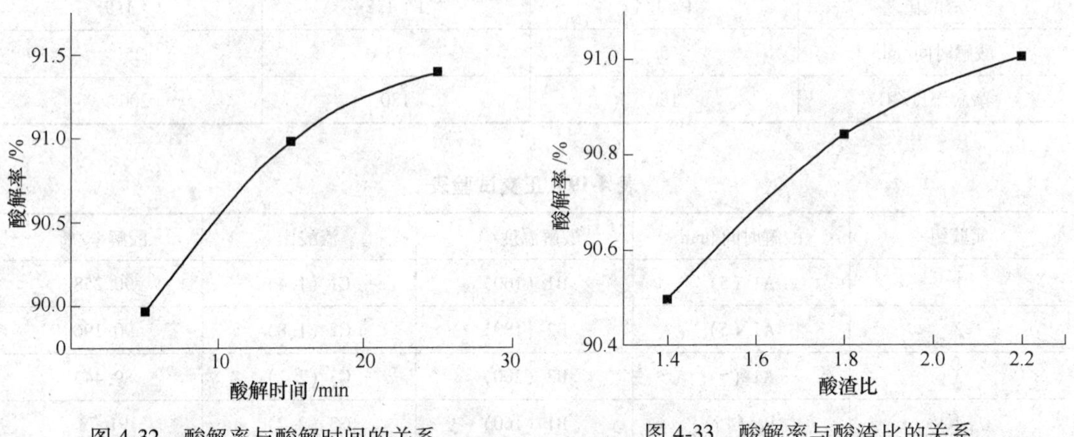

图4-32 酸解率与酸解时间的关系

图4-33 酸解率与酸渣比的关系

根据相关实际生产经验以及文献资料，影响钛渣酸解率的因素还包括钛渣粒度、硫酸浓度、熟化时间、酸度系数以及浸出搅拌速率等，具体分析如下。

搅拌速率。由于在试验模拟条件下，钛渣用量较少，充分搅拌较易实现，故对试验结果影响不大，只有在实际生产中存在搅拌死角时才会影响钛的酸解率。

钛渣粒度。试验是以实际钛白粉固相硫酸法生产为模拟对象，硫酸法钛白粉实际生产中要求钛渣粒度为0.048 mm≤ϕ≤0.075 mm，故试验采用的是325目筛下钛渣。

硫酸浓度。硫酸浓度对钛白粉生产过程酸解反应有影响，目前普遍采用固相法生产钛白粉，即采用浓硫酸与钛渣或钛矿反应得到固相产物。实际生产采用92%~95%的硫酸，试验采用98%的浓硫酸。

熟化时间。熟化时间的长短与生产过程反应器的容积大小有关，反应器容积大，加料多，需要的熟化时间就长；反之熟化时间短。生产过程熟化时间因反应器容积不同，熟化时间从1.5~11h不等。在试验过程设定条件下，得到的酸解率见表4-20。

表4-20 酸解率与熟化时间的关系

序 号	熟化时间/min	熟化温度/℃	钛渣酸解率/%
1	30	200	80.17
2	90	200	89.78
3	120	200	92.33
4	150	200	92.4

以表4-20为基础，绘制熟化时间与酸解率关系图，如图4-34所示。可以看出，熟化

时间少于2h时，酸解率变化较大，从80.17%增加到92.33%；当2h时，酸解率达到92.33%；之后熟化时间增加30min，但酸解率仅增加了0.07%，所以，熟化时间以2h为宜。

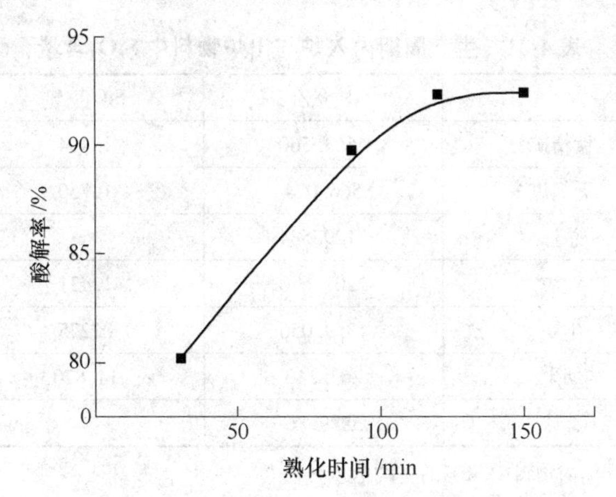

图4-34 酸解率与熟化时间的关系

酸度系数。在酸解产物浸取所得的钛液中，硫酸主要以三种不同的形态存在，即与钛结合的酸、与其他金属结合的酸和游离酸（未被结合的酸）。游离酸及与钛结合的酸的总和称为有效酸，有效酸与钛盐之间的浓度关系一般用酸度系数F（又称酸比值）来表达。

F=有效酸含量/钛盐中TiO_2含量=（与钛结合的酸量+游离酸量）/总TiO_2含量

生产中一般控制酸比值$F=1.7\sim2.1$。

酸度系数只在钛白粉实际生产中有作用。

通过以上试验，钛渣酸解试验的适宜工艺条件如下：

酸解反应时间：15min。

酸渣比：1.8∶1。

酸解反应温度：160℃。

熟化时间：120min。

上述条件下钛渣四次试验得到的酸解率平均值为92.472%，优于正交试验得到的酸解率试验结果。

4.3.4.6 工艺控制

为进一步提高产品钛渣的酸解率，使其更符合硫酸法钛白粉工艺的要求，对DC炉工艺进行一定调整。

A 原料控制

DC炉工艺设计是以生产氯化渣为主，即钛渣用于氯化法生产四氯化钛，氯化法生产过程中主要需要控制的杂质成分为MgO、CaO。当钛渣中MgO和CaO含量较高时，氯化反应产生的$MgCl_2$和$CaCl_2$使氯化过程炉料黏结，造成排渣困难，且使沸腾氯化难于进行，同时原料具有非铁杂质含量低的特点，入炉钛精矿中的SiO_2含量较低，所以，在DC炉实际生产中并未对钛渣的SiO_2含量进行检验及控制。

酸解试验中，随机抽取的钛渣中 SiO_2 含量为 1.431%，含量较高的主要原因是直流电弧炉熔炼选用的还原剂无烟煤中含有一定 SiO_2。钛渣对钛精矿及无烟煤中的 SiO_2 进行了富集，造成产品钛渣 SiO_2 含量高，生产周期内，入炉物料及产出物料情况见表 4-21。

表 4-21　生产周期内入炉与出炉物料中 SiO_2 含量

物料		质量/t	SiO_2^*/%	SiO_2 质量/t
入炉物料	钛精矿	4563.560	1.404	64.072
	无烟煤	566.024	1.730	9.792
	总计	5129.584		73.865
出炉物料	钛渣	2207.670	1.431	31.592
	生铁	1359.050	0.225	3.058
	烟尘	263.140	14.870	39.129
	总计	3829.86		73.779

注：* 标注的值为生产周期内物料中 SiO_2 的平均值。

DC 炉生产的钛渣 SiO_2 含量达不到硫酸法钛白粉厂对原料杂质 $SiO_2<1\%$ 的要求，从表 4-21 中可以看出，降低入炉物料中 SiO_2 的含量是降低产品钛渣 SiO_2 含量最直接的办法。根据表 4-21 的生产数据，建立的钛渣 SiO_2 含量经验计算公式如下：

$$S_{SI} = a \cdot (m_{Ⅱ} S_{Ⅱ} + m_{An} S_{An}) - b \cdot m_{il} S_{Fe} - c \cdot S_D \cdot (m_{Ⅱ} + m_{An})$$

式中　S_{SI}——钛渣 SiO_2 含量，%；

$S_{Ⅱ}$——钛精矿 SiO_2 含量，%；

S_{An}——无烟煤 SiO_2 含量，%；

S_D——烟尘 SiO_2 含量，%；

$m_{Ⅱ}$——钛精矿加料量，t；

m_{An}——无烟煤加料量，t；

a，b，c——生产经验常数，分别为 99.884%、29.780%、5.307%。

基于熔炼对杂质的富集作用，以表 4-21 的数据为基础，钛精矿 SiO_2 含量不变，将无烟煤中 SiO_2 含量降低 0.5%，其他物料中 SiO_2 含量均不变，根据上式计算出的产品钛渣 SiO_2 含量降低至约 1.303%，仍达不到硫酸法钛白粉生产的要求。但是由于钛精矿和无烟煤中 SiO_2 含量已经处于较低水平，控制原料中 SiO_2 的含量，并不能彻底改变钛渣中 SiO_2 高这一问题，故只能改善钛渣的品质。

B　熔炼条件控制

钛渣中 FeO 的存在有利于硫酸法钛白粉的生产，而 DC 炉熔炼钛渣主要是将钛精矿中铁的氧化物还原为铁，所以，铁氧化物的还原程度可以通过分别调整直流电弧炉物料排渣时间、配料比等进行控制，使其不被完全还原。DC 炉生产过程中 3~3.5h 排渣、铁一次，缩短排渣时间可以使铁氧化物还原时间缩短；但由于铁的氧化物是逐级被还原的，在渣池中的动力学较为复杂，为避免不利于硫酸法钛白粉生产的 Fe_3O_4 的生成，故不能简单地依靠缩短排渣时间来控制钛渣品质。

在排渣时间一定的情况下，可调整配料比，即入炉钛精矿与无烟煤的质量比值，通过还原熔炼物料来平衡控制钛渣的还原度。直流电弧炉还原熔炼钛渣过程中，配料比是影响钛渣品质的主要变量之一，也是工业生产中容易实现的控制手段，在大致相同的熔炼温度下，不同的配料比，得到的钛渣产品的 TiO_2 含量不同。控制生产的 FeO 量可以用下面两个反应方程式来衡量：

$$Fe_2O_3+3C \xlongequal{} 2Fe+3CO$$

$$Fe_2O_3+C \xlongequal{} 2FeO+CO$$

按照入炉钛精矿 1t，AIP 为 12.243%，无烟煤 C 含量为 89.616%进行计算，根据表 4-21 的钛精矿物料成分，Fe_2O_3的含量为 12.366%。当钛精矿中的 Fe_2O_3全部还原为 Fe 时，需要消耗无烟煤 31.136kg；若 Fe_2O_3全部还原为 FeO，则只需消耗无烟煤 10.379kg，这意味着生产过程降低入炉无烟煤的量至 101.673kg 左右时，炉内反应为缺碳状态，Fe_2O_3无法被还原为 Fe。以 DC 炉达到设计年产量 8×10^4t/a 计算，若 DC 炉转换生产制度生产酸溶渣，则可以节约无烟煤约 3430.91t/a。

在前面已经分析，当 AIP 改变时，DC 炉的输入功率必须随之进行相应的调整。假定钛渣中其他成分不变，烟尘及烟气成分也不变化，当钛渣中 FeO 含量达到 12%时，每吨钛精矿熔炼生产钛渣消耗的热量可减少至 1520.268kW，即每吨钛精矿熔炼酸溶渣较熔炼氯化渣输入能量低 6.229kW，每吨酸溶渣能量消耗可降低 12.870kW。

由于 DC 炉熔炼过程动力学原理复杂多变，实际生产中吨渣能耗应该大幅度低于上面计算的数值，这一点可以通过将 AIP 调整至 10.167%，输入功率以 0.2MW · h 降低进行调整，以寻求生产酸溶渣的适宜工艺条件。

C 钛渣冷却控制

TiO_2有三种晶型结构，分别为锐钛型、板钛型和金红石型，这三种结构中以金红石型 TiO_2最稳定，在温度较高时，前两者将自发地转变为金红石型。一般认为，在大气中，非纳米级锐钛型 TiO_2在 610℃时开始向金红石型转变，915℃可以完全转化为金红石型。金红石型 TiO_2结构致密，有较高的硬度、密度等，不溶于浓硫酸，金红石型 TiO_2含量高会降低钛渣的酸解率以及 TiO_2的回收率，造成资源浪费。

从 DC 炉出渣口排出的钛渣进入渣包，自然冷却 24h，然后送至冷却场喷水冷却 96h，相关文献表明，钛渣自然风冷 96h 后，内部仍然有未凝固的液态渣，破碎成块后，温度较高。在这一条件下，破碎后的钛渣与空气接触的表面积增大，表面会形成金红石型 TiO_2，所以产品钛渣中有一小部分 TiO_2为金红石型。可采用增加渣包自然冷却时间，使钛渣在渣包内尽量冷却固化来减少破碎后钛渣表面金红石型 TiO_2的产生。为减少钛渣冷却总的时间，一方面可以减少水冷的冷却时间，另一方面减少水冷时间也可减少冷却水的消耗量，降低钛渣冷却处理量成本。生产中可以使钛渣在渣包内自然冷却时间保持在 96h 以上，然后破碎后喷水冷却 24h。

D 渣处理控制

以钛铁矿为原料生产硫酸法钛白粉的中小型厂家一般控制原料粒度为 325 目（0.44mm）筛余 1%左右，大型酸解反应器粒度控制较粗，一般控制为 200 目（0.74mm）筛余 1%或 325 目筛余 20%左右。

在氯化渣生产中对粒度控制要求较高，要求产品钛渣中粒径在 0.106 ~0.85mm 粒级的物料比例不小于 80%。以大型酸解反应器粒度控制指标对比 DC 炉渣处理生产线的控制指标，产品钛渣粒度基本可以满足酸溶渣生产的要求。

DC 炉生产的钛渣，后续的渣处理破碎分级工艺较为复杂。经干燥的钛渣首先经过双层筛筛去粒径小于 2mm 的物料；粒径大于 2mm 的物料通过全封闭运输机运至闭路的 Loesche 二段圆锥破碎机进行磨碎、分级；粒径小于 2mm 的细粒级物料再在三层筛分机上筛分，筛去粒径小于 0. 85mm 的粒级；粒级经三层筛分机筛出的粒径大于 0. 85mm 的粗粒级物料也通过运输机运到磨碎机处。粒径小于 0. 85mm 粒级的均进入两段分级系统进行分级处理，得到粒径为 0. 106~0. 85mm 和粒径小于 0. 106mm 两个粒级的钛渣产品。生产酸溶渣时，从简化渣处理流程角度出发，干燥的钛渣可直接进入 Loesche 二段圆锥破碎机进行磨碎、分级，直至粒度小于 0. 44mm 的比例不低于 80%即可，可省掉双层筛分机和三层筛分机的使用，降低渣处理的设备运行费用。

4.4　电炉钛渣制备富钛料研究

电炉熔炼的钛渣，一般品位较低，常用作硫酸法生产钛白粉的原料。硫酸法生产钛白粉的主要弊端是废物排放量较大。据统计，每生产 1t 钛白粉要排出 20%左右的硫酸 8~10t、硫酸亚铁晶体 2. 5~3. 5t、酸性废水（5%以下）200t 左右、酸性废渣 500~600kg、废气 2×10^4~$4\times10^4m^3$，对环境污染相当严重。氯化法生产钛白粉不仅产品质量好，而且生产过程中“三废”少，容易治理，采用氯化法生产钛白粉，是社会和经济发展的必然趋势。由于电炉熔炼得到的钛渣品位较低，有必要对电炉熔炼钛渣进行研究，尽量提高其品位，满足氯化法生产钛白粉的需要。

4.4.1　电炉钛渣制备富钛料的研究现状

4.4.1.1　国外研究现状

根据文献记载，美国、挪威、俄罗斯都对电炉熔炼钛渣进行了富集与分离研究。

美国早在 1972 年就成功研究出一种用钛铁矿制备人造金红石的方法。钛铁矿先用煤或焦炭在电炉中还原成生铁和钛渣，钛渣经酸浸富集分离处理后所得的人造金红石中 TiO_2 含量为 94. 4%~96. 8%，钛的回收率为 77%~88%，钛铁矿中 90%以上的钛以人造金红石的形式回收。

20 世纪 80 年代中期，挪威对从钛铁矿冶炼出的含 TiO_2 75%的钛渣中制取人造金红石进行了系统的研究，主要杂质为 MgO、FeO、CaO 和 SiO_2。钛渣经分离后得到的人造金红石含 TiO_2 92%~94%，杂质含量和粒度均能满足流化床氯化的要求，在氯化性能上优于天然金红石。

1997 年，俄罗斯对钛磁铁矿精矿（含 40%铁、15%~17%二氧化钛）生产的钛渣制取人造金红石进行了研究。电炉冶炼钛磁铁矿精矿得到的钛渣二氧化钛含量为 55%~65%，比冶炼钛铁矿精矿低 20%~25%，由于钛渣中富含硅酸盐成分，因此直接按氯化法或硫酸法工艺生产钛白粉的效率都太低；由于渣的结晶非常细小、多相共存，冷却时产生的玻璃相使渣难以粉碎，各相间解离度小，因此选矿分离有很大的难度。俄罗斯冶金学者研究了用黑钛石型钛渣通过富集生产人造金红石的物理化学规律，最终分离得到的高钛渣含二氧化钛 85%~95%。另外，俄罗斯还对钒钛磁铁精矿进行了两步法冶炼高钛渣的工业规模试验，回转窑预还原的金属化率为 90%。在高功率密闭电炉加热经预还原的炉料冶炼出的钛渣含 $TiO_2$72%，经选矿分离后，得到富集的黑钛石产品含 TiO_2>92%，其他化学成分满足钛渣的技术标准，产品可用来生产 $TiCl_4$。

1982 年，Gerald W. Elger 等申请了专利，介绍了在 600~1100℃用 SO_3气体与钛渣反应，使钛渣中的碱土金属形成硫化物，然后用水浸除去硫化物，获得满足沸腾氯化所用的人造金红石的工艺。

20 世纪 90 年代，Michel Gueguin 等申请的专利介绍了用钛渣生产人造金红石的方法：先把钛渣在一定温度下与氯气反应，而后用盐酸浸出，获得可用于氯化生产钛白粉的人造金红石。

1999 年，J. P. VAN DYK 等人提出通过添加磷酸盐（如 P_2O_5）氧化钛渣，然后用 H_3PO_4浸出，使 TiO_2含量提高到 94%以上，TiO_2回收率可达 77%~88%。

2004 年，Jacobus Philippus Van Dyk 等提出用氧化—还原—酸浸的方法富集钛渣。在温度 700~950℃，氧化气氛中氧化钛渣 30min；然后在温度 700~950℃，还原气氛中还原氧化钛渣 5min；最后用盐酸或者硫酸浸出，可获得 TiO_2含量大于 90%的富钛料。

4.4.1.2 国内研究现状

20 世纪 90 年代，东北大学隋智通教授结合我国复合矿中赋存多种有价元素的资源特性，针对其选、冶后二次资源的综合利用，提出了“选择性析出技术”。基本技术思想是：1）创造适宜的物理化学条件，促使散布于各矿物相内的有价元素在化学位梯度的驱动下，选择性地转移并富集于设计的矿物相内，完成“选择性富集”；2）合理控制相关因素，促进富集相的“选择性析出与长大”；3）将处理后的改性渣经磨矿与分选，完成“富集相”的“选择性分离”。其技术路线是选择性富集→选择性析出与长大→选择性分离。

东北大学张力等人利用传统矿热炉还原制备的高钛渣，基于“选择性析出”的原理，通过预氧化、加入添加剂及高温热处理等改性手段，使黑钛石中绝大部分 TiO_2在化学位梯度的驱动下，选择性富集于金红石相，并析出与粗化。根据金红石不溶于稀盐酸，而渣中大部分杂质溶于稀酸的特性，用稀酸进行选择性分离。改性渣经酸浸分离后，产物为金红石，TiO_2含量可达到 95% 以上。

昆明冶金研究院针对攀钢院提供的电炉熔炼产出的酸溶性钛渣进行了试验研究，通过对其物相结构的分析研究和主要物相的合成，找到了改变物相组成的方法，使与钙镁结合的钛以 TiO_2形态结晶，钙镁杂质则生成玻璃相，然后经酸浸脱除一部分可溶的钙、镁，再用摇床重选脱除进入玻璃相、与金红石有一定比重差的那部分钙、镁，从而达到去除杂质和提高 TiO_2含量的目的。

昆明理工大学王延忠针对攀枝花地区的钛资源，提出了稀盐酸选择性浸出改性钛渣，采用矿酸比 1：2（g：mL），盐酸浓度 20%，反应温度 145℃，反应时间 7h，使 TiO_2含量由 73.87%提高到 91.2%，浸出渣杂质 CaO 和 MgO 的含量小于 1.5%。符合氯化法生产钛白粉原料的要求。

4.4.2 电炉钛渣的相组成和形成机理研究

电炉熔炼钛精矿生产钛渣主要是除去其中的铁，较难有效去除其他杂质，为提高钛渣

的 TiO_2 品位，需要对钛渣进一步加工、除杂，使之能满足氯化法生产钛白粉原料的要求。

钛渣的除杂主要取决于钛渣的物相结构，而钛渣的物相结构又随着还原剂的多少、熔炼温度的高低、出炉后的冷却温度和钛精矿的化学组成而变化。试验表明采用稀酸，在常压和高压条件下酸浸，可以除去部分 Fe、Mn 和 Al_2O_3，而 MgO、CaO 和 SiO_2 基本没有变化。要有效地去除大部分杂质，必须先对钛渣的物相结构进行分析研究，根据物相组成、物相中杂质的形成机理和物相的性质，寻求有效的除杂方法。

4.4.2.1 钛渣的物相组成

还原熔炼钛精矿制备钛渣，各氧化物的还原程度是根据还原剂的多少、温度的高低等条件而发生变化，从而选择性地除去一部分杂质，随着还原剂、熔炼温度和钛渣出炉后冷却温度的变化，钛渣的相组成也会发生变化。钛渣的基本组成是钛的各种氧化物，它们形成一系列复杂的固溶体，在钛精矿还原中得到的钛低价氧化物在钛渣中组成了地球自然界中不存在的新型化合物（人造钛酸盐）。钛渣中最具代表性的两个固溶体是白钛石（以 Ti_2O_3 为基础的固溶体）和黑钛石［以 Ti_3O_5（TiO、$2TiO_2$）］为基础的固溶体。

试验所用钛渣的化学成分分析结果见表 4-22，物相分析结果见表 4-23。

表 4-22 钛渣化学成分

成分	TiO_2	CaO	MgO	SiO_2	Al_2O_3	Fe	Mn
质量分数/%	86.37	<0.05	1.32	4.66	8.20	2.36	0.79

表 4-23 钛渣物相分析

成分	$TiO_{2锐钛矿}$	$TiO_{2金红石}$	Ti_3O_5	$(Mg, Fe)Ti_2O_5$	$Al_4Ti_2SiO_{12}$	$(Mg, Fe)_2SiO_4$	其他
质量分数/%	23.12	3.78	43.25	9.73	15.26	3.86	1.00

钛渣的物相结构基本为四相，即黑钛石固溶体、塔基石固溶体、硅酸盐玻璃体和游离的 TiO_2，黑钛石固溶体和硅酸盐玻璃体是主要物相。

4.4.2.2 影响钛渣物相组成的因素

A 还原剂对渣相组成的影响

还原钛精矿所需的用碳量可用下式计算：

$$配碳比 = \frac{实际用碳量}{参考用碳量}$$

实际用碳量：实际加入的碳量。

参考用碳量：把所有赤铁矿和钛分别还原成铁和 Ti_2O_3 所需的用碳量。

（1）当配碳比为 0~0.5 时，钛主要以 M_3O_5 形式存在，Ti^{4+} 被还原成 Ti^{3+}，FeO 基本被完全还原，其他杂质部分被还原；

（2）当配碳比为 0.5~1 时，钛稳定存在于 M_3O_5 相中，没有 M_2O_3 相生成；

（3）当配碳比为 1~2 时，M_2O_3 相较稳定，没有 TiO 相生成；

（4）当配碳比为 2~4 时，碳氧化物直接从 M_2O_3 相中形成。

B 温度对渣相组成的影响

根据 Fe-Ti-O 系相平衡关系，温度与相组成的关系归纳如下：

（1）温度大于600℃时，Fe_3O_4和Fe_2TiO_4按任意比例形成固溶体（立方晶系的尖晶石相）；

（2）温度大于950℃时，Fe_3O_4和$FeTiO_3$按任意比例形成固溶体（菱形晶系的α-固溶体相）；

（3）温度大于1100℃时，$FeTi_2O_5$和Fe_2TiO_5按任意比例形成固溶体（假板钛矿相）。

C 冷却温度对渣相的影响

在钛渣熔体出炉后的冷却结晶过程中，大部分钛的氧化物会与其他碱性较强的金属氧化物形成二钛酸盐（如 $FeO \cdot 2TiO_2$、$MgO \cdot 2TiO_2$、$MnO \cdot 2TiO_2$），或者与 $Al_2O_3 \cdot TiO_2$、Ti_3O_5等形成黑钛石固溶体，也形成少量偏钛酸盐（如 $FeO \cdot TiO_2$、$MgO \cdot TiO_2$、$MnO \cdot TiO_2$）；或者与 Al_2O_3、Ti_2O_3等形成塔基石固溶体，还有少量钛氧化物进入硅酸盐玻璃体中。另外，钛渣熔体在空气中冷却时，其中部分低价钛还会被氧化生成游离的 TiO_2，当这种氧化发生在温度高于 750℃时，氧化产物主要是金红石型 TiO_2。

4.4.2.3 电炉钛渣中杂质的形成机理

钛渣中的杂质是由于电炉熔炼钛精矿时，钛精矿中的杂质不能还原或不能完全被还原而富集于钛渣中形成的，钛精矿中的全部杂质可分为三类：

（1）对渣的成分没有影响的杂质，如 P、CO_2、H_2O 等，磷完全转入金属相中，而其余部分在熔炼过程中被除去；

（2）完全转入渣中的杂质，如 CaO、MgO、Al_2O_3等；

（3）部分被还原的杂质，它们在熔炼过程中分布在渣和生铁之间，这类杂质主要是 SiO_2、MnO 和 V_2O_5等氧化物。

在钛渣的还原熔炼过程中，金属氧化物的还原反应是在固相和熔体中进行的。当温度小于1500K 时，发生固相还原；当温度大于1500K 时，在熔体中发生还原反应，电炉还原熔炼钛渣的最高温度约为 2000K。CaO、MgO 和 Al_2O_3进行还原的开始温度分别为 2463K、2153K 和 2322K，由此可见，它们在还原熔炼钛渣的温度（2000K 左右）下不可能被还原而富集在钛渣中，成为钛渣的主要杂质元素。SiO_2、MnO 和 V_2O_5等氧化物，在还原熔炼钛渣的温度下会发生不同程度的还原，还原产物硅、锰和钒溶于金属铁相中，但这些杂质远比 FeO 和 TiO_2难还原，大部分杂质还是富集于钛渣中，成为钛渣的杂质元素。

4.4.2.4 钛渣中主要物相的性质

黑钛石不溶于 HCl、NaOH、H_3PO_4和冷 H_2SO_4，对王水、SnCl、HgCl 等试剂无反应，在热浓 H_2SO_4中被浸蚀分解，在 HF 中强烈反应。黑钛石中含有钛渣中大部分铁、镁、锰、钒和其他杂质，这种物相对无机酸本身具有惰性，直接采用酸浸法提纯是非常困难的，除非将其结构转化成用酸更容易浸出的物相。

钛渣中的硅酸盐玻璃体是钛渣中特有的相，是经过高温熔炼后产生的复杂产物（根据异质同构取代原理，SiO_2晶体空隙中的 Si 原子可被 Al 原子所置换，其他金属离子如 Fe^{2+}、

Mn^{2+}以及 Mg^{2+}，由于大小接近，故在这种间隙位置上可以彼此置换而无须改变晶格)，分布于黑钛石固溶体内部，在酸中不能被溶解。

锐钛型 TiO_2溶于煮沸的浓硫酸、硝酸和苛性碱中，金红石型 TiO_2不溶于硫酸，溶于苛性碱中。

4.4.3　电炉钛渣常压酸浸试验研究

盐酸能够高效浸出钛精矿中的 Al、Mg 和 Fe，达到提高钛品位的目的，但盐酸价格昂贵，经济上不合算。钛精矿经电炉熔炼，把钛精矿中的大部分铁分离除去，可以降低盐酸的消耗量，而且电炉熔炼工艺简单，副产品金属铁可以直接利用，不产生固体和液体废料，电炉煤气可以回收利用，"三废" 少，工厂占地面积小，是一种高效的冶炼方法。如果电炉钛渣采用盐酸浸出可以选择性的去除一部分杂质，把电炉钛渣制备成 TiO_2含量≥90%的富钛料，使之成为生产钛白粉的优质原料，且环境污染得到解决，则该工艺就具有较大意义。

前述分析中，介绍了盐酸浓度、反应温度、反应时间和反应液固比对选择性去除电炉钛渣中杂质的影响，试验证明，钛渣的物相结构复杂，直接采用盐酸去除电炉钛渣中的杂质效果不明显。

4.4.3.1　试验原料

A　电炉钛渣

采用云南某冶炼厂生产的钛渣，钛渣化学成分见表 4-24、物相分析见表 4-24，粒度分析见表 4-24。

从表 4-24 中可以看出，钛渣的主要杂质是 Al_2O_3、SiO_2，其次是 Fe、MgO、Mn，CaO+MgO 已小于 2.0%。

从表 4-24 中可以看出，锐钛型 TiO_2占 23.12%，金红石型占 3.78%，属黑钛石固熔体的 Ti_3O_5和 (Mg, Fe)Ti_2O_5占 52.98%，硅酸盐玻璃体有 $Al_4Ti_2SiO_{12}$和 (Mg, Fe)$_2SiO_4$占 19.12%，其中几乎结合了全部的 Al_2O_3和 SiO_2，结合了 8.25%的 TiO_2。

从表 4-24 的筛分结果可以看出，钛渣中-75 目粒级约占 75%，已处于较合适的沸腾氯化粒径范围，考虑到钛渣经过酸浸除杂后还要粉化，所以，决定对试料不再细磨，直接用于试验。

表 4-24　钛渣粒度筛分结果

网目	+75	-75~120	-120~160	-160~180	-180~200	-200	合计
粒度/mm	>0.186	0.186~0.121	0.121~0.096	0.096~0.083	0.083~0.074	<0.074	
占比/%	25.16	22.66	18.26	11.30	1.72	20.44	99.54

B　盐酸

分析纯，含量 36%~38%。

C　其他

滤纸及其他辅助材料，洗水和稀释水均为自来水。

4.4.3.2 试验主要设备

(1) 电热恒温水浴锅：六孔型，恒温范围为室温+5℃～沸点，温度波动±1℃。

(2) 电热鼓风干燥箱：DB-207 型。

4.4.3.3 试验方法

采用某冶炼厂的电炉钛渣为原料，用盐酸进行常压酸浸除杂质，反应结束后过滤，滤渣用电热鼓风干燥箱干燥 10h，磨样至-200 目，取样分析 TiO_2 含量，试验流程如图 4-35 所示。

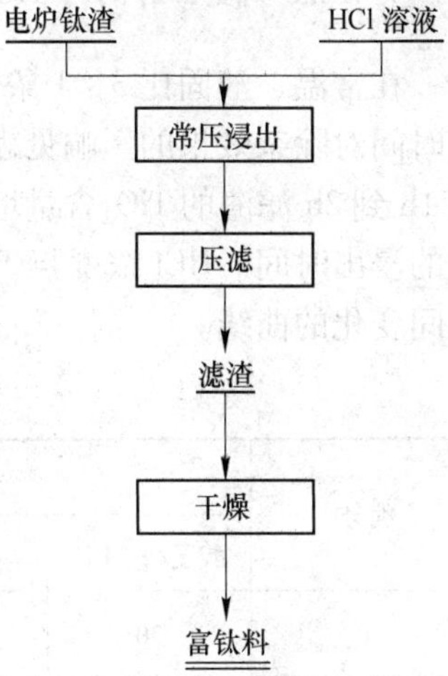

电炉钛渣　HCl 溶液
常压浸出
压滤
滤渣
干燥
富钛料

图 4-35 盐酸常压浸出试验流程

4.4.4 试验结果与讨论

4.4.4.1 浸出酸度对 TiO_2 含量的影响

以液固比 3∶1、搅拌浸出时间 1h、浸出温度 50℃作为固定条件，变化浸出酸度，试验结果见表 4-25。根据试验结果得到，在滤渣中，TiO_2 含量随盐酸浓度的升高而增加，但当盐酸浓度大于 100g/L 后，TiO_2 含量会有所下降，说明部分 TiO_2 在酸中溶解，图 4-36 所示为 TiO_2 含量随盐酸浓度变化的曲线。

表 4-25 浸出酸度试验结果

编　号	盐酸浓/g·L^{-1}	滤　渣		
		干重/g	TiO_2/%	回收率/%
Y-1	30	98.6	86.93	99.24
Y-2	50	98.0	87.09	98.81
Y-3	70	98.2	87.49	99.48
Y-4	100	97.3	87.39	98.45
Y-5	150	98.4	87.29	99.36

4.4.4.2 浸出温度对 TiO_2 含量的影响

固定液固比 3∶1、浸出时间 1h、浸出酸度 50g/L，以常温和 50℃作了 2 个水平的对比浸出试验，试验结果见表 4-26。

表 4-26 浸出温度试验结果

编　号	温度/℃	盐酸浓度/g·L^{-1}	滤　渣		回收率/%
			干重/g	TiO_2/%	
1	50	50	98.8	86.74	99.22
2	常温	50	99.1	87.14	99.98

表 4-26 的结果表明，常温浸出的钛渣品位反而高，估计是温度高，在敞开搅拌状态下浸出液中 HCl 的挥发相对较多，导致酸度下降影响了除杂效果。

4.4.4.3　浸出时间对 TiO_2含量的影响

在常温、液固比 3∶1 条件下，分别进行了 30g/L 和 50g/L 两种酸度的时间试验，浸出时间对除杂效果的影响见表4-27。表 4-27 的结果表明，浸出时间对除杂的规律性较强，从 1h 到 2h 滤渣的 TiO_2 含量增加，从 2h 到 3h 滤渣的 TiO_2 含量呈降低趋势，2h 应是相对适宜的浸出时间。HCl 浓度与 TiO_2含量关系如图 4-36 所示。图 4-37 所示为 TiO_2 含量随浸出时间变化的曲线。

表 4-27　浸出时间试验结果

编号	技术条件			滤渣		回收率/%
	酸度/$g \cdot L^{-1}$	温度/℃	时间/h	干重/g	TiO_2/%	
1	30	22	1	98.6	86.93	99.24
2	30	22	2	98.5	86.93	99.14
3	30	22	3	99.0	86.78	99.47
4	50	22	1	98.0	87.09	98.81
5	50	22	2	99.1	87.14	99.98
6	50	22	3	99.0	86.88	99.57

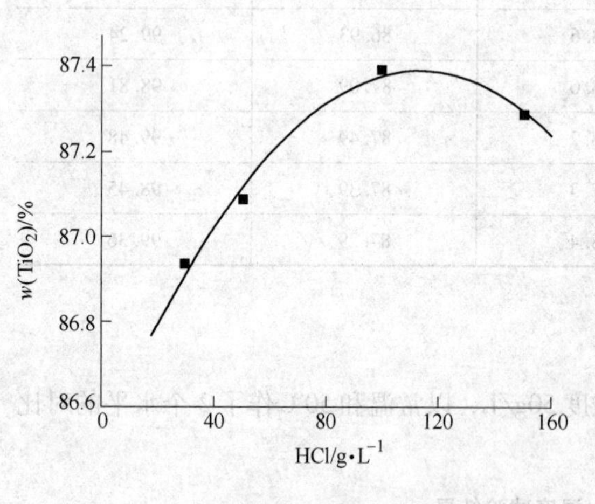

图 4-36　HCl 浓度与 TiO_2含量关系

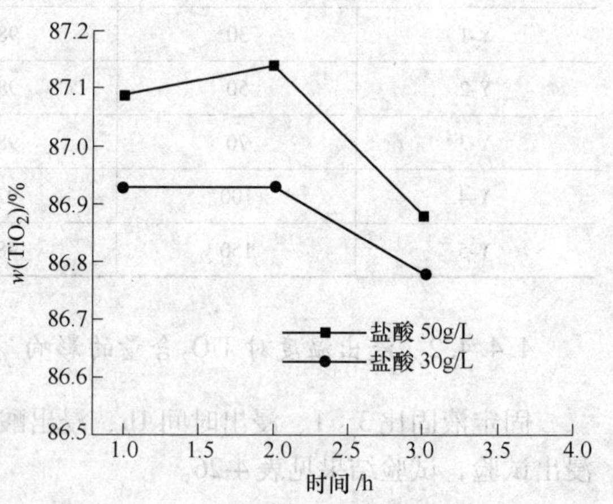

图 4-37　浸出时间与 TiO_2含量关系

4.4.4.4　浸出液固比对 TiO_2含量的影响

在固定浸出酸度 40g/L、浸出时间 3h、常温 3 个条件下，进行了液固比对比浸出试验，试验结果见表 4-28。

表 4-28　浸出液固比试验结果表

编号	技术条件				滤　渣		回收率/%
	酸度/$g \cdot L^{-1}$	温度/℃	时间/h	液固比	干重/g	TiO_2/%	
1	40	常温	3	3∶1	98.5	87.19	99.44
2	40	常温	3	2∶1	98.8	87.25	99.81

表 4-28 的结果表明，液固比 3∶1 和 2∶1 的除杂效果基本一致。采用液固比 2∶1 酸浸时，可以减少盐酸用量和排废量，但存在含固量过高用管道化输送难以实现的问题，若应用于工业实践，认为采用液固比 3∶1 较合理。

4.4.4.5　杂质溶除机理研究

对酸浸效果最好的常压酸浸样品 Y-3 做化学分析和物相分析，结果列入表 4-29 和表 4-30。

表 4-29　酸浸渣化学成分分析　（%）

化学成分	TiO_2	CaO	MgO	SiO_2	Al_2O_3	Fe	Mn
原样	86.37	<0.05	1.32	4.66	8.20	2.36	0.79
Y-3	87.49	<0.05	1.32	4.64	5.45	1.81	0.33

表 4-30　酸浸渣物相分析　（%）

化学成分	$TiO_{2锐钛矿}$	$TiO_{2金红石}$	Ti_3O_5	$(Mg, Fe)Ti_2O_5$	$Al_4Ti_2SiO_{12}$	$(Mg, Fe)_2SiO_4$	SiO_2等
原样	23.12	3.78	43.25	9.73	15.26	3.86	1.00
Y-3	21.16	3.72	49.47	6.12	12.62	5.91	1.00

从表中可以看出，盐酸常压浸出可以除去部分 Fe、Mn 和 Al_2O_3，而 MgO、CaO 和 SiO_2基本没有变化。

Y-3 为盐酸常压酸浸，酸度为 70g/L，在此条件下，钛渣中的一部分 $(Mg, Fe)_2SiO_4$ 和 $Al_4Ti_2SiO_{12}$按反应式（4-1）、式（4-2）进行，以 $TiOCl_2$、$FeCl_2$、$AlCl_3$和 H_4SiO_4进入溶液。钛酸盐一般都是稳定的化合物，不溶于水，但可被浓酸分解。$(Mg, Fe)Ti_2O_5$是二钛酸盐，二钛酸镁在水和稀酸中都不溶解，如果二钛酸铁在较高酸度中溶出，则按反应式（4-3）进行。

$$Al_4Ti_2SiO_{12} + 16HCl = 2TiOCl_2 + 4AlCl_3 + H_4SiO_4 + 6H_2O \quad (4\text{-}1)$$

$$Fe_2SiO_4 + 4HCl = 2FeCl_2 + H_4SiO_4 \quad (4\text{-}2)$$

$$FeTi_2O_5 + 6HCl = FeCl_2 + 2TiOCl_2 + 3H_2O \quad (4\text{-}3)$$

钛渣直接酸浸的耗酸量很少，硅酸盐水解生成的各种硅酸，由于酸的存在，对硅酸的缩合以及已形成溶胶的胶凝皆有普遍加速作用，能很快缩合并形成大小在胶态分散相范围内的微细颗粒，以胶凝方式析出回到钛渣。盐酸常压酸浸过程中，过滤速度很快，在所使用的酸度范围未发生不好过滤的现象，这也说明溶液中基本没有硅胶存在或者量很小。试验原料中硅杂质含量较高，而硅基本没有变化，尽管除去部分的 Fe、Mn 和 Al_2O_3，但仍然未使 TiO_2的含量提高到≥90%。

4.4.5　电炉钛渣高压酸浸试验研究

电炉钛渣用盐酸常压浸出可以除去部分 Fe、Mn 和 Al_2O_3，但 MgO、CaO 和 SiO_2基本没有变化，这是由电炉钛渣特殊的物相结构决定的。据文献介绍，针对攀枝花钛渣的除杂，在对钛渣进行常压酸浸前，都对钛渣进行了不同的改性处理，如果用高压浸出能除去钛渣中大部分杂质，使之满足钛白原料的要求，将可以使工艺流程变短，提高生产效率。

在常压酸浸研究的基础上，采用硫酸高压浸出，考察硫酸浓度、浸出时间和浸出温度对选择性去除电炉钛渣中杂质的影响。试验表明，采用高压酸浸除杂效果比采用盐酸常压浸出去除电炉钛渣中的杂质效果好，但还是不能使 TiO_2含量大于 90%，通过试验结果分析了高压酸浸的除杂机理，并同常压酸浸的除杂机理进行比较。

4.4.5.1　试验原料

电炉钛渣：常压酸浸后的试料。

硫酸：分析纯，含量 95%~98%。

其他：滤纸及其他辅助材料，洗水和稀释水为自来水。

4.4.5.2　试验主要设备

高压釜：FYX2 型，搅拌转速为 50~1000r/min，容积 2L。

电热鼓风干燥箱：DB-207 型。

4.4.5.3　试验方法

将称量好的钛渣、硫酸和水加入高压釜内，然后按要求封好高压釜盖，开搅拌机和搅拌冷却水并升温，升温至 0.1MPa、0.2MPa、0.3MPa、0.4MPa，大约需要 48min 、57min、77min、81min，达到试验要求的温度和压力后开始计时，保持一定时间后，用蛇形盘管将物料冷却至 80℃，然后启开高压釜盖。试验物料在真空度 0.06~0.068MPa 下过滤，内胆黏附的渣用溶液洗到滤斗内，基本抽滤干后均用 100mL 水淋洗再抽滤干，干燥渣送分析，样品全部过 200 目筛，试验流程如图 4-38 所示。

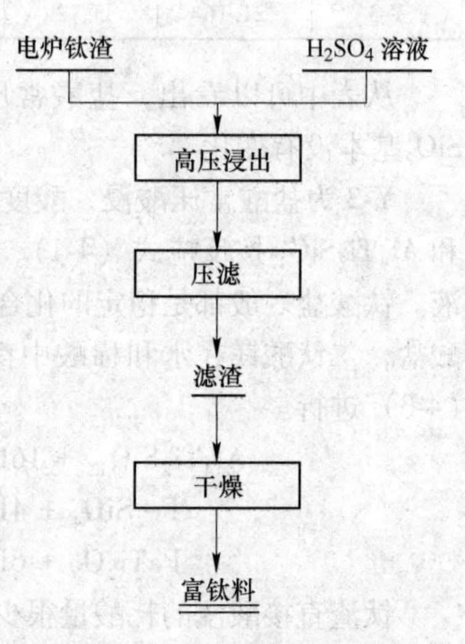

图 4-38　硫酸高压浸出试验流程

4.4.5.4　试验结果与讨论

硫酸高压浸出设备采用 FYX2 型高压釜，FYX2 型高压釜为钛材，不能采用盐酸作为酸浸介质，仅在硫酸浓度、反应压力和反应时间较窄的范围内进行试验。固定浸出液固比 3∶1，选择 50g/L、100g/L、200g/L 三个浸出酸度，0.2MPa、0.3MPa、0.4MPa、0.5MPa 四个压力水平，达到一定压力和温度下的保持时间为 2h、4h、6h，采用正交法一共进行了 9 个试验，试验条件和试验数据见表 4-31。

表 4-31　高压酸浸试验结果

编号	硫酸浓度/g·L^{-1}	酸浸压/MPa	保持时间/h	滤渣	
				TiO_2/%	回收率/%
L-1	50	0.4	2	87.88	99.20
L-2	100	0.3	2	88.30	99.27
L-3	200	0.2	2	87.83	99.96
L-4	200	0.2	4	88.23	99.70
L-5	100	0.2	4	88.11	98.34
L-6	100	0.4	4	88.87	99.91
L-7	200	0.4	4	87.95	99.39
L-8	200	0.5	4	87.44	98.40
L-9	50	0.2	6	87.53	98.23

由表 4-31 中的数据可以看出：

（1）在相同温度压力下，用酸度 100g/L 的硫酸溶液酸浸钛渣可使 TiO_2 品位达到 88.30%，提高了 1.93%；50g/L 的酸度酸浸效果差，TiO_2只有 87.88%，仅提高了 1.53%；200g/L 的酸浸酸度偏高，即使已降低了温度和压力，仍然有含钛矿物溶出，使酸浸钛渣 TiO_2品位比 50g/L 的酸浸条件还差，为 87.83%。

（2）100g/L 的酸浸酸度、温度和压力等条件基本不变，保持时间从 2h 增加至 4h，可使钛渣 TiO_2品位提高 0.57%（L-2、L-6）；酸浸酸度不变，增加压力与延长时间的效果基本相同。

（3）200g/L 的酸浸酸度，在较低的温度和压力下，可以通过延长保持时间使溶出的 TiO_2水解后提高酸浸钛渣 TiO_2品位［0.4%（L-3、L-4）］；从 TiO_2的酸浸回收率可以看出随着温度、压力的增高及延长时间，含钛矿物溶出加剧，从而使酸浸钛渣 TiO_2品位下降。

（4）在较低的温度和压力下，用 50g/L 浓度酸浸，延长保持时间到 6h，其酸浸效果比温度和压力较高而保持时间为 2h 的还差。

（5）L-6 的酸浸效果最好，TiO_2品位达到 88.87%，较原来提高 2.50%。

4.4.5.5　杂质溶除机理研究

对酸浸效果较好的样品 L-6 分别进行化学分析和物相分析，结果见表 4-32、表 4-33。

表 4-32　酸浸渣化学成分分析　（%）

化学成分	TiO_2	CaO	MgO	SiO_2	Al_2O_3	Fe	Mn
原样	86.37	<0.05	1.32	4.66	8.20	2.36	0.79
L-6	88.87	<0.05	1.28	4.59	5.06	1.19	0.30

表 4-33　酸浸渣物相分析　（%）

化学成分	$TiO_{2\,锐钛矿}$	$TiO_{2\,金红石}$	Ti_3O_5	$(Mg,Fe)Ti_2O_5$	$Al_4Ti_2SiO_{12}$	$(Mg,Fe)_2SiO_4$	SiO_2
原样	23.12	3.78	43.25	9.73	15.26	3.86	1.00
L-6	21.52	3.78	52.29	5.81	10.64	4.96	1.00

从表4-32、表4-33中可以看出，硫酸高压条件下浸出，同样可以除去部分Fe、Mn和Al_2O_3，但是MgO、CaO和SiO_2仍基本没有变化。

L-6为硫酸高温高压酸浸，酸度为100g/L，在此条件下，钛渣中的一部分$(Mg, Fe)_2SiO_4$和$Al_4Ti_2SiO_{12}$按反应方程式（4-4）和式（4-5）进行，以$TiOSO_4$、$FeSO_4$、$Al_2(SO_4)_3$和H_4SiO_4进入溶液。

$$Al_4Ti_2SiO_{12} + 8H_2SO_4 = 2TiOSO_4 + 2Al_2(SO_4)_3 + H_4SiO_4 + 6H_2O \quad (4\text{-}4)$$

$$Fe_2SiO_4 + 2H_2SO_4 = 2FeSO_4 + H_4SiO_4 \quad (4\text{-}5)$$

硫酸高压浸出同盐酸常压浸出一样，在所采用的硫酸浓度范围内，未发生过不好过滤的现象，SiO_2同样不能去除，尽管同样除去了部分的Fe、Mn和Al_2O_3，但TiO_2的含量仍未提高到不小于90%。

在盐酸常压浸出下，TiO_2的回收率≥98%，在硫酸高压浸出下，TiO_2的回收率还略高一点，由此也能够认定酸浸过程主要是$(Mg, Fe)_2SiO_4$溶解，其次是$Al_4Ti_2SiO_{12}$溶解，在硫酸高压下溶出的TiO_2有少量按水解反应方程式（4-6）水解，然后$TiO(OH)_2$在高温条件下按方程式（4-7）分解得到TiO_2，所以TiO_2的收率略高。

$$TiOSO_4 + 2H_2O = TiO(OH)_2\downarrow + H_2SO_4 \quad (4\text{-}6)$$

$$TiO(OH)_2 = TiO_2 + H_2O \quad (4\text{-}7)$$

高压酸浸L-1的酸度为50g/L，L-7的酸度为200g/L，其余条件与L-6相同，TiO_2的含量分别为87.88%、87.95%，分别比L-6低0.99%、0.92%，虽然两个试验的TiO_2含量基本相同，但机理有区别，L-1是因为酸度低，$(Mg, Fe)_2SiO_4$和$Al_4Ti_2SiO_{12}$溶出不够所致；而L-7则是因为酸度高，钛渣中的Ti_3O_5和TiO_2分别按反应方程式（4-8）和式（4-9）溶出较多所致。

$$4Ti_3O_5 + 13H_2SO_4 = 12TiOSO_4 + H_2S\uparrow + 12H_2O \quad (4\text{-}8)$$

$$TiO_2 + 2H_2SO_4 \longrightarrow TiOSO_4 + H_2O \quad (4\text{-}9)$$

钛渣采用低酸度直接酸浸反应很慢，随着酸度增加，反应才随之加快，要达到除Fe、Mn和Al_2O_3的效果较好，常温常压和高温高压的酸度应继续增大，但酸度过高又会促使TiO_2的溶解量增大，使TiO_2含量下降。

4.4.6　电炉钛渣高压碱浸酸浸试验研究

在上述研究的基础上，开展三种不同的除杂工艺研究以提高TiO_2品位。(1) 通过高压碱浸直接将钛渣TiO_2品位提高至≥90%；(2) 高压碱浸后以不同条件洗涤提高品位；(3) 高压碱浸后碱浸渣酸浸提高钛渣品位。对第一种除杂工艺进行浸出碱度、温度（压力）和时间试验；对第二种除杂工艺进行不同的洗涤方法、洗涤时间和洗涤温度试验；对第三种除杂工艺进行酸度、碱度、温度、时间和高压酸浸水解试验。试验表明，高压碱浸后，再进行酸浸是一种技术可行的除杂方案，工艺流程如图4-39所示。同时，进行了碱浸试剂和酸浸试剂的对比试验、高压碱浸的循环试验和常压碱浸渣酸浸试验，研究了各种除杂工艺的杂质溶除机理和高压碱浸渣常压酸浸物质结构元素平衡，比较了碱浸渣酸浸除杂和钛渣直接酸浸除杂的机理。

4.4.6.1　试验原料

电炉钛渣：常压酸浸的试料。

NaOH：分析纯，NaOH 含量不小于 96.00%。

Na_2CO_3：分析纯，Na_2CO_3含量不小于 99.80%。

硫酸：分析纯，含量 95%~98%。

盐酸：分析纯，含量 36%~38%。

其他：滤纸及其他辅助材料均，洗水和稀释水为自来水。

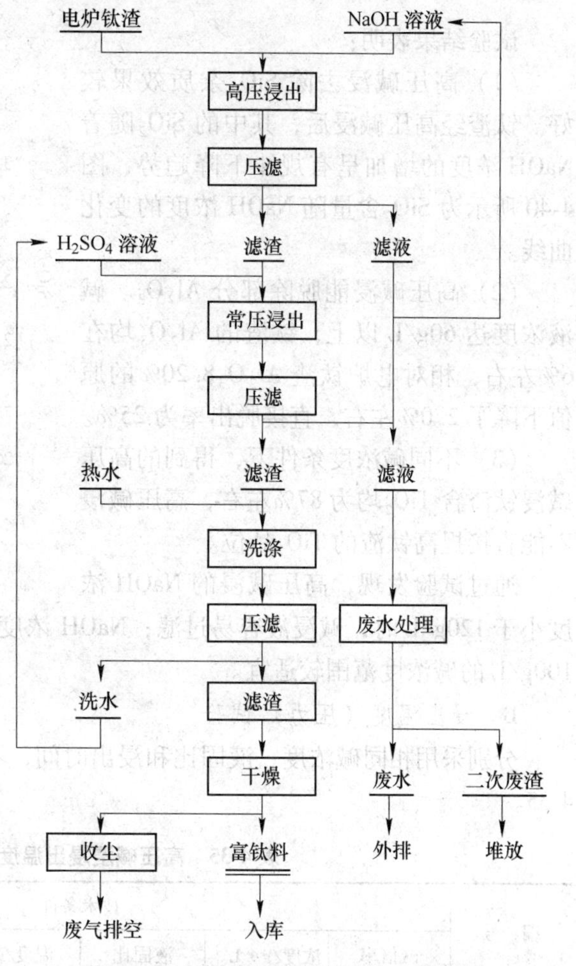

图 4-39 电炉钛渣制备富钛料工艺流程

4.4.6.2 试验主要设备

高压釜：FYX2 型，搅拌转速为 50~1000r/min，容积 2L。

电热恒温水浴锅：六孔型，恒温范围为室温+5℃~沸点，温度波动±1℃。

电热鼓风干燥箱：DB-207 型。

4.4.6.3 高压碱浸试验

将称量好的钛渣和配好的 NaOH 溶液投入高压釜内，然后封好高压釜盖，开搅拌机和搅拌冷却水并升温，达到试验要求的温度和压力后开始计时，保持一定时间后，用蛇形盘管将物料冷却至约 80℃。试验物料在真空度 0.06~0.068MPa 下过滤，内胆黏附的渣用溶液洗到滤斗内，基本抽滤干后用 100mL 水淋洗再抽滤干，干燥渣送分析，样品全部过 200 目筛。

A 浸出碱度试验

采用一定的液固比、温度（压力）和浸出时间，进行不同的碱度试验，试验条件和试验结果见表 4-34。

表 4-34 高压碱浸浸出碱度试验结果

编号	技术条件						碱浸渣分析结果/%			TiO_2回收率/%
	碱倍率	浓度 /g·L⁻¹	液固比	温度 /℃	压力 /MPa	时间 /h	TiO_2	SiO_2	Al_2O_3	
1	1.0	34	3∶1	120	0.2	2	86.50	3.42	7.95	99.80
2	1.5	57	3∶1	120	0.2	2	87.09	3.12	6.01	99.12
3	2.0	69	3∶1	120	0.2	2	87.32	3.13	6.29	99.79
4	2.5	86	3∶1	120	0.2	2	86.47	2.96	5.82	98.76
5	3.0	103	3∶1	120	0.2	2	86.84	2.52	5.83	99.17
6	3.5	120	3∶1	120	0.2	2	86.25	2.34	6.17	98.76

试验结果表明：

（1）高压碱浸去除 SiO_2 杂质效果较好。钛渣经高压碱浸后，其中的 SiO_2 随着 NaOH 浓度的增加呈有规律下降趋势，图 4-40 所示为 SiO_2 含量随 NaOH 浓度的变化曲线。

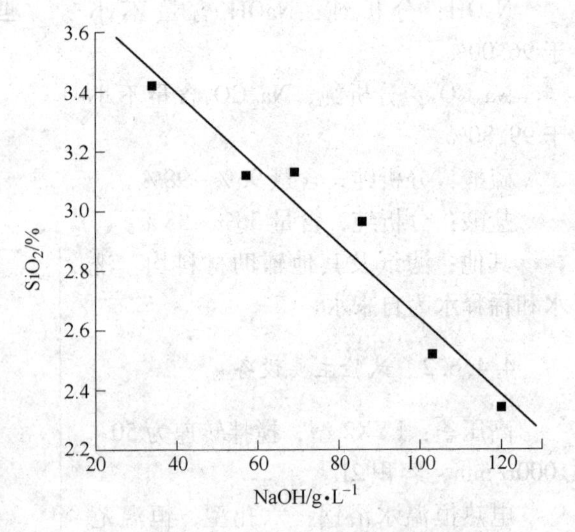

图 4-40　NaOH 浓度与 SiO_2 含量的关系

（2）高压碱浸能脱除部分 Al_2O_3。碱液浓度达 60g/L 以上，钛渣的 Al_2O_3 均在 6%左右，相对电炉钛渣 Al_2O_3 8.20%的原值下降了 2.0%左右，直接脱出率为 25%。

（3）不同碱浓度条件下，得到的高压碱浸钛渣含 TiO_2 均为 87%左右，高压碱浸不能直接提高钛渣的 TiO_2 品位。

通过试验发现，高压碱浸的 NaOH 浓度小于 120g/L 时，碱浸液容易过滤；NaOH 浓度达 180g/L 后，过滤速度较慢，因此 60～100g/L 的碱浓度范围较适宜。

B　浸出温度（压力）试验

分别采用相同碱浓度、液固比和浸出时间，不同的温度（压力）开展试验，结果见表 4-35。

表 4-35　高压碱浸浸出温度（压力）试验结果

编　号	技术条件						碱浸渣 TiO_2/%
	碱倍率	浓度/g·L^{-1}	液固比	温度/℃	压力/MPa	时间/h	
1	1.5	78	2∶1	120	0.2	2	86.89
2	1.5	78	2∶1	133	0.3	2	86.31
3	2.5	86	3∶1	120	0.2	4	86.42
4	2.5	86	3∶1	143	0.4	4	86.38
5	3.5	180	2∶1	120	0.2	2	86.33
6	3.5	180	2∶1	133	0.3	2	85.75

试验结果表明，压力增大使 TiO_2 溶解含量降低，因此，在除杂的同时应尽量保证 TiO_2 不溶解，浸出压力以 0.2MPa 为宜。

C　浸出时间试验

对不同的碱度进行了浸出时间试验，结果见表 4-36。

试验结果表明，浸出时间对 TiO_2 含量影响不大，选择 2h 为宜。

4.4.6.4　高压碱浸渣水洗试验

对高压碱浸渣进行水洗，共进行了三组洗涤试验。水洗所采用的碱浸渣样见表 4-37。

表 4-36 高压碱浸浸出时间试验结果

编号	技术条件						碱浸渣 TiO_2/%
	碱倍率	浓度/$g\cdot L^{-1}$	液固比	温度/℃	压力/MPa	时间/h	
1	1.5	57	3∶1	120	0.2	2	87.09
2	1.5	57	3∶1	120	0.2	4	86.91
3	2.5	86	3∶1	120	0.2	2	86.47
4	2.5	86	3∶1	120	0.2	4	86.42

表 4-37 水洗所用碱浸渣样

编号	技术条件						碱浸渣/%			TiO_2回收率/%
	碱倍率	浓度/$g\cdot L^{-1}$	液固比	温度/℃	压力/MPa	时间/h	TiO_2	SiO_2	Al_2O_3	
1	2.5	86	3∶1	120	0.2	4	87.32			98.96
2	2.5	86	3∶1	143	0.4	4	86.38	2.85	6.35	97.86
3	3.0	103	3∶1	120	0.2	2	86.84	2.52	5.83	99.17

(1) 用1号渣，以2∶1水量，在70℃下，搅拌洗涤15min，过滤干燥钛渣，其TiO_2品位为86.91%。搅拌洗涤15min后，又以2∶1水量，搅拌调酸洗涤至pH=3.5，钛渣的TiO_2品位为88.53%。

(2) 用2号渣，以2∶1水量，在70℃下，搅拌洗涤15min，静置后倾析出洗液，然后再连续洗涤三次，在同样的水量和温度下，手工稍加搅洗后倾析出洗液，洗水的pH值从最初的10~11降到约7.5，过滤干燥后的钛渣，其TiO_2品位为89.02%，比未洗涤的86.38%提高了2.64%。将水洗四次后的渣再用2∶1水量，搅拌调酸洗涤至pH=3.5，钛渣的TiO_2品位为88.93%。

(3) 用3号渣，以2∶1水量，在80℃下，搅拌洗涤15min，其pH=10~11，抽滤干后，第二次用水量为2∶1、pH=10~11的洗水淋洗，最后过滤干燥钛渣，其TiO_2品位为87.56%。

三个洗涤试验的数据见表4-38。

表 4-38 碱浸渣水洗涤效果

编号	洗涤方式	TiO_2品位/%	回收率/%
1-1	2∶1水量70℃搅洗一次	86.91	98.98
1-2	2∶1水量70℃搅洗后，2∶1水量调pH=3.5洗	88.53	99.00
2-1	2∶1水量70℃搅洗一次，2∶1×3水量手工洗三次	89.02	98.43
2-2	在2-1方式洗后，2∶1水量调pH=3.5洗	88.93	97.53
2-3	2∶1水量80℃搅洗一次，2∶1水量淋洗一次	87.56	98.33

表4-38的数据表明，加强洗涤只能洗出硅酸钠，即使2-2共洗涤了五次，用水量达10∶1，仍然未使TiO_2品位提高到90%。

4.4.6.5　高压碱浸渣酸浸试验

对高压碱浸渣进行酸浸试验，分别考察酸浓度、碱浓度、酸浸温度、酸浸时间对除杂效果的影响，酸浸所采用的碱浸渣样见表4-39。

表4-39　酸浸采用的碱浸渣样

编号	技术条件						碱浸渣/%			TiO_2回收率/%
	碱倍率	浓度 /g·L^{-1}	液固比	温度 /℃	压力 /MPa	时间 /h	TiO_2	SiO_2	Al_2O_3	
1	1.0	34	3∶1	120	0.2	2	86.50	3.42	7.95	99.80
2	1.5	57	3∶1	120	0.2	2	87.09	3.12	6.01	99.12
3	2.0	69	3∶1	120	0.2	2	87.32	3.13	6.29	99.79
4	2.5	86	3∶1	120	0.2	2	86.47	2.96	5.82	98.76
5	3.0	103	3∶1	120	0.2	2	86.84	2.52	5.83	99.17

A　酸度试验

用98%分析纯硫酸为酸浸试剂，先用1号渣开展25g/L酸度的酸浸试验，可使TiO_2≥90%，再用4号渣开展25g/L、50g/L、100g/L酸度的酸浸对比试验，从试验得知，始酸浓度100g/L，浸出终点含残酸约75g/L；始酸浓度50g/L，浸出终点含残酸约25g/L；始酸浓度25g/L，浸出终点pH约2.0。残酸高时回收率下降，对TiO_2品位的提高也无贡献。因此，又进行了2号、3号、5号渣的25g/L、50g/L酸度水平的试验，验证了酸度高，TiO_2回收率和品位都下降的结论，试验结果见表4-39。

试验结果表明：

(1) 高压碱浸渣用酸度25g/L、50g/L、100g/L的溶液酸浸后都能使TiO_2≥90%。

(2) 随溶液酸度增高，洗后钛渣的TiO_2呈下降趋势，TiO_2回收率也呈下降趋势。

对TiO_2回收率下降的原因分析如下：高压碱浸后钛渣的固熔体结构被破坏，比较容易被硫酸浸出，酸浓度越高，溶解的SiO_2、Al_2O_3越多，但是溶解的TiO_2也越多，而且溶液残酸越高越不利于偏钛酸的水解，TiO_2的回收率和品位也随之降低，故酸度高既不能提高TiO_2品位，又增加了含酸废水的处理成本。

(3) 适宜酸浸酸度为25g/L。

酸浸酸度为25g/L已能使TiO_2≥90%。在pH值2~3的范围，正硅酸最为稳定，Fe^{3+}和Al^{3+}都不会水解析出，pH值=2.0的酸浸液稍加中和就能作到达标排放，洗水则返回酸浸，故洗涤酸度25g/L较合适，能兼顾提高TiO_2品位和减少TiO_2的损失，并且使酸耗成本和废水处理成本最低。

(4) 酸浸后再洗涤较合理。

高压碱浸渣中残留有碱浸液，夹带有偏硅酸钠、铝酸钠和氢氧化钠。高压碱浸渣直接酸浸后，酸浸滤渣含水分为11%，夹带走硫酸根约0.35g、硅酸（以SiO_2计）约0.07g、金属离子约0.7g，共计约1.12g，如果经洗涤后能除去，则可使渣含TiO_2进一步提高。为此，进行了在酸浸前先洗涤和酸浸后再洗涤的对比试验。试验结果表明，酸浸前先洗涤和酸浸后再洗涤都是有效的，如果仅洗涤一次，酸浸前先洗涤有利于硅的脱除，对于酸浸后的过滤困难有缓解作用，但比酸浸后再洗涤多一道过滤，并且得到的产物含硫；相比之下，酸浸后再洗涤更合理。一是得到的产物不含硫，可以实现酸浸过滤后接着再洗涤；二是少一道过滤工艺，而且经过酸浸后，杂质进一步溶出，洗涤脱杂的效果更好。表 4-40 中，5-1 为未水洗，5-3 为酸浸后再洗涤，后者提高了 TiO_2品位 1.37%。

表 4-40 碱浸渣不同酸度洗涤效果对比

编号	NaOH /g·L⁻¹	硫酸/g·L⁻¹	回收率 /%	酸浸渣分析结果/%						备 注
				TiO_2	SiO_2	Al_2O_3	MgO	Fe	Mn	
1-1	34	25	97.23	90.81	2.16	5.43	1.39	1.68	0.45	3∶1 水量后洗
2-1	57	25	98.93	90.90	2.52	6.07	0.90	1.36	0.39	3∶1 水量后洗
2-2	57	50	98.85	90.64						3∶1 水量后洗
3-1	69	25	99.13	90.55	2.40	5.72	1.24	1.75	0.46	未洗
3-2	69	50	97.28	90.18						未洗
4-1	86	25	99.47	91.04						2∶1 水量先洗
4-2	86	50	96.32	90.87	1.87	4.28	1.35	1.57	0.56	3∶1 水量先洗
4-3	86	100	95.61	90.25						2∶1 水量先洗
5-1	103	25	99.04	91.29						未洗
5-2	103	50	98.54	90.64						未洗
5-3	103	25	98.73	92.66	1.37	5.22	1.26	1.29	0.33	3∶1 水量后洗

B 碱度试验

基于不同碱度对电炉钛渣固熔体结构的破坏程度不同，酸浸时，固定液固比 3∶1、温度 70~80℃、搅洗时间 2h 等条件，对各种碱度的高压浸出渣进行酸浸试验，数据考察以筛选出的酸浸酸度为 25g/L，酸浸渣再用 3∶1 水量搅拌洗涤条件为主，结果见表 4-41。

表 4-41 不同碱度碱浸渣同酸度洗涤效果对比

编号	NaOH /g·L⁻¹	硫酸 /g·L⁻¹	回收率 /%	酸浸渣分析结果/%						备 注
				TiO_2	SiO_2	Al_2O_3	MgO	Fe	Mn	
1	34	25	97.23	90.81	2.16	5.43	1.39	1.68	0.45	3∶1 水量后洗
2	57	25	98.93	90.90	2.52	7.00	0.90	1.36	0.39	3∶1 水量后洗
3	69	25	99.13	90.55	2.40	5.72	1.24	1.75	0.46	未洗
4	78	25	99.52	91.36	2.64	6.18	1.40	1.51	0.32	3∶1 水量后洗
5	86	25	99.47	91.04	1.84	6.35				2∶1 水量先洗
6	103	25	98.73	92.66	1.37	6.05	1.26	1.29	0.33	3∶1 水量后洗
7	107	25	98.80	91.85	2.05	5.08				3∶1 水量后洗
8	120	25	99.16	91.79		6.09				3∶1 水量后洗
9	180	25	99.93	92.17	1.69	5.95	1.39	1.63	0.38	3∶1 水量后洗

碱度试验表明：

（1）碱度的高低对提高TiO_2含量影响不大，对所有碱度的渣，用25g/L酸度的溶液酸浸后，都能使钛渣TiO_2品位达到90%以上；碱度80g/L以上可以稳定达到91%～92%，TiO_2的渣计回收率≥98.73%。

（2）随着碱度的增加，杂质略有下降，但幅度很小。杂质脱除情况是，Mn下降0.34%～0.48%，SiO_2下降2.0%～3.0%，Al_2O_3下降2.0%～3.0%，Fe下降0.5%～1.0%，MgO基本无变化。

根据试验得知，高压碱浸后的钛渣，酸浸时反应非常快，用50℃的热水，投入酸后10min，即可达到95±%的耗酸量，所以，温度和时间对杂质溶出的影响不大。从酸度试验已知，钛渣酸浸时溶解的TiO_2约占1%～2%，温度和时间对硫酸氧钛水解成偏钛酸的影响很大，故温度和时间影响试验主要考察的是偏钛酸水解的合适条件。

C　温度和时间试验

一般情况下，钛液在90℃就开始发生水解，在100℃沸腾温度下显著加快。将试验烧杯置于恒温水浴锅，在搅拌状态下，酸浸的温度为80～85℃，进行第一组试验：试验条件为温度高于80℃、搅拌时间2h，过滤时未加3号凝聚剂，过滤速度不快但能滤过。接着，进行第二组试验：试验条件为温度60℃、搅拌时间2h，这组料液无法过滤，只能澄清后吸出溶液，再加水洗涤过滤。第三组试验：先在60℃下搅拌1h，然后升温到高于80℃继续搅拌0.5h。第四组试验：在高于80℃下搅拌1h，这两组的过滤情况与第二组大致相同。试验结果见表4-42。

表4-42　不同温度和时间洗涤效果对比

编号	硫酸/g·L^{-1}	温度/℃	时间/h	回收率/%	酸浸渣分析结果/%		
					TiO_2	SiO_2	Al_2O_3
1	25	84	2	99.52	91.36	2.64	6.18
2	25	60	2	97.40	91.52	1.94	6.19
3	25	60+80	1+0.5	97.88	91.47	2.15	6.17
4	25	80	1	97.93	91.75	2.08	6.88

从表4-42中可以看出，四种试验条件得到的酸浸渣TiO_2品位都在91.50%左右，说明酸浸温度的高低和时间的长短对TiO_2品位影响不大，但是，60℃、2h组的TiO_2回收率最低，80℃、2h组的TiO_2回收率最高，另两组的TiO_2回收率在中间，这表明水解温度低，水解难以进行，温度高、水解时间短，水解程度不够也不行，两个条件缺一不可，否则，TiO_2将从酸浸液损失0.5%～1%，而且过滤十分困难。

温度和时间试验，获得了钛渣高压碱浸常压酸浸可行的技术条件是温度80℃以上，搅拌时间2h。

溶液难过滤还与硅含量有关，碱浸后钛渣含$SiO_2$2.0%～3.0%，经过酸浸后钛渣的SiO_2再下降到1.37%～2.16%，由溶液脱除$SiO_2$2～2.7g/L。在pH＝2～3时，SiO_2的溶解限度只有0.1g/L。硅酸盐水解生成各种硅酸，由于酸的存在和处于温度高、时间长的状况，能很快缩合并形成大小在胶态分散相范围内的微细颗粒，最终以胶凝方式析出。钛渣最初是在较高的酸度下反应，由此可知，由酸浸液脱除的SiO_2是缩合后的胶态分散微细颗粒，另有一部分以胶凝方式析出回到钛渣。溶液中的SiO_2胶态分散微细颗粒使溶液难以过滤，温度高、脱水快，加快了胶凝，使溶液中的SiO_2胶态颗粒减少，也使溶液的黏度下降，从而过滤较容易，但对SiO_2的脱除不利，所以不能过度强化TiO_2的水解。从表4-42中还可以看出，温度高、时间长的酸浸试验得到的钛渣中SiO_2含量较温度低、时间短的酸浸要高。

D 高压酸浸水解试验

常压酸浸水解时，蒸发水量大，需不断补充热水，为此，考察温度83℃、搅拌2h的蒸发水量。试验结果是，初始水量300mL，结束水量105mL，蒸发量达65%，水耗和能耗都很大，而且过滤将成为一个问题。为此进行高压酸浸水解试验，以便比较过滤性能，所采用的碱浸渣样见表4-43。

表4-43 高压水解所用碱浸渣样

编号	技术条件						碱浸渣/%			TiO_2回收率/%
	碱倍率	浓度/g·L^{-1}	液固比	温度/℃	压力/MPa	时间/h	TiO_2	SiO_2	Al_2O_3	
1	2.0	69	3∶1	120	0.2	2	87.32	3.13	6.29	99.79
2	3.5	180	2∶1	120	0.2	2	86.33	2.80	6.23	99.88
3	3.5	180	2∶1	133	0.3	2	85.75	2.08	5.86	99.64

以25g/L的同等酸度，考察压力0.1MPa、0.2MPa、0.3MPa三个水平，时间1h、2h两个水平，共进行了6个高压水解试验，试验结果见表4-44。

表4-44 高压酸浸水解洗涤效果对比

编号		硫酸/g·L^{-1}	温度/℃	压力/MPa	时间/h	回收率/%	TiO_2/%	SiO_2/%	Al_2O_3/%	过滤情况描述
常压	高压									
1-1		25	82		2	99.13	90.55	2.40	5.72	
	1-2	25	100	~0.1	1	98.57	91.13	3.53	6.27	不好过滤
	1-3	25	120	~0.2	2	99.01	89.34	4.23	5.50	好过滤
	1-4	25	120	~0.2	1	95.63	89.72		5.30	不好过滤
2-1		25	87		2	99.16	91.79		6.09	
	2-2	25	120	~0.2	2	96.96	88.91		5.47	
	2-3	25	133	~0.3	1	97.72	87.75		6.82	有白色沉淀
3-1		25	87		2	99.0	91.45	1.22	5.21	
	3-2	25	120	~0.2	2	98.54	90.03	1.75	5.53	

从表4-44数据可以看出：

（1）随着压力升高和时间延长，酸浸渣中的TiO_2含量降低，TiO_2回收率也降低，表明TiO_2的溶解量随压力升高和时间延长而增加。

（2）随着压力升高和时间延长，杂质SiO_2和Al_2O_3的含量明显增加。

（3）压力0.2MPa、时间2h或压力0.3MPa、时间1h的条件下，溶液好过滤，溶液中能见到白色沉淀，其余条件下的溶液不好过滤。

（4）不能采用高压酸浸和水解。在高温高压条件下，由于终酸低，酸浸溶出的 SiO_2 部分脱水缩合并发生胶凝进入了钛渣，且部分 Al_2O_3 发生水解进入了钛渣，钛渣难以稳定达到 TiO_2 含量≥90%的要求。

4.4.6.6　杂质溶除机理研究

A　高压碱浸溶出反应机理

高压碱浸使用的碱浓度为34~180g/L。化学分析结果表明，最低的碱浓度也可使钛渣中的 SiO_2 含量降低1.12%，Al_2O_3 含量和 TiO_2 的回收率基本未降低。随着碱浓度的增高，钛渣中的 SiO_2、Al_2O_3 含量和 TiO_2 的回收率呈有规律降低，表明在高温高压状态下，钛渣中的（Mg，Fe）$_2SiO_4$ 首先与NaOH起反应溶解，接着才是 $Al_4Ti_2SiO_{12}$ 溶解，生成的偏硅酸钠和铝酸钠进入溶液，生成的正钛酸是两性氢氧化物，它能溶于热的浓碱溶液中。但是试验液的碱浓度不高，而且在过滤时逐渐变冷，所以少量正钛酸进入溶液，多数正钛酸析出进入渣，高压碱浸主要反应如下：

$$(Mg, Fe)_2SiO_4 + 2NaOH + H_2O = Na_2SiO_3 + 2(Mg)Fe(OH)_2\downarrow$$

$$Al_4Ti_2SiO_{12} + 6NaOH + 9H_2O = 2H_4TiO_4 + 4NaAl(OH)_4 + Na_2SiO_3$$

B　碱浸渣洗涤反应机理

碱浸滤渣夹带了11%的溶液，还有反应生成的正钛酸沉淀，水洗试验中编号2的碱浸渣用热水连续洗涤4次，每次都可看见有白色沉淀析出，洗水明显有胶体，黏度较大，白色沉淀应是偏铝酸钠水解成的 $Al(OH)_3$ 和正钛酸转化成的偏钛酸，胶体应是正钛酸转化而成和偏硅酸钠水解形成，热水洗涤的反应式如下：

$$H_4TiO_4 + \text{热水} \longrightarrow H_2TiO_3\downarrow + H_2O$$

$$NaAl(OH)_4 + H_2O \longrightarrow Al(OH)_3\downarrow + NaOH$$

$$NaSiO_3 + 2H_2O \longrightarrow H_4SiO_4(\text{胶体溶液}) + NaOH$$

洗水不过滤倾析出，碱浸渣的 TiO_2 含量从86.38%提高到89.02%，TiO_2 的回收率下降，而硅从2.85%下降到0.95%，铝从6.35%下降到5.36%，化学分析结果和试验现象是一致的。

C　碱浸渣酸浸及水解溶出反应机理

在用硫酸酸浸初期，由于含酸较浓，能明显闻到硫化氢的特殊气味，证明有硫化氢生成，说明在酸浸过程中有三价钛被氧化成了四价钛。物质结构理论认为，Ti_3O_5 的结构式可以写为 $TiO_2\cdot Ti_2O_3$，Ti_2O_3 为弱碱性氧化物，能与酸发生反应，当有氧化剂存在时，三价钛能被氧化成四价，Ti_3O_5 与硫酸反应的反应式如下：

$$4Ti_3O_5 + 13H_2SO_4 = 12TiOSO_4 + H_2S\uparrow + 12H_2O$$

其中含铁、镁（锰也在其中）的物质只有两种（Mg，Fe）$_2SiO_4$ 和（Mg，Fe）Ti_2O_5，在碱浸时从（Mg，Fe）$_2SiO_4$ 释放出的 $Fe(OH)_2$ 溶解于酸，反应方程式为：

$$Fe(OH)_2 + H_2SO_4 = FeSO_4 + 2H_2O$$

（Mg，Fe）Ti_2O_5 是二钛酸盐，二钛酸镁在水和稀酸中都不溶解，二钛酸钙在加热的浓硫酸和盐酸中溶解。钛酸盐一般都是稳定的化合物，不溶于水，但可被浓酸分解，酸浸的化学分析结果是铁能除去0.5%~1.0%，锰能除去0.33%~0.48%，认为主要是正硅酸盐分解后的结果，也不排除有少量二钛酸盐经过碱浸破坏固溶体结构后在较高酸度下酸浸时有溶出，若溶出，则其反应式为：

$$(Mg, Fe)Ti_2O_5 + 3H_2SO_4 \longrightarrow FeSO_4 + 2TiOSO_4 + 3H_2O$$

从化学分析结果知，MgO 基本无变化，可见钛渣中的 MgO 是以二钛酸镁存在，若 CaO 以二钛酸钙存在，也是不能除去的。

酸浸后，SiO_2、Al_2O_3含量和 TiO_2的回收率比碱浸渣明显降低，说明在酸浸过程有 $Al_4Ti_2SiO_{12}$和（Mg，Fe）$_2SiO_4$进一步溶出，其酸解反应式为：

$$Al_4Ti_2SiO_{12} + 8H_2SO_4 \longrightarrow 2TiOSO_4 + 2Al_2(SO_4)_3 + H_4SiO_4 + 4H_2O$$

$$Fe_2SiO_4 + 2H_2SO_4 \longrightarrow 2FeSO_4 + H_4SiO_4$$

碱浸滤渣不经水洗直接酸浸，夹带其中的偏硅酸钠、铝酸钠以及碱浸反应生成的正钛酸沉淀都能被硫酸酸解进入溶液，反应式为：

$$H_4TiO_4 + 2H_2SO_4 \longrightarrow TiOSO_4 + 3H_2O$$

$$Na_2SiO_3 + H_2SO_4 + H_2O = H_4SiO_4 + Na_2SO_4$$

$$2NaAl(OH)_4 + 4H_2SO_4 = Al_2(SO_4)_3 + Na_2SO_4 + 8H_2O$$

酸浸前期为酸溶阶段，后期 pH 值下降到 1.5~2.0 为水解阶段，使硫酸氧钛水解为偏钛酸，温度高时间长时，$Al_2(SO_4)_3$发生明显水解，H_4SiO_4也发生脱水胶凝，不同温度和时间条件下的常压水解和高压水解试验结果都证明这一事实，水解反应式为：

$$TiOSO_4 + 2H_2O = H_2TiO_3\downarrow + H_2SO_4$$

$$Al_2(SO_4)_3 + 6H_2O = Al_2O_3 \cdot 3H_2O + 3H_2SO_4$$

$$nH_4SiO_4 = nSiO_2(\text{胶凝}) + 2nH_2O$$

在高温高压条件下水解，$Al_2O_3 \cdot 3H_2O$ 脱水，得到无水 Al_2O_3，反应式为：

$$Al_2(SO_4)_3 + 3H_2O = Al_2O_3 + 3H_2SO_4$$

D　循环碱浸溶除机理

对第 10 次循环液的分析结果是含 TiO_2<0.5g/L、$SiO_2$22.29g/L、$Al_2O_3$0.036g/L，碱浸液中的 SiO_2随着循环次数的增加而不断富集。碱金属硅酸盐溶液的黏度随浓度的增加而升高，可溶性硅酸盐能被氧化物吸附，在氧化物上吸附的硅酸盐远多于按它的浓度预计的程度。可见，随着碱浸液中的 SiO_2浓度不断增加，吸附在钛渣表面的硅酸钠也不断增加，吸附量远多于按它的浓度预计的程度，吸附作用减弱了 NaOH 对钛渣固熔体结构的破坏作用，从而随着循环次数的增加，使酸浸钛渣的 TiO_2含量有规律的逐渐降低。

第 10 次循环液中的 Al_2O_3含量低，认为是随着碱浸液中 SiO_2的增加生成了在碱性条件下溶解度很小的水化硅铝酸钠（$NaO \cdot Al_2O_3 \cdot 1.7SiO_2 \cdot nH_2O$），生成的水化硅铝酸钠沉淀在酸浸时能被酸解，反应式为：

$$1.7Na_2SiO_3 + 2NaAl(OH)_4 + nH_2O \longrightarrow NaO \cdot Al_2O_3 \cdot 1.7SiO_2 \cdot nH_2O\downarrow + NaOH$$

$$2NaO \cdot Al_2O_3 \cdot 1.7SiO_2 \cdot nH_2O + 7H_2SO_4 = 2Al_2(SO_4)_3 + Na_2SO_4 + 3.4H_4SiO_4 + nH_2O$$

对照循环碱浸渣的化学分析结果和酸浸渣的化学分析结果，表明 Al_2O_3确实经历了从钛渣溶出→沉淀→酸解→废水（或者酸解→水解→钛渣）的过程。

4.4.6.7　高压碱浸渣常压酸浸物质结构的元素平衡

为了更弄清 TiO_2、SiO_2、Al_2O_3、Fe 和 Mn 的溶出机理，将化学分析和物质成分分析有机结合起来，进行两个矿物［(Fe，Mn) SiO_4］和［$Al_4Ti_2SiO_{12}$］的元素平衡计算。

物质成分结果见表 4-45，相对应的化学成分分析结果见表 4-46（编号为 1、2、3 和 4 是碱浸渣，编号为 1-1、2-1、3-1 和 4-1 是对应的酸浸渣）。

表 4-45 碱浸渣和酸浸渣物质成分对比 (%)

编号	$TiO_{2锐钛矿}$	$TiO_{2金红石}$	Ti_3O_5	(Mg, Fe) Ti_2O_5	$Al_4Ti_2SiO_{12}$	(Mg, Fe)$_2SiO_4$	其他	合计
1	21.28	3.44	48.76	5.81	15.28	4.43	1.00	103.47
1-1	21.48	4.50	53.07	5.31	10.43	4.21	1.00	103.80
2	21.10	3.91	50.84	5.57	12.78	4.80	1.00	103.64
2-1	22.55	3.95	52.75	4.53	10.99	4.23	1.00	103.77
3	21.18	3.76	51.06	5.68	11.93	5.39	1.00	103.65
3-1	21.30	4.01	54.48	5.19	11.01	3.01	1.00	103.90
4	22.69	2.84	49.08	6.69	12.26	5.44	1.00	103.51
4-1	22.01	4.97	53.38	4.34	10.01	4.29	1.00	103.82

注：表中的合计值为各组分的表中数值与 Ti_3O_5 折合成 TiO_2 增加的氧之和。

表 4-46 碱浸渣和酸浸渣化学成分对比 (%)

名称	碱度/$g \cdot L^{-1}$	TiO_2	CaO	MgO	SiO_2	Al_2O_3	Fe	Mn	合计	杂质合计
1	34	86.50			3.42	7.95				
1-1		90.81	<0.05	1.39	2.16	5.43	1.68	0.45	101.92	11.11
2	69	87.32			3.13	6.29				
2-1		90.55	<0.05	1.24	2.40	5.72	1.75	0.45	102.11	10.93
3	120	86.46			2.51	6.97				
3-1		92.17	<0.05	1.39	1.69	5.95	1.63	0.38		11.04
4	180	85.75			2.08	5.86				
4-1		90.55	<0.05	1.41	1.22	5.21	1.83	0.31	100.53	9.98

从表 4-46 可以看出，碱浸主要是 $Al_4Ti_2SiO_{12}$ 和 (Mg，Fe) Ti_2O_5 溶解，酸浸后 $Al_4Ti_2SiO_{12}$、(Mg，Fe)Ti_2O_5 和 (Mg，Fe)$_2SiO_4$ 都能溶解一部分；另外，碱浸后 Ti_3O_5 增多，酸浸后 Ti_3O_5 继续增加。物质成分分析认为，增多的 Ti_3O_5 为 (Mg，Fe)Ti_2O_5 溶出 Fe 后释放出，表中的合计值为各组分的表中数值与 Ti_3O_5 折合成 TiO_2 增加的氧之和，如果再加上 (Mg，Fe)Ti_2O_5 折合成 TiO_2 增加的氧，总计值更高，超过未处理钛渣的合计值更多。(Mg，Fe)Ti_2O_5 中无 Ti_2O_3 基团，而酸浸过程有硫化氢逸出，所以，Ti_3O_5 只会减少不会增多。

用碱浸的实际碱耗扣除碱浸渣带走的碱作为反应消耗的碱，以此计算出理论上可溶出的 SiO_2，与化学分析 SiO_2 结果相比较，计算结果见表 4-47。

表 4-47 碱耗和 SiO_2 溶出对比

编号	碱度/g·L^{-1}	100 渣反应耗碱/g	可溶出 SiO_2	实际溶出 SiO_2	比较
1	34	0.96	0.72	1.13	+0.41
2	69	1.05	0.79	1.45	+0.66
3	120	2.36	1.77	2.02	+0.25
4	180	3.00	2.25	2.42	+0.17

从表 4-47 的数据可以看出，反应消耗的碱和理论上可溶出的 SiO_2 的数据十分吻合，虽然其数值比实际溶出的小，但均为正误差，误差的绝对值波动小，由此可以认为碱浸消耗的碱主要是消耗于 SiO_2 的溶出。

4.4.7 小结

（1）针对云南地区丰富的钛资源，进行了电炉熔炼钛渣制备高品质富钛料试验研究。在总结大量文献资料的基础上，对国内外电炉熔炼钛渣制备富钛料工艺的发展和现状进行了评述，并比较了各种方法的优缺点。通过试验验证，电炉钛渣经过高压碱浸后再用常压酸浸除杂，可以提高钛渣中 TiO_2 的含量，制备出符合氯化法生产钛白用的高品质富钛料。

（2）通过 X 射线衍射和扫描电镜，确定钛渣的物相结构主要是四相，即黑钛石固溶体、塔基石固溶体、硅酸盐玻璃体和游离的 TiO_2。分析了还原剂的配比、熔炼温度、冷却温度等对电炉钛渣的相组成的影响。电炉熔炼钛渣中的杂质主要是由于电炉熔炼钛精矿时，钛精矿中的杂质不能被还原或不能完全被还原而富集于钛渣中形成的，主要包括在还原熔炼过程中完全转入渣中的杂质，如 CaO、MgO、Al_2O_3 等，和部分被还原的杂质，如 SiO_2、MnO 和 V_2O_5 等。黑钛石固溶体中含有钛渣中大部分 Fe、Mg、Mn、V 和其他杂质，这种物相对无机酸本身具有惰性，直接采用酸浸法提纯是非常困难的。钛渣中的 Si 和 Ca 集中在硅酸盐玻璃体中，这种硅酸盐玻璃体分布于黑钛石的内部，难于直接浸出。通过盐酸常压浸出和硫酸高压浸出证明了电炉钛渣直接酸浸除杂效果不明显，在对电炉熔炼钛渣进行酸浸前，需进行改性处理。

（3）高压碱浸试验表明，碱浸对除去 SiO_2 效果较好，随着 NaOH 浓度的增加，SiO_2 有规律的下降；高压碱浸能除去部分 Al_2O_3，碱液浓度达 60g/L 以上，钛渣的 Al_2O_3 直接脱出率约为 25%。高压碱浸不能直接提高钛渣的品位，高压碱浸渣采用水洗也不能使 TiO_2 的含量大于 90%。高压碱浸的适宜工艺条件为：温度 120℃、压力 0.2MPa、保压时间 2h、碱浓度 60~100g/L。

（4）碱浸渣酸浸试验表明，采用硫酸常压浸出能除去电炉钛渣中的大部分 SiO_2、Al_2O_3、Fe 和 Mn 杂质，能将品位为 $TiO_2$80%~87%的电炉钛渣制成含 TiO_2 大于 90%的富钛料，但 MgO 和 CaO 很难除去。采用盐酸浸出也能达到同样的结果，如果试料中 MgO 和 CaO 含量较高，则盐酸浸出效果可能更好。酸浸的适宜工艺条件为：碱浸渣在温度大于 80℃、时间 2h、硫酸（盐酸）浓度 25g/L。

（5）对高压碱浸试验进行的试剂对比和循环试验表明，Na_2CO_3 高压碱浸后，采用选择出来的酸浸最优条件，均不能将品位为 $TiO_2$80%~87%的电炉钛渣制成含 TiO_2 大于 90%的富钛料。高压碱浸液可以适度循环使用以节约生产成本，排出的废碱液可做处理酸浸液的中和剂，采用此工艺经济上是比较合理的。

5 高品质钛渣（UGS）的制备

5.1 绪 论

沸腾氯化法生产钛白粉生产具有产能高，工艺操作简单，容易连续化、大型化，不存在严重的“三废”问题的优点；但沸腾氯化过程要求原料 TiO_2 品位达到90%以上，$CaO+MgO$ 的含量必须控制在1.5%以下。其原因是在沸腾氯化过程中，CaO、MgO 杂质会比 TiO_2 提前被氯化，生成 $CaCl_2$ 和 $MgCl_2$，而 $CaCl_2$ 的熔点为772℃，$MgCl_2$ 的熔点为714℃，它们的沸点分别为1800℃和1418℃，在整个氯化过程中，它们呈现熔融态，难挥发出去，易黏结物料，在流化床沉积到一定程度后，堵塞氯化炉筛板，影响沸腾氯化作业的正常进行；同时 Ca、Mg 进入产品中，会影响产品的质量。因此沸腾氯化法钛白粉生产通常采用天然金红石、人造金红石、UGS 钛渣及低钙镁钛渣作为原料。UGS 钛渣作为沸腾氯化钛白粉生产原料之一，其生产工艺一直为国外大公司所封锁、垄断。针对云南钛渣钙镁含量高的特点，开展了降低钛渣 $CaO+MgO$ 含量的 UGS 钛渣生产工艺机理研究，从理论上分析计算影响工艺的各因素，并开展相关试验加以验证，为产业化的实施提供必要的理论支撑。

5.2 UGS 渣的研究现状

UGS 钛渣因其具有环境污染小，可以有效降低钙镁元素，使其达到沸腾氯化法生产钛白粉的要求，因而被许多企业所研究，但关键核心技术仍被保密。

美国利用氧化—氯化焙烧—浸出工艺对钛渣氧化、氯化等进行高温处理，不仅需大量的电能，而且含钙镁杂质高的原料除杂效果差，无法解决 $MgCl_2$ 和 $CaCl_2$ 在炉底富集而结料的问题，而且实验过程中会产生大量的氯气和氯化氢，污染环境、腐蚀设备。在浸出过程需要通过高温加压处理钛渣，要求具有高温加压设备，较难实现大型化；美国还有利用硫酸化焙烧—浸出工艺用 SO_3 和 O_2 在高温下焙烧钛渣的工艺，但焙烧温度高，时间长，能耗大，而且 SO_3 有毒害，需密封性好的设备，产物中 TiO_2 品味不高，钙镁元素除杂效果也不理想。

加拿大魁北克铁钛公司（QIT）是目前唯一成功开发出 UGS 钛渣生产线的企业，其中低钙镁的 UGS 钛渣可作为氯化钛白生产的原料。目前 QIT 控制了世界约30%的钛渣市场，其公司具有独特的钛渣冶炼技术，即在酸溶性钛渣的生产线之上对工艺进行改进，除去钛渣中有害元素钙、镁等杂质，提高钛渣中品位，并建立了 UGS 钛渣生产线。但魁北克铁钛公司对技术及专利严格保密，导致中国企业和科研机构无法使用其技术。

目前国内一些企业、高校进行了提高钛渣品位、降低钙镁元素含量的研究工作，但都未实现产业化，对钛渣品位提高、钙镁元素降低的机理研究工作多为学术研究，仍不能大规模工业化生产。

国内攀枝花市钛资源丰富，约占国内的90%以上，原矿 MgO+CaO 含量一直很高，在攀枝花市人民政府发布的攀枝花市“十二五”科学技术发展规划中，已将 UGS 渣高品质富钛料生产技术研究纳入重大专项，在2015年初步实现高钛型高炉渣高价值规模化利用。在开发适合氯化法钛白或海绵钛工业需要的钛原料时，攀枝花钛矿中高 MgO+CaO 是制约冶炼氯化钛渣工艺的瓶颈，在此背景下攀钢进行了用攀枝花钛渣生产高品位钛渣的研究与开发。2002年，攀钢进行了开发适合氯化法高品质钛原料的研究。其项目的技术特点是流态化氧化技术、流态化还原技术和流态化高温高压浸出除杂提纯技术。2003年完成了实验室流态化氧化、还原、浸出设备的设计与建设。经过一年多的实验室试验研究，得到了适合氯化法钛白生产的富钛料。试验结果表明，针对攀枝花钛渣的特点，该工艺可以使钛渣中的 MgO+CaO 降低到1.2%以下（要求1.5%），可满足氯化钛白生产要求。另外，攀钢研究院还利用氧化—还原焙烧—浸出原理对钛渣进行氧化、还原高温预处理，但需要大量电能，酸浸除杂需高温加压或微波，要求设备性能好，目前尚未实现大型化规模化生产。

国内外对于钛渣制粒的相关研究较少，对于添加剂的种类、用量、混合比都没有报道，对制粒机理的研究可以为 UGS 钛渣的制粒提供相应的基础研究和参考，以期满足氯化法对入炉料的粒度要求。

5.3　UGS钛渣生产工艺机理研究的研究内容及难点

5.3.1　主要研究内容

5.3.1.1　钛渣性质研究

通过光学显微镜、扫描电镜、X射线衍射、激光粒度仪、化学元素分析仪等检测技术，对钛渣的矿物结构、物相组成、杂质元素在各物相中的分布及嵌布特性进行研究，为后续除杂机理研究提供理论基础数据。

5.3.1.2　钛渣活化模型建立及可行性研究

研究机械活化对物料的表面特征、物料晶胞参数、晶体无序度变化的影响，进行理论分析，考察焙烧活化对钛渣的微观的结构和性能的影响及对钛渣和碳酸钠反应的动力学反应条件的影响，从而建立活化焙烧模型，进一步探索钛渣和碱盐反应机理。

5.3.1.3　钛渣的水洗酸浸除杂模型建立及可行性研究

研究钛渣酸浸杂质的溶出机理，通过对钛渣活化焙烧产物酸浸进行热力学计算和电感耦合等离子体发射光谱仪（ICP-AES）测试滤液成分变化及 XRD 测试酸浸产物，研究酸浸产物的物相变化、产物形态及酸溶行为，考察水洗及酸浓度、酸浸时间、酸浸温度对除杂效果的影响，建立水洗酸浸除杂模型。

5.3.1.4　煅烧及结果分析评价体系的建立

经煅烧后，生成 UGS 渣，通过 XRD 和化学成分分析其 TiO_2 品位及钙镁等杂质含量，建立分析对评价体系，对以上除杂机理进行理论分析，从而进一步指导试验。

5.3.1.5　UGS钛渣制粒机理的研究

沸腾氯化法对入炉料的粒度也有相应的要求（0.106~0.85mm），焙烧后的制粒工艺、添加剂的选择、添加剂和UGS钛渣的配比，制粒后颗粒的化学成分、粒度、强度都要达到要求，以满足氯化法生产钛白粉的原料要求。

5.3.2　技术难点

由于采用钠化焙烧—酸浸方法制备UGS渣，中间控制参数条件较多，要想取得良好的效果必须控制焙烧、酸浸每一步的工艺条件，另外，焙烧、酸浸热力学、动力学模型的建立过程中，合理选择模型也是一个难点和重点。在制粒工艺研究方面，影响制粒的因素较多，有7~8个工序，主要有以下几个难点。

（1）钛渣活化模型建立。影响钛渣活化的因素较多，有渣碱比、焙烧温度、焙烧时间，考察焙烧活化对钛渣的微观的结构和性能的影响，以及对钛渣和碳酸钠反应的动力学反应条件的影响，需要大量的试验数据和热力学、动力学数据的支撑，从而建立活化焙烧模型，探索钛渣和碱盐反应机理。

（2）钛渣的水洗酸浸除杂模型建立及可行性研究。研究钛渣酸浸杂质的因素较多，主要有水洗及酸浸浓度、酸浸时间、酸浸温度、固液比、搅拌速度等，考察这些因素对除杂效果的影响，需要大量的试验数据来支撑研究酸浸产物的物相变化、产物形态及酸溶行为。

（3）煅烧结果分析评价体系的建立。经煅烧后，生成UGS渣，通过XRD和化学成分分析其TiO_2品位及钙镁等杂质含量，建立分析评价体系，对除杂机理进行理论分析。

（4）UGS钛渣制粒机理的研究。沸腾氯化法对入炉料的粒度也有相应要求（0.106~0.85mm），焙烧后研究制粒工艺、添加剂的选择、添加剂和UGS钛渣的配比以及制粒后颗粒的化学成分、粒度、强度都要达到要求，如何快速得到合理的工艺参数是难点。

5.4　技术指标及工艺路线

5.4.1　技术指标

采用活化焙烧—酸浸除杂的工艺方案，主要技术指标如下。

（1）对钛渣的性质组成、钛渣活化焙烧、酸浸过程杂质溶出行为及应用进行深入细致的理论机理研究；

（2）为研制出满足沸腾氯化法生产钛白粉的UGS钛渣提供理论指导；

（3）获得UGS渣中TiO_2的品位≥90%，CaO和MgO的含量≤1.5%，Si含量≤0.7%。

5.4.2　工艺路线

UGS钛渣生产工艺机理研究的试验方案和技术路线如图5-1所示，UGS钛渣制粒工艺机理研究如图5-2所示。具体研究方案如下。

（1）采用各种测试仪器研究钛渣的矿物结构、物相组成、杂质元素在各物相中的分布及嵌布特性。

（2）研究机械活化对钛渣的表面特性、晶胞参数的影响，通过热力学计算钛渣活化焙烧机理，根据计算得出适宜的焙烧曲线。

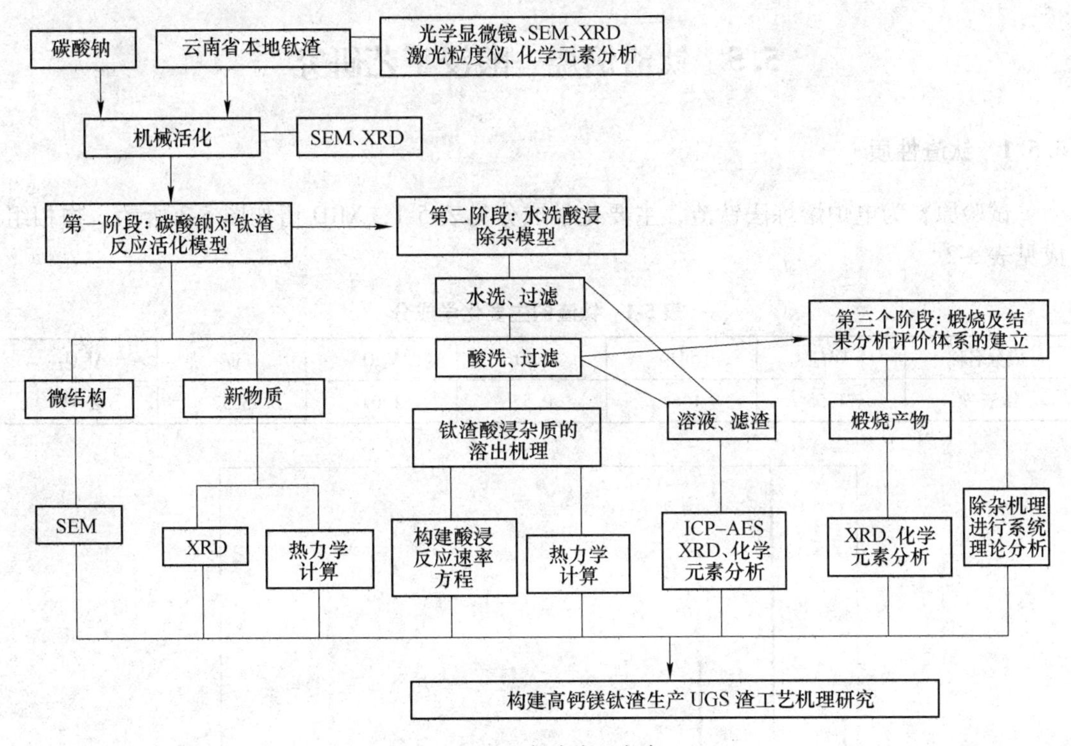

图5-1　研究路线和方案

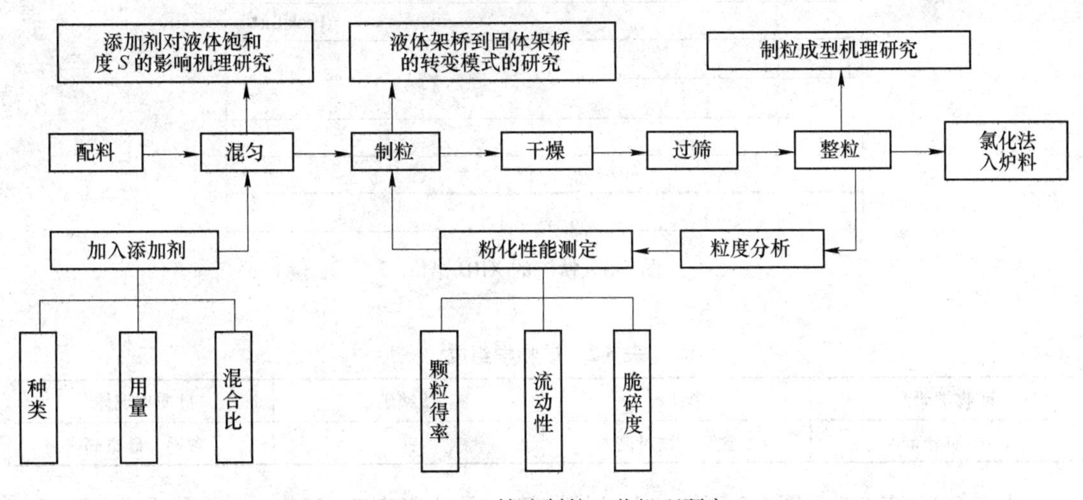

图5-2　UGS钛渣制粒工艺机理研究

（3）采用热力学方法计算出水洗酸浸除杂过程中杂质元素的除去机理，从而进一步研究整个除杂的机理。

（4）经煅烧处理后形成含有TiO_2较高的UGS钛渣，对UGS钛渣进行分析测试，对其除杂机理进行系统理论分析计算。

（5）对煅烧处理后的UGS钛渣进行制粒研究，对其成型机理进行研究。

（6）通过以上研究，构建高钙镁钛渣生产UGS钛渣工艺机理。

5.5 钛渣焙烧—酸浸工艺研究

5.5.1 钛渣性质

试验原料为电炉熔炼法钛渣，主要化学成分见表5-1，XRD谱如图5-3所示，物相组成见表5-2。

表5-1 钛渣的主要化学成分

成分名称	TiO_2	SiO_2	CaO	MgO	Fe	Al_2O_3
钛渣/%	71.55	1.64	0.55	1.04	3.32	2.43

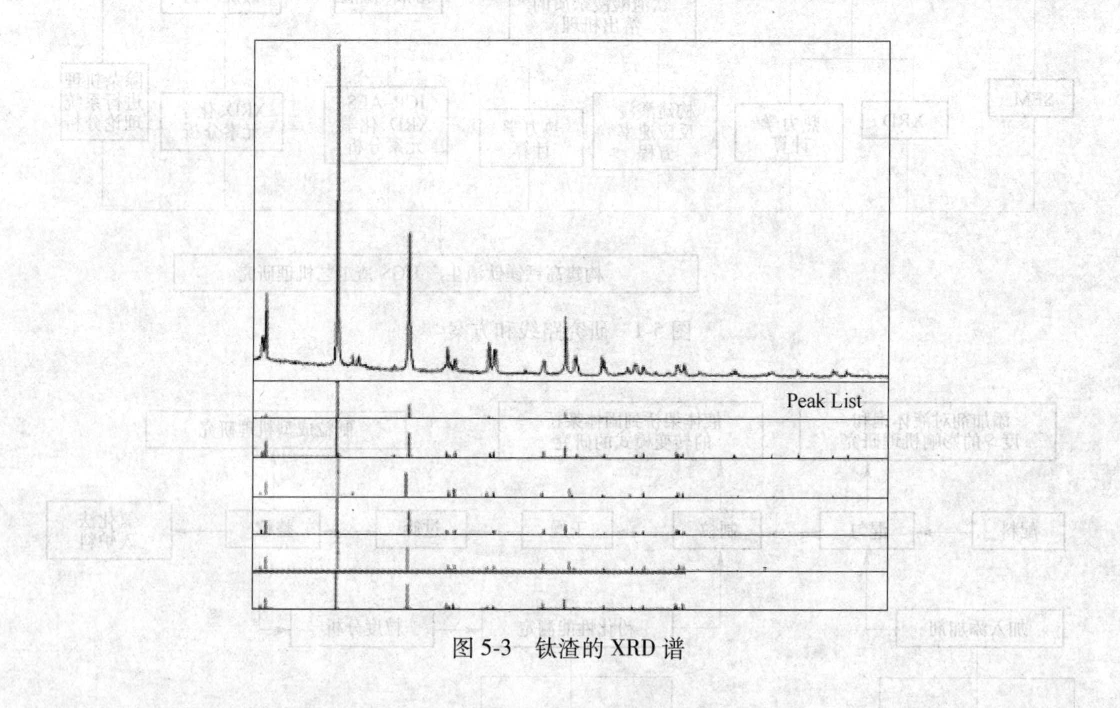

图5-3 钛渣的XRD谱

表5-2 矿物学组成

矿物学研究	黑钛石	钛铁矿	硅质玻璃体
杂质分布	含镁、铁量高	铁	含钙、硅量高

由表5-1、表5-2和图5-3可知，电炉钛渣TiO_2品位仅为71.55%，主要杂质成分为Fe、SiO_2、Al_2O_3、CaO、MgO等，其中对氯化法钛白生产及海绵钛制取危害较大的CaO和MgO总量为1.6%，Fe含量为3.32%，Si含量为1.64%。分析表明，电炉钛渣中含钛的主要矿物是$(Mg_{0.3}Ti_{2.7})O_5$、$(Mg_{0.45}Ti_{2.55})O_5$、$FeTi_2O_5$、$Fe_{0.5}Mg_{0.5}Ti_2O_5$、$(Fe_{0.33}Ti_{0.52}Mn_{0.5})Ti_2O_5$等黑

钛石类矿物。

具体试验方法如下：将电炉钛渣细磨至粒径200目，Na_2CO_3/钛渣按一定配比充分混合后，装入坩埚，置于设定温度的箱式电阻炉内，升温至焙烧温度后，焙烧至指定时间，随炉冷却后取出。焙烧产物与水在80℃下以一定比例搅拌进行水洗。余样进行一步酸浸，酸浸后再次水洗至滤液pH≥6，干燥，最后煅烧。煅烧冷却后称量，取样分析煅烧产品的化学成分，计算TiO_2回收率。

5.5.2　钛渣焙烧试验参数的影响

由图5-4（a）可知，控制焙烧温度900℃，焙烧时间1h的条件下，改变Na_2CO_3/钛渣质量比，随着Na_2CO_3所占比重的增加，TiO_2品位逐渐增大，回收率变化不大。当Na_2CO_3/钛渣质量比达到4：6时，TiO_2品位达到最高值96.66%，回收率94.34%；继续增加Na_2CO_3/钛渣质量比时，TiO_2品位有下降趋势。因此，Na_2CO_3/钛渣质量比以4：6为宜，此时，可以实现钛渣杂质向易选择性溶出矿相的转变。

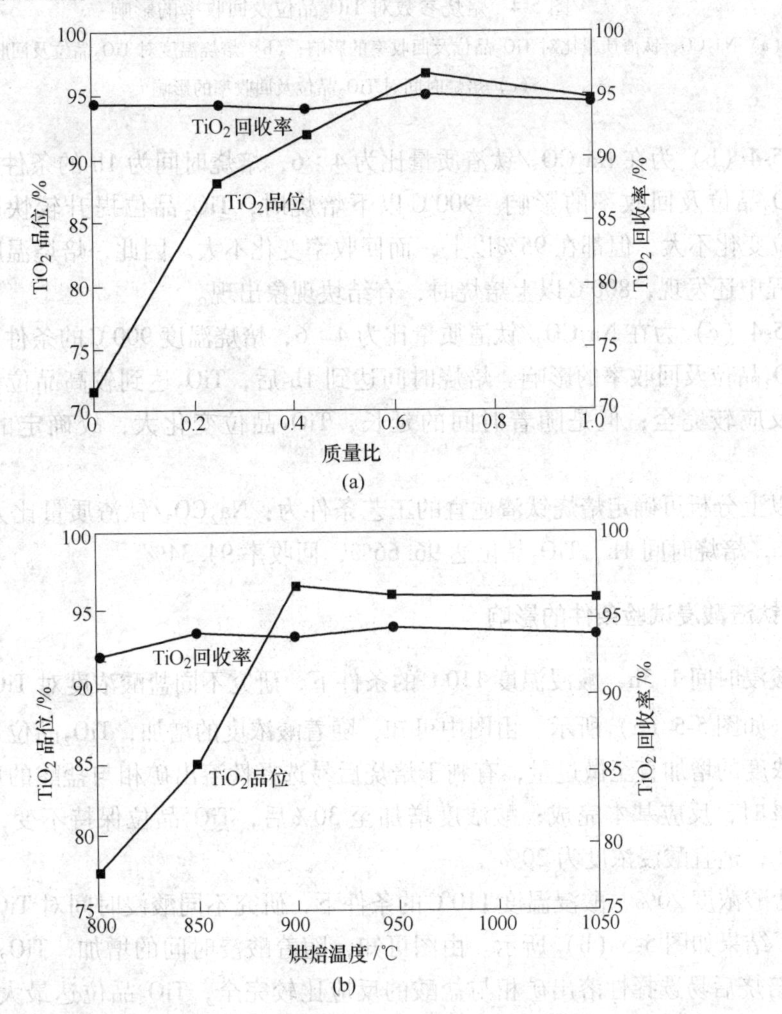

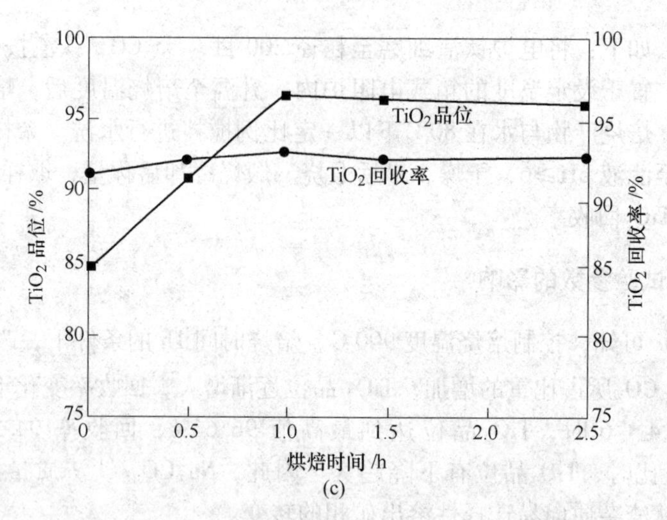

图 5-4　焙烧参数对 TiO_2 品位及回收率的影响

（a）Na_2CO_3/钛渣质量比对 TiO_2 品位及回收率的影响；（b）焙烧温度对 TiO_2 品位及回收率的影响；（c）焙烧时间对 TiO_2 品位及回收率的影响

图 5-4（b）为在 Na_2CO_3/钛渣质量比为 4∶6，焙烧时间为 1h 的条件下，不同焙烧温度对 TiO_2 品位及回收率的影响。900℃以下焙烧时，TiO_2 品位提升较快；900℃以上时，TiO_2 品位变化不大，但都在 95%以上，而回收率变化不大。因此，焙烧温度以 900℃为宜，试验过程中还发现，800℃以上焙烧时，有结块现象出现。

图 5-4（c）为在 Na_2CO_3/钛渣质量比为 4∶6，焙烧温度 900℃的条件下，不同焙烧时间对 TiO_2 品位及回收率的影响。焙烧时间达到 1h 后，TiO_2 达到较高品位，当反应时间延长时，反应较完全；但是随着时间的延长，TiO_2 品位变化大，故确定的适宜焙烧时间是 1h。

由以上分析可确定焙烧钛渣适宜的工艺条件为：Na_2CO_3/钛渣质量比为 4∶6，焙烧温度 900℃，焙烧时间 1h，TiO_2 品位达 96.66%，回收率 94.34%。

5.5.3　钛渣酸浸试验条件的影响

在酸浸时间 1.5h，酸浸温度 110℃的条件下，研究不同盐酸浓度对 TiO_2 品位及回收率的影响，如图 5-5（a）所示。由图中可知，随着酸浓度的增加，TiO_2 品位逐渐增加，说明随着酸浓度的增加直至微过量，有利于焙烧后易选择性溶出矿相与盐酸的反应，盐酸浓度达到 20%时，反应基本完成；酸浓度增加至 30%后，TiO_2 品位保持不变，回收率变化不大。因此，适宜酸浸浓度为 20%。

在盐酸浓度 20%，酸浸温度 110℃的条件下，研究不同酸浸时间对 TiO_2 品位及回收率的影响，结果如图 5-5（b）所示。由图可知，随着酸浸时间的增加，TiO_2 品位逐渐增加，1.5h 时焙烧后易选择性溶出矿相与盐酸的反应比较完全，TiO_2 品位达最大值 96.66%；随着时间的延长，TiO_2 品位有下降趋势，而回收率变化不大，因此，适宜条件为 1.5h。

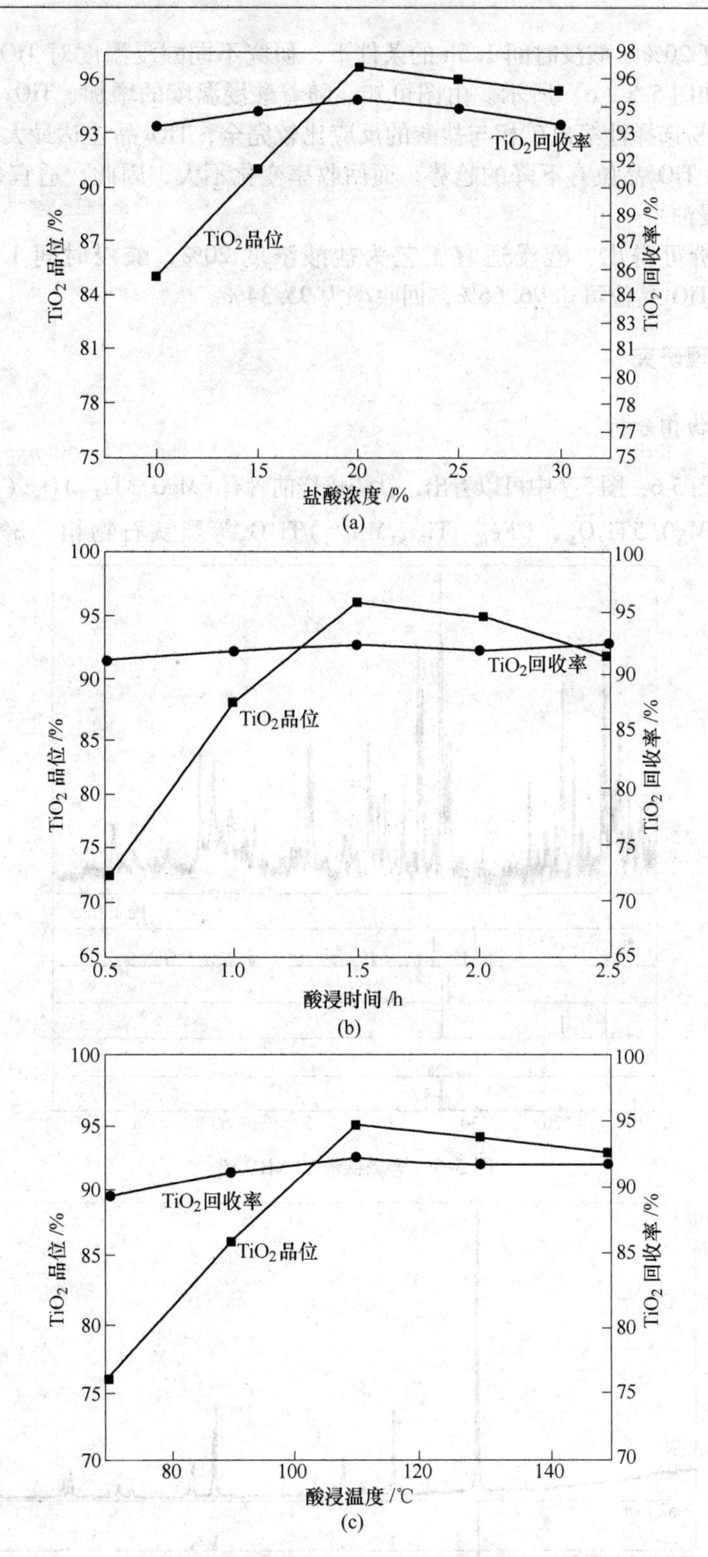

图 5-5 酸浸参数对 TiO_2品位及回收率的影响

（a）盐酸浓度对 TiO_2品位及回收率的影响；（b）酸浸时间对 TiO_2品位及回收率的影响；

（c）酸浸温度对 TiO_2品位及回收率的影响

在盐酸浓度 20%，酸浸时间 1.5h 的条件下，研究不同酸浸温度对 TiO_2 品位及回收率的影响，结果如图 5-5（c）所示。由图可知，随着酸浸温度的增加，TiO_2 品位逐渐增加，110℃时焙烧后易选择性溶出矿相与盐酸的反应比较完全，TiO_2 品位达最大值 95.66%；随着时间的延长，TiO_2 品位有下降的趋势，而回收率变化不大，因此，适宜条件是 110℃沸腾条件下的酸浸油浴。

由上述分析可得出，酸浸适宜工艺为盐酸浓度 20%，酸浸时间 1.5h，酸浸温度 110℃，此时，TiO_2 品位可达 96.66%，回收率为 95.34%。

5.5.4　过程机理研究

5.5.4.1　物相分析

由图 5-3、图 5-6、图 5-7 中可以看出，钛渣焙烧前含有 ($Mg0.3Ti_{2.7}$)O_5、($Mg_{0.45}Ti_{2.55}$)O_5、$FeTi_2O_5$、$Fe_{0.5}Mg0.5Ti_2O_5$、($Fe_{0.33}Ti_{0.52}Mn_{0.5}$)$Ti_2O_5$ 等黑钛石物相，焙烧水洗后得到

Peak List
10
20
30
40
50
60
70

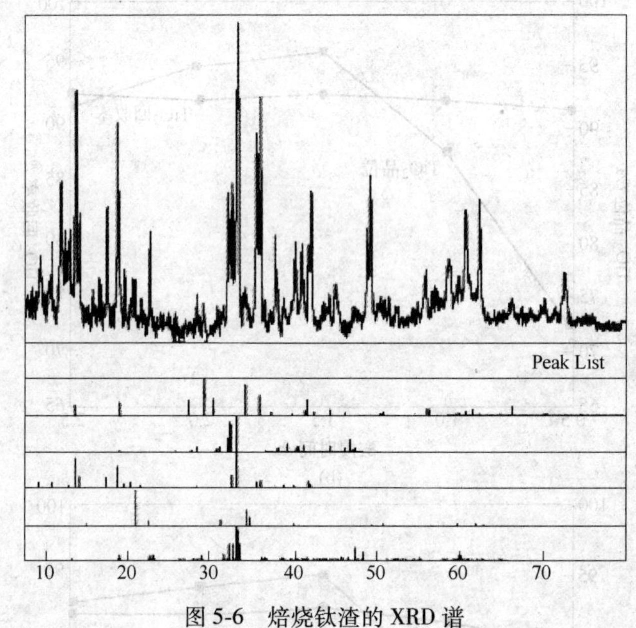

图 5-6　焙烧钛渣的 XRD 谱

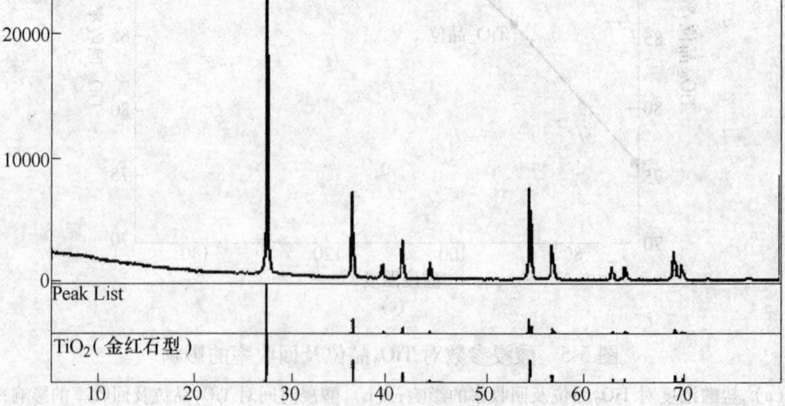

20000
10000
0
Peak List
TiO2(金红石型)
10
20
30
40
50
60
70

图 5-7　煅烧钛渣的 XRD 谱

Na-Mg-Ti-O、Na-Al-Si-O、Ca-Mg-Si-O、Fe-Si-O 等物相，XRD 检测只能测试出晶体的衍射峰，说明含 Si 相在经过活化焙烧改性之后，成为可选择性溶出的物相，在酸浸时被除去，而含钛相主要是黑钛石，在焙烧后的 XRD 图谱里已经消失了，说明活化改性后黑钛石与 Na_2CO_3反应，生成能与盐酸反应的 Na_2TiO_3，煅烧后形成 TiO_2。

研究表明，当温度达到 869.7℃时，黑铁石固溶体中主要含钛物相 $MgTi_2O_5$、$FeTi_2O_5$、$MnTi_2O_5$，以及电炉熔炼钛渣过程中新生成的 $FeTiO_3$及其他含量较少的偏钛酸盐 $MgTiO_3$、$MnTiO_3$和 TiO_2均能与 Na_2CO_3发生反应生成 $NaTiO_3$，据此推测，钛渣中主要含钛矿物与 Na_2CO_3 发生的反应主要为：

$$Mg0.3Ti2.7O5 + 2Na_2CO_3 \longrightarrow 2Na_2TiO_3 + MgO + 2CO_2$$

$$(Mg0.45Ti2.55)O_5 + 2Na_2CO_3 \longrightarrow 2Na_2TiO_3 + MgO + 2CO_2$$

$$FeTi_2O_5 + 2Na_2CO_3 \longrightarrow 2Na_2TiO_3 + FeO + 2CO_2$$

$$(Fe0.33Ti\ 0.52Mn0.5)Ti_2O_5 + 2Na_2CO_3 \longrightarrow 2Na_2TiO_3 + FeO + MnO + 2CO_2$$

图 5-5（b）中，焙烧温度 850℃以下时，TiO_2 品位在 85%以下，黑钛石等物相没有和 Na_2CO_3 反应；直到 900℃时，反应才比较完全，TiO_2 品位才达到 95%，这与研究结果一致。

由图 5-6、图 5-7 中可知，酸浸前物相为 Na-Mg-Ti-O、$FeSiO_3$、$CaMg(SiO_4)_2$ 等，由图 5.7 可知，钛渣酸浸水洗后 XRD 分析得到金红石型 TiO_2，可见，HCl 和这些物相反应较完全，水洗时能将大部分的可溶物洗掉，发生的主要反应为：

$$Na_{12}MgTi_{13}O_{33} + HCl \longrightarrow NaCl + MgCl_2 + TiO_2 + H_2O$$

$$Ca_3Mg(SiO_4)_2 + HCl \longrightarrow MgCl_2 + CaCl_2 + TiO_2 + H_2SiO_4$$

$$FeSiO_3 + HCl \longrightarrow FeCl_3 + Fe_2(SiO_4)_3 + H_2O$$

说明焙烧产物与盐酸发生反应，其中 Na、Fe 和 Mg 等杂质元素被溶出，以及其他固溶于其中或存在于非晶态物质中的杂质组分被溶出，而含钛物相形成 TiO_2。

5.5.4.2 SEM 分析

由图 5-8（a）和（e）中可以看出，钛渣原料呈现出金属盐团聚吸附包裹在钛渣表面，而高钛渣则呈金属块状，表面光滑，没有包裹物。钛渣原料含有 Mg-Ti-O、Fe-Ti-O 和 Fe-Mn-Ti-O 等黑钛石物相，焙烧阶段就是破坏这种难与酸反应的结构。由前述，直接对钛渣进行高压酸浸，结果没有破坏这种包裹结构，TiO_2的品位只提高到 88%。用 Na_2CO_3/钛渣 3∶7 质量比对攀钢地区钛渣采用活化焙烧，两段酸浸（硫酸）处理获得 TiO_2品位为 92.23%。针对钛渣的物相及结构，采用适宜 Na_2CO_3/钛渣 4∶6 质量比活化钛渣，只采用一段酸浸（盐酸）的工艺，成功获得 TiO_2品位为 96.66%。如图 5-8（b）所示，焙烧产物形态与钛渣形态相比发生了显著变化，添加 Na_2CO_3焙烧后，焙烧产物形成了针状、板条状多孔化合物，比表面积显著增大，这种结构形态的改变有利于加快焙烧产物酸浸反应速率，提高酸浸除杂效果。XRD 结果证实，酸浸水洗过后，物相大部分都是金红石型 TiO_2。董海刚等人对攀钢地区钛渣添加 Na_2CO_3焙烧后，得到了针状、絮团状多孔化合物，两者不同形态却有相同的原理，都证实了活化焙烧后增大表面积的结构对酸浸除杂提高 TiO_2品位的合理性。从图 5-8（c）和（d）中可以看出，酸浸时盐酸与焙烧产物反应较充分，酸浸产物破碎成粒度较小的不规则颗粒，煅烧产物颗粒更加细小均匀，得到的 TiO_2品位达 96.66%。

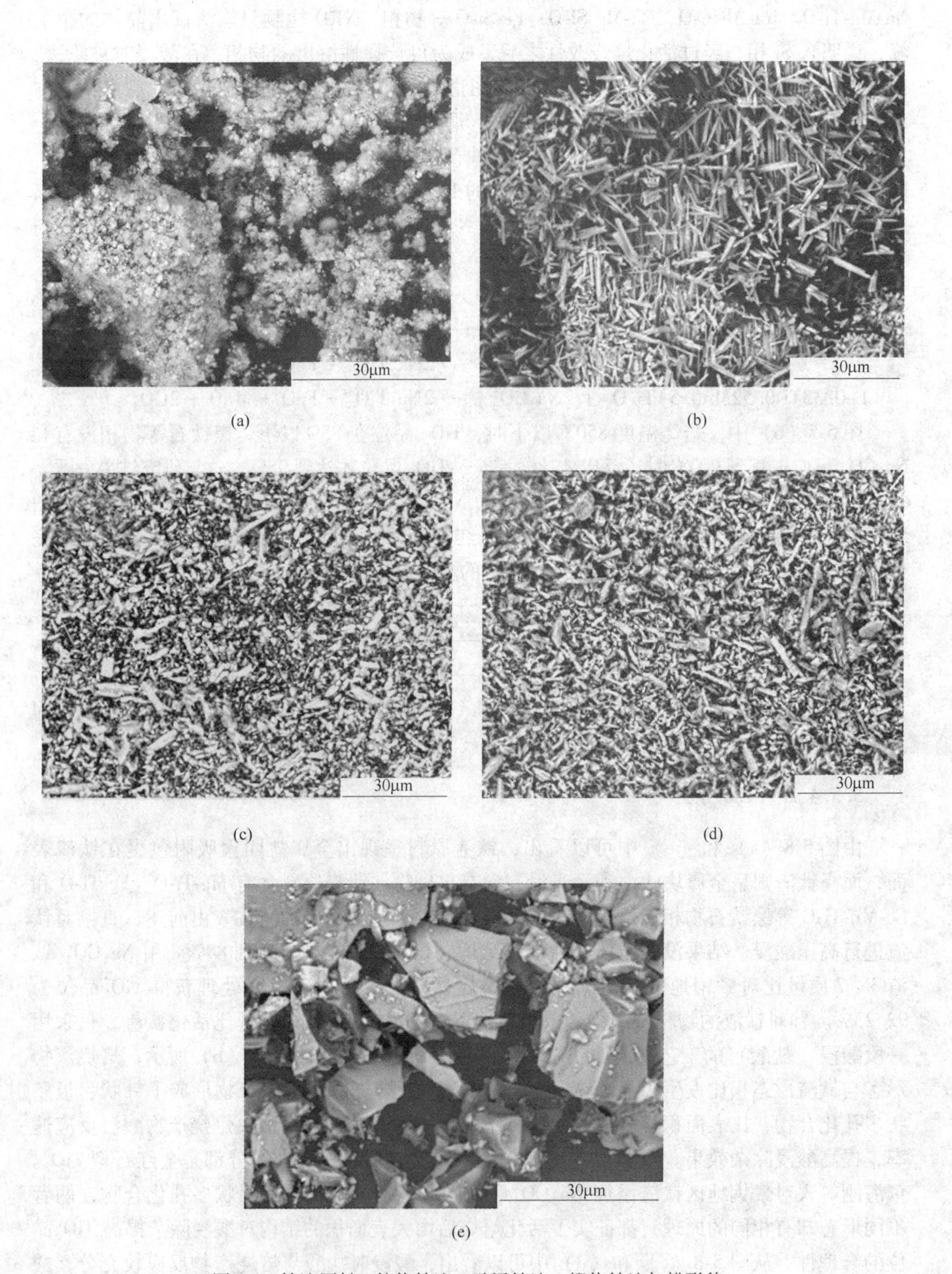

图 5-8　钛渣原料、焙烧钛渣、酸浸钛渣、煅烧钛渣扫描形貌
（a）钛渣原料；（b）焙烧钛渣；（c）酸浸钛渣；（d）煅烧钛渣；（e）高钛渣

5.5.5 钛渣品位

通过前期的理论分析计算，将其应用于 UGS 渣的制备过程中，制备出了 UGS 钛渣产品（图 5-9、图 5-10），对钛渣化学成分进行分析。目前制备出的 UGS 渣中，TiO_2含量最高可达 98.66%，高于国标（YST 298—2007）的一级要求。UGS 渣中 CaO+MgO 含量低于 0.5%，远低于国家一级高钛渣中 CaO+MgO 含量。UGS 渣中 Fe 的含量在 0.5%以内，优于国家一级要求，因此，在除 Ca、Mg 效果较好的情况下，除 Fe 率也大幅提升，真正满足 UGS 渣杂质含量小、TiO_2品位高的要求。

由图 5-9（a）中可以看出，钛渣原料磨细后是有金属光泽的黑色粉末，焙烧后呈现出铁锈红色（图 5-9（b）），这是由于钠化焙烧后，黑钛石等含钛物相与 $NaCO_3$ 反应，生成钛酸钠的缘故；图 5-9（c）所示为煅烧后的金红石型 TiO_2，品位达 96%以上。

(a) (b) (c)

图 5-9 钛渣产品分析

（a）钛渣原料；（b）焙烧产物；（c）煅烧产物 UGS 渣

由图 5-10 中可以看出，TiO_2 品位达 98%的 UGS 渣，颜色与图 5-9（c）中的煅烧产物相比，颜色更白，说明杂质含量较低，趋向于钛白粉的白色，纯度较高。表 5-3 是试验结果与制备出的 UGS 渣技术指标对比情况，表 5-4 是国标（YST 298—2007）高钛渣的化学成分。

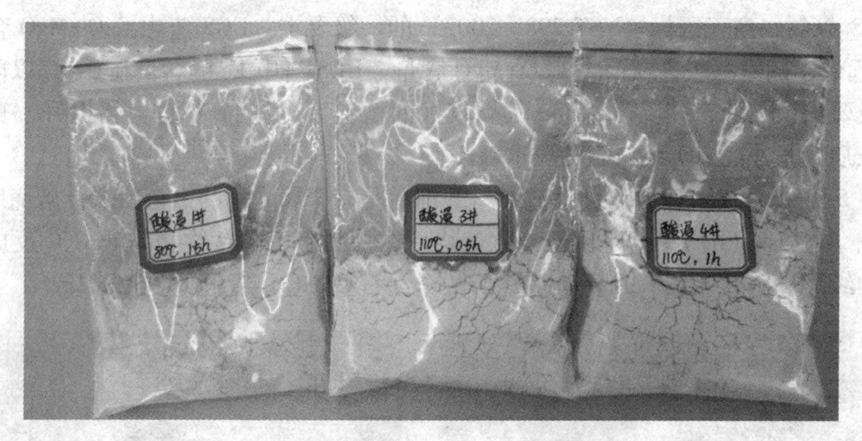

图 5-10　TiO_2 品位达 98%的 UGS 渣

表 5-3　试验结果与制备出的 UGS 渣技术指标对比　　(%)

名称	TiO_2	SiO_2	CaO	MgO	Fe	Al_2O_3
钛渣	75.88	6.54	0.42	2.45	5.56	2.04
制备出的 UGS 渣 1	93.89		0.037	0.087	1.78	
制备出的 UGS 渣 2	96.66	0.66	0.34	0.056	0.25（ICP）	0.97
制备出的 UGS 渣 3	98.66	0.50	0.005	0.01	0.12（ICP）	0.091

表 5-4　国标（YST 298—2007）高钛渣化学成分　　(%)

产品级别	TiO_2（不小于）	杂质含量（不大于）			
		Fe	P	CaO+MgO	MnO
一级	94	3.0	0.02	1.0	2.0
二级	92	3.5	0.03	2.0	2.5
三级	90	4.5	0.03	2.5	3.0
四级	80	4.5	0.03	10	3.0

5.5.6　小结

（1）电炉钛渣 TiO_2品位仅为 71.55%。主要杂质成分为 Fe、SiO_2、Al_2O_3、CaO、MgO 等，其中对氯化法钛白生产及海绵钛制取危害较大的 CaO 和 MgO 总量为 1.6%，Fe 含量为 3.32%，Si 含量为 1.64%。电炉钛渣中含钛的主要矿物是 $(Mg_{0.3}Ti_{2.7})O_5$、$(Mg_{0.45}Ti_{2.55})O_5$、$FeTi_2O_5$、$Fe_{0.5}Mg_{0.5}Ti_2O_5$、$(Fe_{0.33}Ti_{0.52}Mn_{0.5})Ti_2O_5$等黑钛石类矿物。

（2）制备 UGS 渣适宜工艺为，在 Na_2CO_3/钛渣的质量比 4∶6，焙烧温度为 900℃，焙烧时间为 1.5h 条件下所得焙烧产物，经 20%盐酸在 110℃沸腾条件下酸浸 1.5h，煅烧后，获得 TiO_2品位为 98.66%、回收率 94.5%左右，CaO+MgO 含量小于 0.5%，Fe 含量 0.5%，SiO_2含量 0.7%，Al_2O_3含量 0.9%的 UGS 渣。

（3）Na_2CO_3的合理添加破坏了钛渣中黑钛石等包裹、团聚型物相结构，形成了易酸溶的矿相，焙烧产物呈板条状，为两步酸浸减少为一步酸浸，以及得到高品位的 UGS 渣提供了条件。

5.6 钛渣焙烧—酸浸过程的热力学机理

5.6.1 热力学机理

利用热力学机理与 XRD 相结合分析，分析碳酸钠活化钛渣的表面变化、碳酸钠与钛渣之间的活化反应机理。

钛渣中主要含钛矿物与 Na_2CO_3 发生的反应以及热力学结果见表 5-5。选择 Na_2CO_3 作为活化剂的依据是所选择的碱必须在高温下能与钛渣发生反应，能将渣中的酸性氧化物与碱性氧化物分离，又便于进一步加工处理，而且不会引入其他的杂质成分。研究表明，硅、铝和钛的钠盐都具有这样的性质，所以活化剂的选取定在 NaOH 和 Na_2CO_3 之间，这两种物质与渣反应后除了带入钠元素外，不会增加其他杂质。无论是使用 NaOH 作活化剂还是使用 Na_2CO_3 作活化剂，渣中的组分含量都会发生变化，其中 CaO 和 MgO 的量有所增加，而 SiO_2、TiO_2 和 Al_2O_3 的量有所降低，使用 NaOH 作活化剂比使用 Na_2CO_3 作活化剂效果稍微好一些，但由于 NaOH 较 Na_2CO_3 价格高很多，故试验采用 Na_2CO_3 作为活化剂。

表 5-5 钛渣中主要含钛矿物与 Na_2CO_3 发生的反应以及热力学结果

化学反应方程式	标准吉布斯自由能（$\Delta G_T^\ominus$）
$FeTi_2O_5+2Na_2CO_3 = 2Na_2TiO_3+FeO+2CO_2$	$-0.261T+167.54$
$MgTi_2O_5+2Na_2CO_3 = 2Na_2TiO_3+MgO+2CO_2$	$-0.253T+208.81$
$MnTi_2O_5+2Na_2CO_3 = 2Na_2TiO_3+MnO+2CO_2$	$-0.265T+176.54$
$Al_2TiO_5+2Na_2CO_3 = Na_2TiO_3+2NaAlO_2+2CO_2$	$-0.231T+231.15$
$FeTiO_3+Na_2CO_3 = Na_2TiO_3+FeO+CO_2$	$-0.236T+199.98$
$MgTiO_3+Na_2CO_3 = Na_2TiO_3+MgO+CO_2$	$-0.129T+147.31$
$MnTiO_3+Na_2CO_3 = Na_2TiO_3+MnO+CO_2$	$-0.131T+149.69$
$TiO_2+2Na_2CO_3 = Na_2TiO_3+CO_2$	$-0.127T+121.59$
$Fe_2O_3+Na_3CO_3 = Na_2Fe_2O_4+CO_2$	$-0.140T+150.48$
$SiO_2+Na_2CO_3 = Na_2SiO_3+CO_2$	$-0.137T+134.21$
$CaSiO_3+Na_2CO_3 = Na_2SiO_3+CaO+CO_2$	$-0.119T+162.83$
$Mg_2SiO_4+Na_2CO_3 = Na_2SiO_3+2MgO+CO_2$	$-0.122T+136.58$
$Fe_2SiO_4+Na_2CO_3 = Na_2SiO_3+2FeO+CO_2$	$-0.129T+106.92$
$Mn_2SiO_4+Na_2CO_3 = Na_2SiO_3+2MnO+CO_2$	$-0.121T+123.51$
$Al_2SiO_5+2Na_2CO_3 = Na_2SiO_3+2NaAlO_2+2CO_2$	$-0.207T+183.59$
$Al_2O_3+Na_2CO_3 = 2NaAlO_2+CO_2$	$-0.196T+174.23$

加入 Na_2CO_3 进行焙烧，使渣中的 TiO_2、SiO_2、Al_2O_3 与 Na_2CO_3 反应，生成 Na_2SiO_3

和 $NaAlO_2$ 等可溶于水的化合物。焙烧处理后的共熔渣，无论是渣中的矿相结构还是组成都发生了很大的变化，通过酸浸可以将其中的酸溶杂质溶出，故钛渣钠化焙烧目的就是钛渣与 Na_2CO_3 反应，发生物相转变，破坏钛渣黑钛石固溶体，使其中杂质在后续酸浸过程中便于溶出。

根据类质同象作用原理，可认为钛铁矿是一种复杂固溶体，将其表示为 $m[(Fe,Mg,Mn)O \cdot TiO_2] \cdot (1-m)[(Fe,Cr,Al)_2O_3]$，$m<1$。钛渣在出炉冷却结晶过程中，主要形成两个最具代表性的固溶体，即二钛酸盐（$FeTi_2O_5$、$MgTi_2O_5$、$MnTi_2O_5$ 等）、Al_2O_3 和 Ti_3O_5 等形成的黑钛石固溶体，偏钛酸盐（$MgTiO_3$、$MnTiO_3$ 等）、Al_2O_3 和 Ti_2O_3 等形成的塔基石固溶体。从结晶化学的观点看，电炉熔炼钛渣中属于板钛矿群的矿物可以形成 $MeTi_2O_5$ 和 Me_2TiO_5，其中（Me=Mg、Fe）。钛渣与 Na_2CO_3 混合焙烧时，Na_2CO_3 可能会与渣中黑钛石固溶体和硅酸盐玻璃体矿物发生反应。

通过计算 $FeTi_2O_5$、$MgTi_2O_5$、$MnTi_2O_5$、Al_2TiO_5、$FeTiO_3$、$MgTiO_3$、$MnTiO_3$、$FeTiO_3$、TiO_2 与 Na_2CO_3 反应的热力学来推断黑钛石固溶体与 Na_2CO_3 反应的热力学。

黑钛石固溶体中各矿物与 Na_2CO_3 发生化学反应见表 5-5。

随着焙烧温度不断升高，可使钛渣中低价钛被氧化，焙烧后的钛渣中不存在低价钛。焙烧过程中，FeO 可能被氧化成 Fe_2O_3、Fe_2O_3 与 Na_2CO_3 发生如下反应：

$$Fe_2O_3+Na_2CO_3 = Na_2Fe_2O_4+CO_2$$

硅酸盐玻璃体中各矿物与 Na_2CO_3 发生的化学反应：Si 在电炉渣中主要以游离态 SiO_2 和硅酸盐形式存在，它在碳酸钠中的溶解度主要取决于其存在形式、Na_2CO_3 的量和焙烧温度，SiO_2 与 Na_2CO_3 发生如下反应：

$$SiO_2+Na_2CO_3 = Na_2SiO_3+CO_2$$

钛渣中硅酸盐类矿物与 Na_2CO_3 发生如下反应见表 5-5。

Na_2SiO_3 是一种玻璃态物质，溶于水成黏稠溶液水玻璃：

$$Na_2SiO_3+nH_2O \longrightarrow Na_2SiO_3 \cdot nH_2O \text{（溶解）}$$

$$Na_2SiO_3+nH_2O \longrightarrow 2NaOH+H_2SiO_3+(n-2)H_2O \text{（水解）}$$

$$Na_2SiO_3+nH_2O \longrightarrow NaAlO_2 \cdot nH_2O \text{（溶解）}$$

$$Na_2SiO_3+nH_2O \longrightarrow NaOH+Al(OH)_3+(n-2)H_2O \text{（水解）}$$

其他杂质与 Na_2CO_3 发生化学反应：

$$Al_2O_3+Na_2CO_3 = 2NaAlO_2+CO_2$$

钛渣中各物相与 Na_2CO_3 反应的标准吉布斯自由能与温度的关系式见表 5-5，由此可知，在标准状态下，当温度高于 869.7℃时，钛渣中的黑钛石固溶体和硅酸盐类矿物均可与 Na_2CO_3 发生反应，生成 Na_2TiO_3、Na_2SiO_3、$NaAlO_2$、MgO、CaO、MnO、FeO。

5.6.2 钛渣焙烧热力学

钛渣及焙烧渣的 XRD 谱如图 5-11、图 5-12 所示。由图 5-11、图 5-12 可以看出，钛渣焙烧前含有（$Mg_{0.3}Ti_{2.7}$）O_5、（$Mg_{0.45}Ti_{2.55}$）O_5、$FeTi_2O_5$、$Fe_{0.5}Mg_{0.5}Ti_2O_5$、$(Fe_{0.33}Ti_{0.52}Mn_{0.5})Ti_2O_5$ 等黑钛石物相，焙烧水洗后得到 Na-Mg-Ti-O、Na-Al-Si-O、Ca-Mg-Si-O、Fe-Si-O 等物相，由此可知，$MgTiO_5$、$FeTiO_5$、$MnTiO_5$、TiO_2 可以和 Na_2CO_3 反应，$CaSiO_3$、Al_2SiO_5 不能和 Na_2CO_3 发生反应。

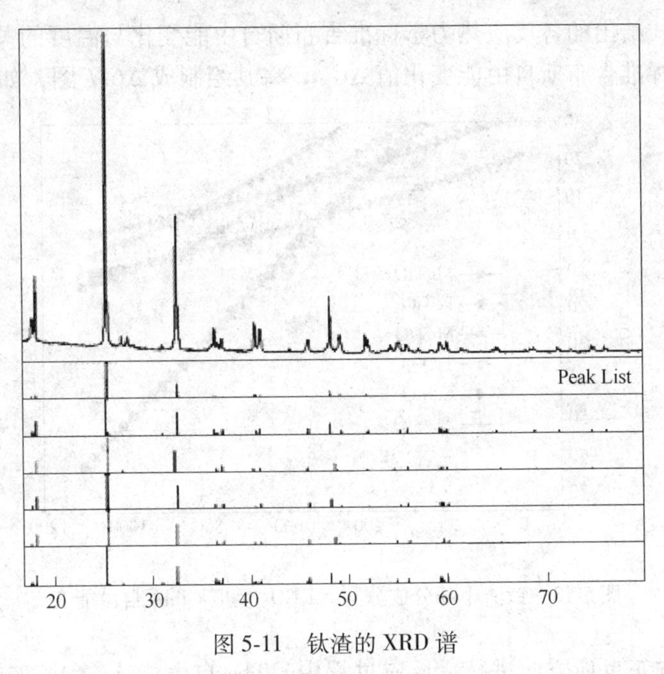

图 5-11 钛渣的 XRD 谱

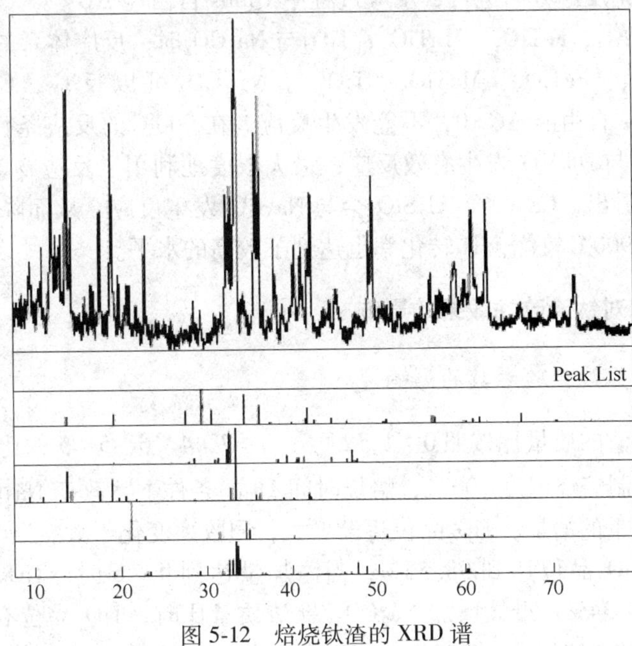

图 5-12 焙烧钛渣的 XRD 谱

焙烧反应过程物相变化如下：

$$FeTi_2O_5+2Na_2CO_3 \longrightarrow 2Na_2TiO_3+FeO+2CO_2(g)$$

$$MgTi_2O_5+2Na_2CO_3 = 2Na_2O \cdot TiO_2+MgO+2CO_2(g)$$

$$Mg_2SiO_4+Na_2CO_3 = Na_2SiO_3+2MgO+CO_2(g)$$

$$TiO_2+Na_2CO_3 = Na_2O \cdot TiO_2+CO_2(g)$$

$$CaSiO_3+Na_2CO_3 = Na_2SiO_3+CaO+CO_2(g)$$

$$Al_2SiO_5+2Na_2CO_3 = Na_2SiO_3+Na_2O \cdot Al_2O_3+2CO_2(g)$$

根据上述各式给出的各反应热力学标准吉布斯自由能变化与温度的关系式，计算出在不同的温度下的标准吉布斯自由能变化值 $\Delta G^{\ominus}$，将其绘制成 ΔG-T 图，如图 5-13 所示。

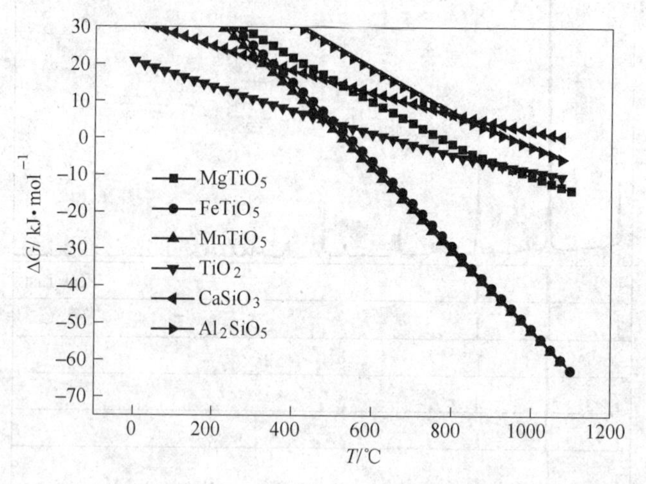

图 5-13　钛渣中部分成分与 Na_2CO_3 反应 Gibbs 自由能变

一个反应要向正反应方向进行，反应过程中 Gibbs 自由能 $\Delta G<0$，如图 5-13 所示，在 900℃焙烧时，$MgTiO_5$、$FeTiO_5$、$MnTiO_5$、TiO_2与 Na_2CO_3时，反应体系的 Gibbs 自由能 $\Delta G<0$，因此，$MgTiO_5$、$FeTiO_5$、$MnTiO_5$、TiO_2 与 Na_2CO_3 可以反应，$CaSiO_3$，Al_2SiO_5 与 Na_2CO_3反应时 Gibbs 自由能 $\Delta G>0$，不能发生反应。在 900℃的反应条件下，体系温度较优，含 Ti 有效成分与 Na_2CO_3发生有效反应，最大限度地利用了反应物，若反应温度继续提高，从图中可以看出，$CaSiO_3$、Al_2SiO_5会与 Na_2CO_3发生反应，从而降低物料的利用率，因此，反应温度为 900℃较优，Ti 转化率也达到了较高的水平。

5.6.3　不同碱渣比对钛渣改性效果的影响

5.6.3.1　钛渣焙烧试验参数的影响

将 Na_2CO_3和钛渣的质量比按照 0∶1，2∶8，3∶7，4∶6，5∶5 的比例进行焙烧反应。由图 5-14 可知，控制焙烧温度 900℃，焙烧时间 1h 的条件下，改变 Na_2CO_3/钛渣质量比，随着 Na_2CO_3所占比重的增加，TiO_2品位逐渐增大，回收率变化不大。当 Na_2CO_3/钛渣质量比达到 3∶7 时，TiO_2品位达到 93.56%；当添加量达到 4∶6 时，TiO_2品位达到最高值 96.66%，回收率 94.34%；继续增加 Na_2CO_3/钛渣质量比时，TiO_2品位有下降趋势，但保持在 90%以上。因此，Na_2CO_3/钛渣质量比适宜比为 4∶6，可以实现钛渣杂质向易选择性溶出矿相的转变。

5.6.3.2　钛渣焙烧试验的 XRD

由图 5-15 可以看出，不同碱渣比焙烧后生成的物相各不相同，0∶1 碱渣比焙烧后生成 TiO_2和 Fe_2TiO_5，和钛渣原料的物相一致，说明没有添加改性剂 Na_2CO_3，钛渣没有被改性；碱渣比为 2∶8 时，生成 $NaFeTi_3O_8$和 $Na_{0.9}Fe_{0.9}Ti_{1.1}O_4$，将 Fe 活化成易处理相；碱渣比为 3∶7 时，生成 $NaTiO_4$、$NaFeTiO_4$、$Na_{9.5}Mg_{10.75}Ti_{0.25}O_{26}$，不仅 Fe 活化成易处理相，

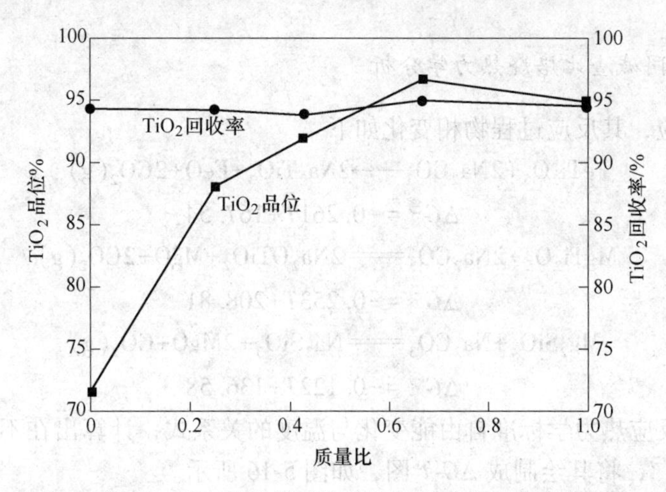

图 5-14 Na_2CO_3/钛渣质量比对 TiO_2 品位及回收率的影响

Mg 也被活化成易处理相；碱渣比为 4∶6 时，生成 $NaTiO_4$、$NaFeTiO_4$、$Na_{9.5}Mg_{10.75}Ti_{0.25}O_{26}$、$Na_{1.8}Mg_{0.9}Si_{1.1}O_4$，其中不仅 Fe、Mg 被活化成易处理相，Si 也被活化成易处理相；碱渣比为 5∶5 时，生成 $NaTiO_4$、$Na_{0.75}Fe_{0.75}Ti_{2.5}O_2$、$Na_{0.68}Mg_{0.34}Ti_{0.66}O_2$，和碱渣比为 3∶7 时情况相同，Fe、Mg 被活化成易处理相。从以上分析可以看出，随着改性剂 Na_2CO_3 的添加量增加，钛渣被活化出的物相越多，活化元素按顺序是 Fe > Mg > Si 。

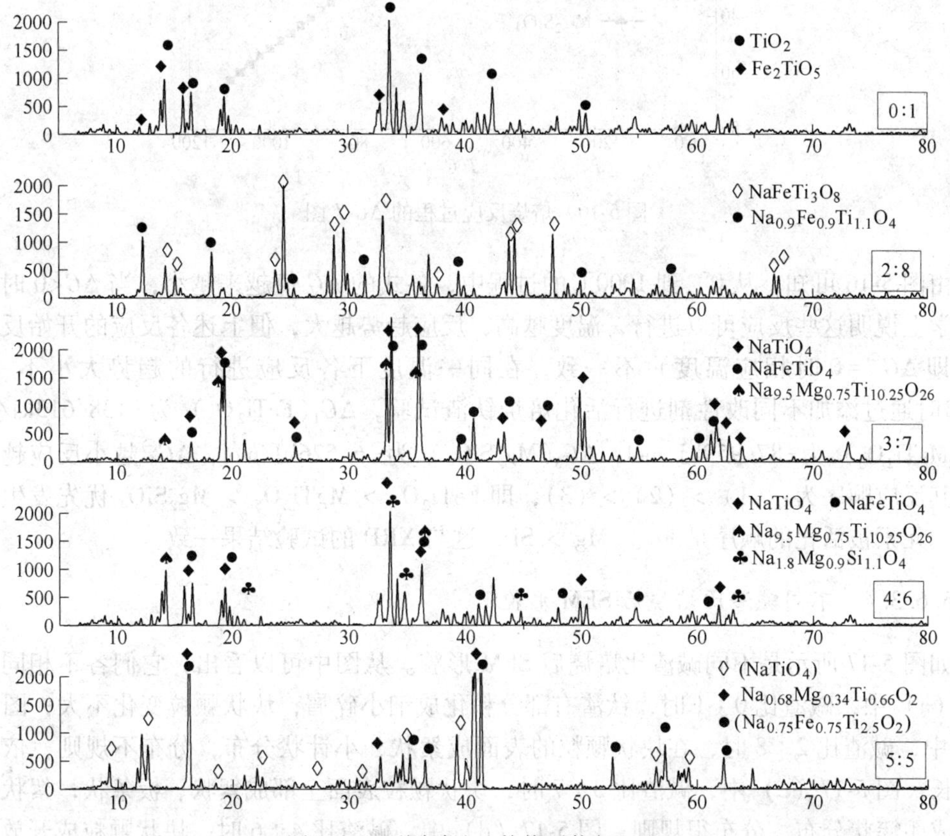

图 5-15 不同碱渣比焙烧后物相 XRD

5.6.3.3　不同碱渣比焙烧热力学分析

根据焙烧反应，其反应过程物相变化如下。

$$FeTi_2O_5+2Na_2CO_3 \longrightarrow 2Na_2TiO_3+FeO+2CO_2(g)$$

$$\Delta G^{\ominus}=-0.261T+167.54$$

$$MgTi_2O_5+2Na_2CO_3 = 2Na_2OTiO_2+MgO+2CO_2(g)$$

$$\Delta G^{\ominus}=-0.253T+208.81$$

$$Mg_2SiO_4+Na_2CO_3 = Na_2SiO_3+2MgO+CO_2(g)$$

$$\Delta G^{\ominus}=-0.122T+136.58$$

根据上述各反应热力学标准自由能变化与温度的关系式，计算出在不同温度下的标准自由能变化值 $\Delta G^{\ominus}$，将其绘制成 ΔG-T 图，如图 5-16 所示。

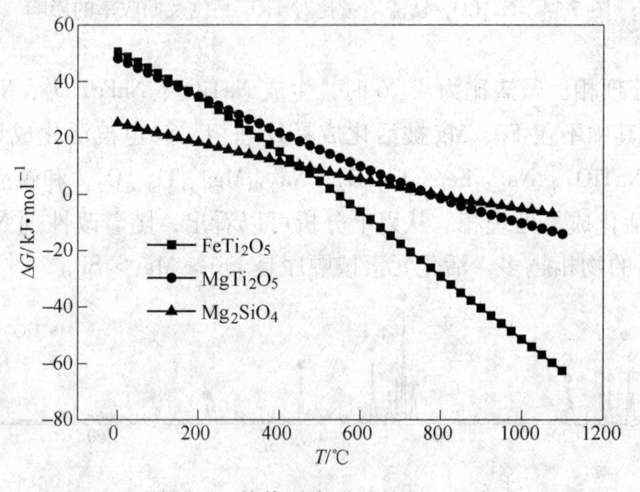

图 5-16　焙烧反应过程的 ΔG-T 图

由图 5-16 可知，从 0℃到 1000℃的过程中，各式的 ΔG 值越来越小，当 $\Delta G<0$ 时，从热力学上说明这些反应可以进行，温度越高，反应趋势越大，但上述各反应的开始反应温度（即 $\Delta G^{\ominus}=0$ 时相应温度）不一致，在同一温度下各反应进行的趋势大小不一样。900℃时通过添加不同改性剂进行活化焙烧钛渣试验，$\Delta G_1(FeTi_2O_5)$ 为 −138.613kJ/mol，$\Delta G_2(MgTi_2O_5)$ 为 −87.959kJ/mol，$\Delta G_3(Mg_2SiO_4)$ 为 −6.526kJ/mol，$\Delta G^{\ominus}$ 越小反应越先发生，其反应顺序为：（1）>（2）>（3），即 $FeTi_2O_5$ > $MgTi_2O_5$ > Mg_2SiO_4 优先发生活化反应，元素被活化的顺序是 Fe > Mg > Si，这与 XRD 的试验结果一致。

5.6.3.4　不同碱渣比焙烧后 SEM 形貌

如图 5-17 所示是不同碱渣比焙烧后 SEM 形貌。从图中可以看出，它们各不相同。图 5-17（a）中，碱渣比 0∶1 时，钛渣有部分粉化成细小碎屑，块状颗粒变化不大；图 5-17（b）中，碱渣比 2∶8 时，在块状颗粒的表面成絮状、小针状分布，分布不规则，依托块状生长；图 5-17（c）中，碱渣比 3∶7 时，块状颗粒表面全部成絮状、板条状，絮状部分成束成团簇状分布，分布很规则；图 5-17（d）中，碱渣比 4∶6 时，块状颗粒成开放式的

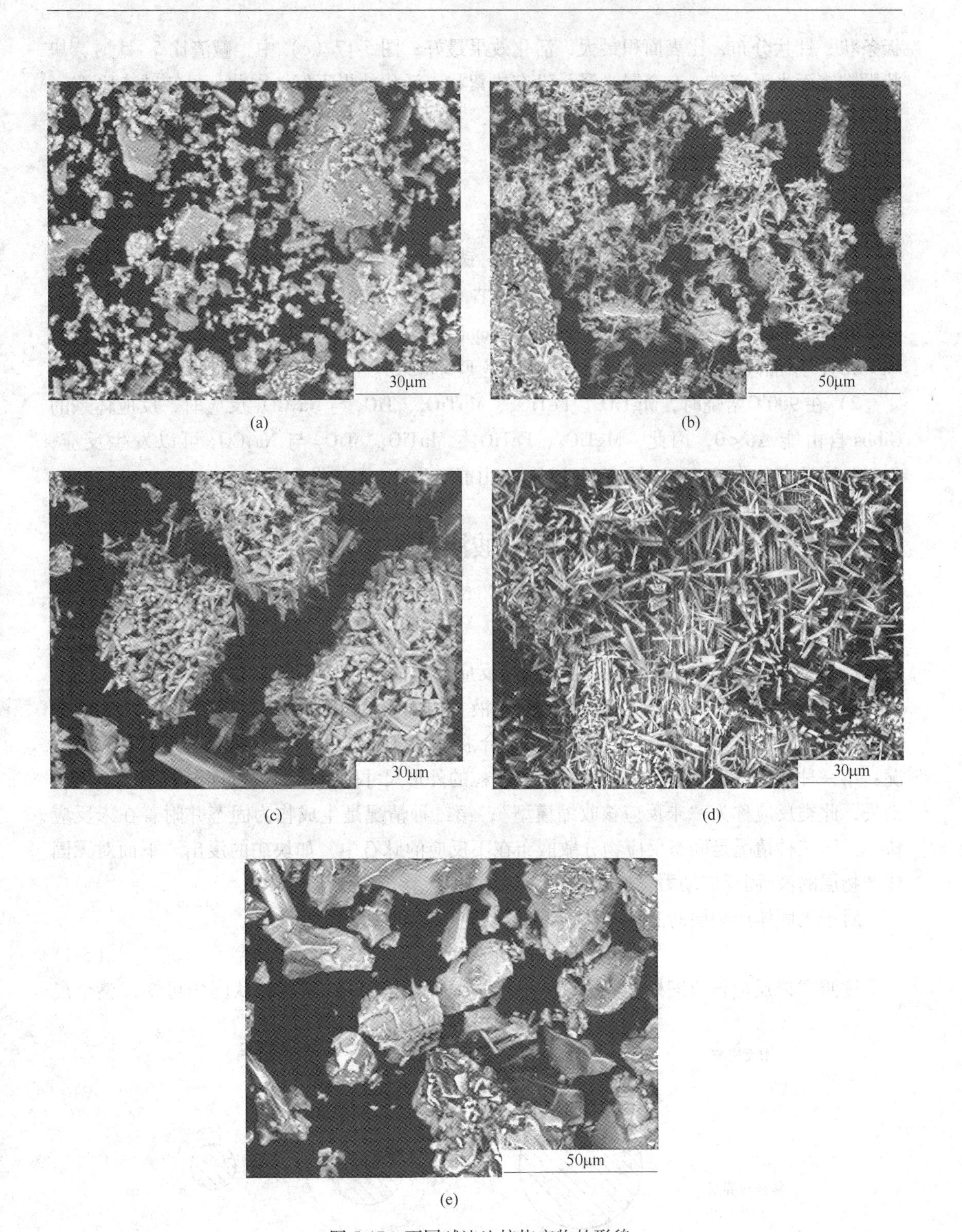

图 5-17 不同碱渣比焙烧产物的形貌

（a）碱渣比 0∶1 焙烧后形貌；（b）碱渣比 2∶8 焙烧后形貌；（c）碱渣比 3∶7 焙烧后形貌；（d）碱渣比 4∶6 焙烧后形貌；（e）碱渣比 5∶5 焙烧后形貌

板条状、针状分布，比表面积最大，活化效果最好；图 5-17（e）中，碱渣比 5∶5 时，块状颗粒表面光滑完整，有金属光泽，没有成絮状，活化效果不好，因此，可知碱渣比 4∶6 时焙烧活化效果最好，可增大反应的表面积，有利于焙烧产物酸浸除杂提高反应速率，得到较好的酸浸除杂效果。

5.6.3.5　小结

(1) 随着改性剂 Na_2CO_3添加量的增加，钛渣被活化出的物相增多，碱渣比 4∶6 时物相最多。结合热力学计算 900℃时，$\Delta G_1(FeTi_2O_5)$ 为−138.613kJ/mol，$\Delta G_2(MgTi_2O_5)$ 为−87.959kJ/mol，$\Delta G_3(Mg_2SiO_4)$ 为−6.526kJ/mol，发生活化反应的顺序为 $FeTi_2O_5 > MgTi_2O_5 > Mg_2SiO_4$，添加改性剂后元素被活化的顺序是 Fe>Mg>Si。

2）在 900℃焙烧时，$MgTiO_5$、$FeTiO_5$、$MnTiO_5$、TiO_2 与 Na_2CO_3 反应时，反应体系的 Gibbs 自由能 $\Delta G<0$，因此，$MgTiO_5$、$FeTiO_5$、$MnTiO_5$、TiO_2 与 Na_2CO_3 可以发生反应；$CaSiO_3$、Al_2SiO_5 与 Na_2CO_3 反应时 Gibbs 自由能 $\Delta G>0$，不能发生反应。

5.7　钛渣焙烧—酸浸过程中的动力学

5.7.1　动力学机理

浸出过程在大多数情况下均为固-液相反应，有的过程还有气体参与，看似为气-液-固反应，事实上气体先溶入液相，然后溶入液相的气体与固相反应，且气体溶入液相的速率很快，所以实质上仍为液-固反应，故符合液-固反应的规律。液-固反应一般有三种情况：第一种情况是生成物可溶于水，固体颗粒的外形尺寸随反应的进行逐渐缩小直至完全消失，此类反应称为“未反应核收缩模型”；第二种情况是生成物为固态并附着在未反应核上；第三种情况是固态反应物分散嵌布在不反应的脉石中，如块矿的浸出。下面对无固体产物层的液-固反应动力学进行探讨。

对于无固体产物层的液-固反应，这类反应一般可以表示为下式。

$$aA(aq.) + bB(s) = pP(aq.) \tag{5-1}$$

按照“未反应核收缩模型”，该液-固反应过程如图 5-18 所示，从图中可知，整个浸

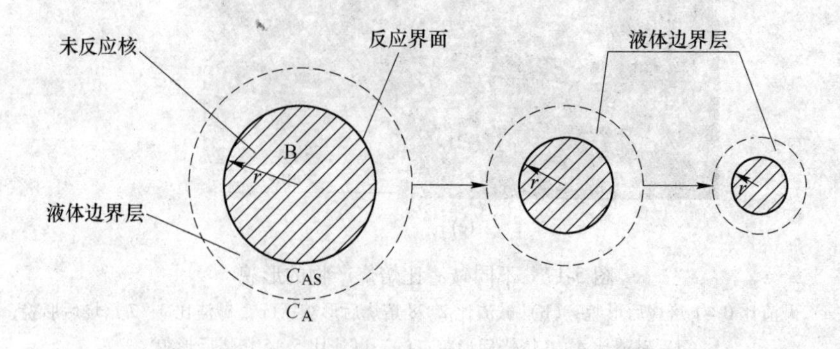

图 5-18　无固体产物层的液-固反应“未反应核收缩模型”示意图

出过程经历下列步骤：

第一步、第六步：液态反应物 A 由溶液主体通过液体边界层扩散到固体反应物 B 表面；

第二步：液态反应物 A 在固体反应物 B 上的吸附；

第三步：液态反应物 A 与固体反应物 B 发生化学反应，生成 P；

第四步：P 在固体反应物 B 上的脱附；

第五步：生成物 P 从固体反应物 B 扩散到溶液主体。

这类反应在固-液界面处的传质速率可用 Fick 第一定律来描述：

$$J = -D\frac{\mathrm{d}C}{\mathrm{d}x} \tag{5-2}$$

式中 J——扩散通量，mol/(S · m^2)，即单位时间内物质沿着与单位截面的参考平面垂直的方向扩散的量；

x——垂直方向的位置坐标；

D——扩散系数，负号表示扩散方向与浓度增加的方向相反。

式（5-2）可转化为式（5-3）的形式：

$$-\frac{\mathrm{d}n_A}{\mathrm{d}t} = k_d S(C_A - C_{AS}) \tag{5-3}$$

式中 n_A——体系中反应物的摩尔数；

k_d——液相传质系数；

C_A，C_{AS}——分别为反应物 A 在溶液主体和固体 B 表面的摩尔浓度。

假设界面化学反应为一级不可逆反应，则速率方程可以表示为：

$$-\frac{\mathrm{d}n_A}{\mathrm{d}t} = k_r S C_{AS} \tag{5-4}$$

式中 K_r——界面化学反应速率常数。

假设产物 P 的扩散速率足够快，则总的浸出速率主要取决于 A 的扩散速率和界面化学反应速率。如果处于稳态，则由式（5-3）和式（5-4）可得：

$$C_{AS} = \frac{k_d}{k_d + k_t} C_A \tag{5-5}$$

将式（5-5）代入式（5-4），有：

$$-\frac{\mathrm{d}n_A}{\mathrm{d}t} = \frac{k_d k_r}{k_d + k_r} S C_A = \frac{1}{\frac{1}{k_r} + \frac{1}{k_d}} S C_A \tag{5-6}$$

令：

$$\frac{1}{k'} = \frac{1}{k_t} + \frac{1}{k_d} \tag{5-7}$$

则式（5-6）可变为：

$$-\frac{\mathrm{d}n_A}{\mathrm{d}t} = k' S C_A \tag{5-8}$$

式中 k'——表观速率常数。

对于界面化学反应不是一级不可逆反应的速率方程为：

$$-\frac{\mathrm{d}n_A}{\mathrm{d}t}=k'SC_A^n \tag{5-9}$$

式中　n——反应级数。

式（5-8）和式（5-9）即为受外扩散和化学反应混合控制时，浸出过程的速率方程。

如果反应物浓度在反应过程中保持恒定，当反应物为单颗粒时有：

$$-\frac{1}{a}\times\frac{\mathrm{d}n_A}{\mathrm{d}t}=-\frac{1}{b}\times\frac{\mathrm{d}\left(\frac{4}{3}\pi r^3\rho_B\right)}{\mathrm{d}r}\times\frac{\mathrm{d}r}{\mathrm{d}t}=\frac{4\pi r^2\rho_B}{b}\times\frac{\mathrm{d}r}{\mathrm{d}t} \tag{5-10}$$

将式（5-10）代入式（5-8）得：

$$-\frac{a\rho_B}{b}\times\frac{\mathrm{d}r}{\mathrm{d}t}=k'C_{A0} \tag{5-11}$$

对式（5-11）进行积分并整理得：

$$1-(1-\alpha)^{1/3}=\frac{bk'C_{A0}}{a\rho_B r_0}t \tag{5-12}$$

式中　α——t 时刻转化率。

一般情况下，对于界面化学反应不是一级不可逆的反应，式（5-12）可表示为：

$$1-(1-\alpha)^{1/F}=\frac{bk'C_{A0}^n}{a\rho_B r_0}t \tag{5-13}$$

式中　F——固体颗粒的形状因子（无限大平板取1，柱体取2，球体或立方体取3）。

式（5-13）即为液固反应“未反应核缩减模型”。

对于有氧气参加的单一固体颗粒氧压浸出液固反应，实际上参与反应的是两种或两种以上溶解物种与固体颗粒发生反应，式（5-13）就可变为：

$$1-(1-\alpha)^{1/F}=\frac{bk'\prod_i C_{i0}^{n_i}}{a\rho_B r_0}t \tag{5-14}$$

式中　Π——代表连乘；

　　C_i——每种水溶物种反应物的浓度，mol/L；

　　n_i——每种水溶物种反应物的反应级数，$\sum n_i$则为反应的级数。

对于硫化铜矿物的氧压浸出，式（5-14）可具体化为：

$$1-(1-\alpha)^{1/3}=\frac{bk'[O_{2(aq)}]^{n_1}C^{n_2}}{a\rho_B r_0}t \tag{5-15}$$

式中　$[O_{2(aq)}]$——水溶液中氧的浓度，mol/L；

　　C——水溶液中酸浓度，mol/L。

根据亨利定律：

$$[O_{2(aq)}]=\frac{P_{O_2}}{H_{O_2}} \tag{5-16}$$

式中　P_{O_2}——氧气压力；

　　H_{O_2}——亨利定律常数。

则式（5-15）可以变为：

$$1-(1-\alpha)^{1/3}=\frac{bk'P_{O_2}^{n_1}C_0^{n_2}}{H_{O_2}^{n_1}\rho_B r_0}t \tag{5-17}$$

在研究一种因素时，其他因素保持恒定，则可令：

$$k''=\frac{bk'P_{O_2}^{n_1}C_0^{n_2}}{H_{O_2}^{n_1}\rho_B r_0} \tag{5-18}$$

则式（5-17）可变为：

$$1-(1-\alpha)^{1/3}=k''t \tag{5-19}$$

从式（5-17）可以看出，影响浸出的主要因素有温度、固体反应物粒度、酸度、氧压和时间。对于无固体产物层的浸出反应，无论过程是处于扩散控制还是处于界面化学反应控制，速率方程式（5-19）均适用，通常以 $1-(1-\alpha)^{1/3}$ 对反应时间 t 作图的方法来研究浸出过程的动力学特征。

5.7.2 焙烧动力学

5.7.2.1 不同粒度对 Ti 转化率的影响

在焙烧温度为900℃，碱渣比为4∶6的条件下，考察了不同粒度的Ti渣对Ti转化率的影响，如图5-19所示。从图5-19中可以看出，随着钛渣粒度的减小，Ti的转化率逐步提高，当粒度小于200目时，其转化率可达91%以上。粒度越小，钛渣比表面积越大，在反应过程中有效碰撞几率越大，越有利于反应向正反应方向进行，提高Ti的转化率。

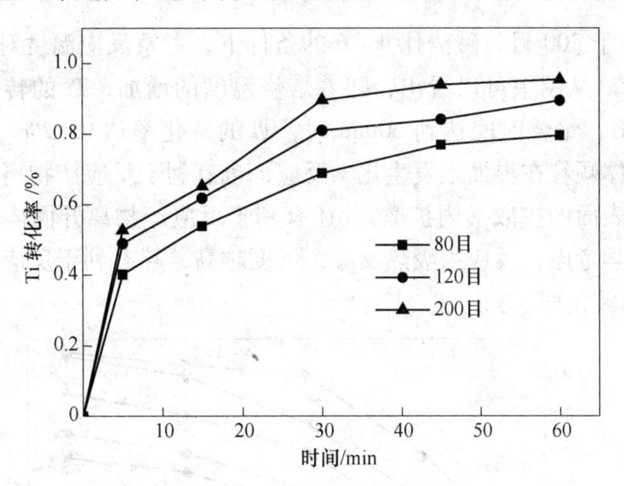

图5-19 钛渣粒度对Ti转化率的影响

5.7.2.2 不同碱渣比对 Ti 转化率的影响

在反应温度为900℃，Ti渣粒度为200目时，考察不同的碱渣比对Ti转化率的影响，如图5-20所示。从图中可以看出，当碱渣比提高时，Ti的转化率逐步提高，尤其是当碱渣比从2∶8提高到3∶7时，Ti转化率增加显著；再继续提高碱渣比，Ti的转化率也有所提高，但是提高幅度不是特别大；当碱渣比达到4∶6时，Ti的转化率可达92%左右，达到一个较高的水平。反应过程中，如果碱渣比过低，Na_2CO_3含量过低，渣中部分含 Ti 有效成分不与Na_2CO_3反应，会导致 Ti 的转化率低。渣中部分含 Ti 有效成分不与Na_2CO_3反应的情况下，继续提高碱渣比对提高 Ti 的转化率没有实际意义，综合考虑，渣碱比为 4∶6 时较优，Ti 转化率达到了 92%以上。

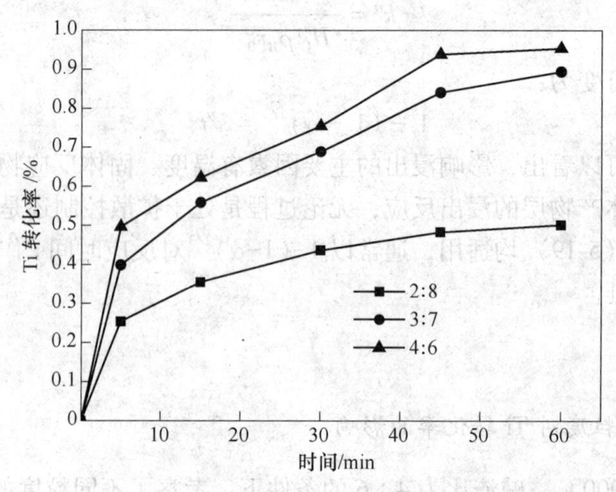

图 5-20　碱渣比对 Ti 转化率的影响

5.7.2.3　不同焙烧温度对 Ti 转化率的影响

在 Ti 渣粒度小于 200 目，碱渣比 4∶6 的条件下，考察反应温度对 Ti 转化率的影响，结果如图 5-21 所示。从图中可以看出，随着焙烧温度的增加，Ti 的转化率逐步提高，当反应温度升至 950℃，焙烧时间达到 60min 时，Ti 的转化率达 93.2%。随着温度的升高，有利于反应物与固体颗粒在界面上发生化学反应，也有利于反应产物离开反应界面从固体内部向固体颗粒外表面的扩散（内扩散），还有利于反应产物离开固体颗粒表面向溶液主体相扩散。从热力学考虑，反应为吸热反应，温度越高，越有利于反应向正反应方向，从而有利于提高 Ti 的转化率。

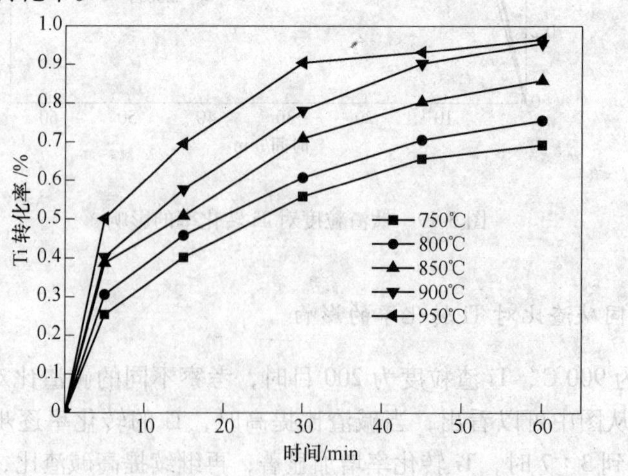

图 5-21　反应温度对 Ti 转化率的影响

5.7.3 动力学计算

钛渣和 Na_2CO_3 的焙烧反应是典型熔融状态下的液-固反应，可选择收缩未反应核模型来描述。收缩未反应核模型控制步骤主要有固膜内扩散控制、化学反应控制、二者混合控制。焙烧过程的控制步骤符合哪种类型，还需进一步验证。钛渣与 Na_2CO_3 焙烧反应，在所研究的温度范围内属于液-固两相非催化反应。通常有固体生成物的液、固两相传递反应过程由以下步骤组成：

（1）溶液中的反应物（以下简称反应物）由流体本体通过液相边界层向固体颗粒外表面的扩散（外扩散）；

（2）未反应的反应物通过固体产物层向未反应固体表面扩散（内扩散）；

（3）反应物与固体颗粒在界面上发生化学反应（表面反应过程）；

（4）反应产物离开反应界面从固体内部向固体颗粒外表面的扩散（内扩散）；

（5）反应产物离开固体颗粒表面向溶液主体相扩散（外扩散）。

外扩散控制：

$$X = kt \tag{5-20}$$

界面化学反应控制：

$$1 - (1 - X)^{1/3} = kt \tag{5-21}$$

固体产物层内扩散控制：

$$1 + 2(1 - x) - 3(1 - x)^{2/3} = kt \tag{5-22}$$

从图 5-22 可知，从 0～60min 反应，式（5-22）有较好的线性关系，匹配度最高达 99.6%，而反应式（5-20）线性关系最差，相关系数才 82.7%，反应式（5-21）线性关系稍好，相关系数 91.2%，这充分证明，焙烧过程受通过固体产物层的内扩散控制。

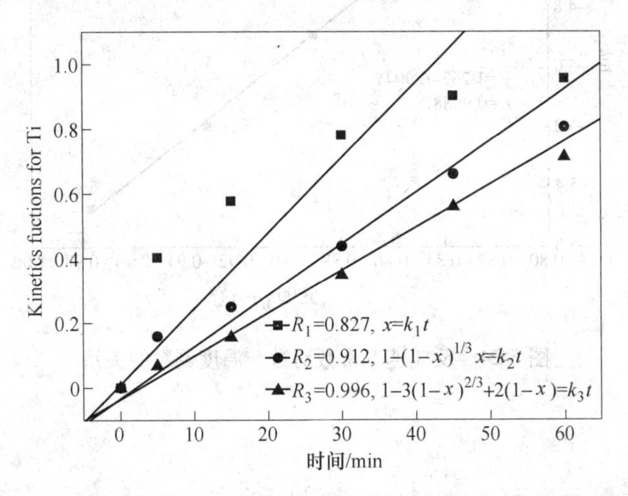

图 5-22 900℃时三个动力学方程确定的 Ti 转化率与焙烧时间的关系

由图 5-23 可以看出，钛渣焙烧在 800～1000℃时，钛的溶出与通过残余层的内扩散控制有很好的线性关系，再次说明焙烧过程受通过固体产物层的内扩散控制。

由图 5-24 可以看出五点成直线关系，相关率为 99.82%，求出拟合直线的斜率值为 -6.904，进而计算出钛渣焙烧反应的活化能 E_a 为 57.39kJ/mol，这就证明了钛渣焙烧过程符合收缩未反应核模型，焙烧过程受通过固体产物层的内扩散控制。

钠化焙烧钛渣动力学方程可描述为：

$$1+2(1-x)-3(1-x)^{2/3}=3.5323\exp[-57390/(RT)]t。$$

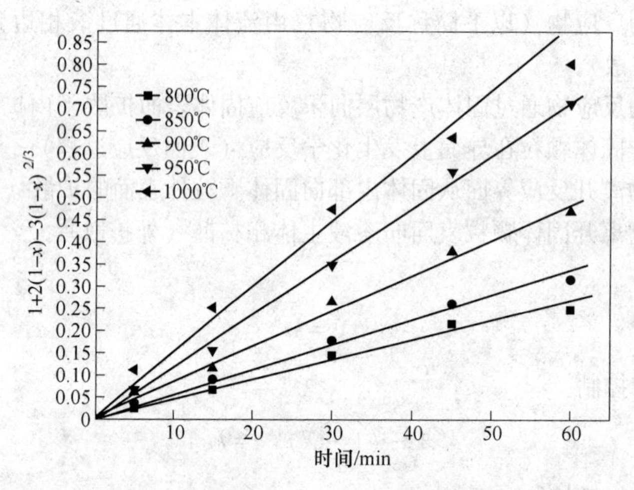

图 5-23　不同温度下内扩散动力学与时间关系

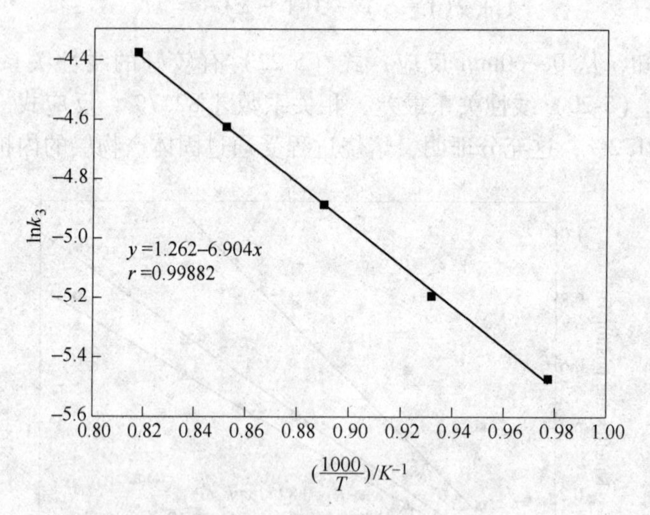

图 5-24　反应速率常数对数与温度倒数的关系

5.7.4　试验验证

5.7.4.1　900℃不同焙烧时间的显微组织

如图 5-25 所示，不同焙烧时间的 SEM 形貌各不相同。图 5-25（a）中，5min 时，钛渣有部分粉化成细小碎屑，块状颗粒变化不大；图 5-25（b）中，15min 时，在块状颗粒的表面成絮状、小针状分布，分布不规则，依托块状生长；图 5-25（c）中，30min 时，块状颗粒表面全部成絮状、板条状，絮状部分成束成团簇状分布，分布很规则；图 5-25（d）中，60min 时，块状颗粒全部成开放式的板条状、针状分布，比表面积最大，活化效果最好。因此，可知焙烧 60min 时焙烧活化效果最好，增大了反应的表面积，有利于焙烧产物酸浸除杂提高反应速率，得到了较好的酸浸除杂效果。

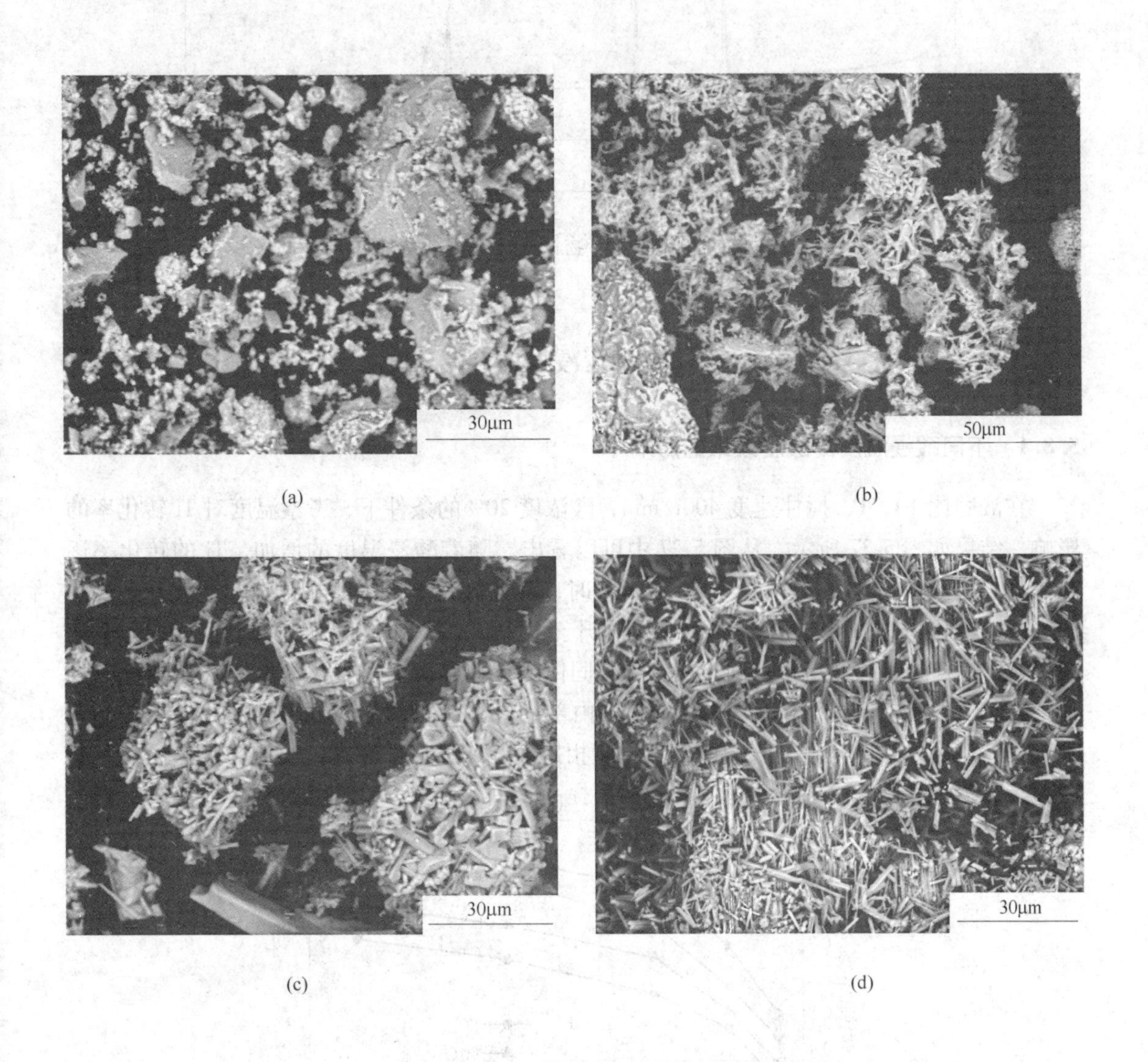

图 5-25　900℃不同焙烧时间的显微组织

（a）5min；（b）15min；（c）30min；（d）60min

5.7.4.2　产物 TiO_2 的 XRD

产物 TiO_2 的 XRD 谱如图 5-26 所示。

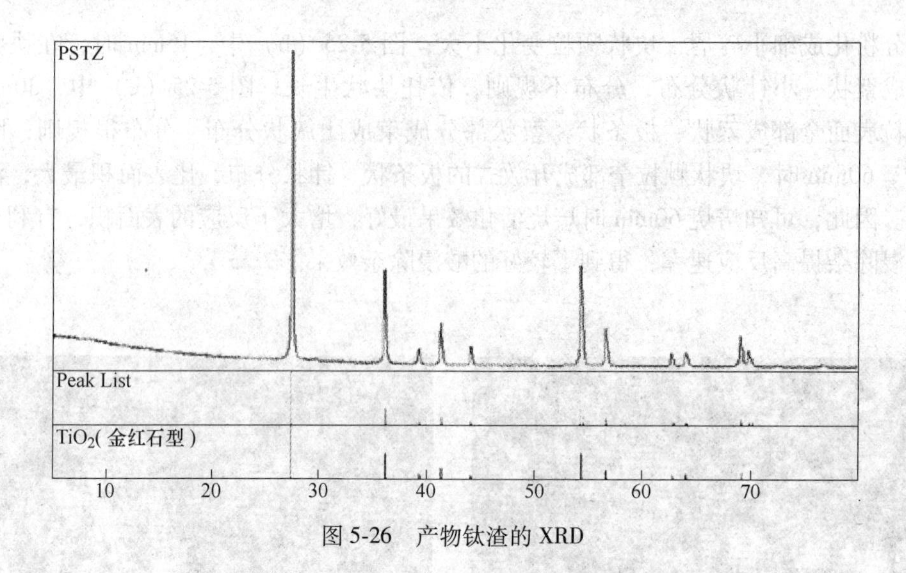

图 5-26　产物钛渣的 XRD

5.8　酸浸动力学

5.8.1　不同酸浸温度对酸浸效果的影响

在液固比 10∶1，搅拌速度 400r/min，酸浓度 20%的条件下，考察温度对 Ti 转化率的影响，结果如图 5-27 所示。从图 5-27 中可以看出，随着酸浸温度的增加，Ti 的转化率逐步提高，尤其是当温度从 90℃升高到 100℃时，Ti 的转化率有了明显提高；继续升高酸浸温度时，转化率进一步提高；当酸浸温度升至 110℃，浸出时间为 90min 时，转化率达 93.2%。随着温度的升高，有利于反应物与固体颗粒在界面上发生化学反应（表面反应过程），有利于反应产物离开反应界面从固体内部向固体颗粒外表面的扩散（内扩散），有利于反应产物离开固体颗粒表面向溶液主体相扩散，从热力学考虑，反应为吸热反应，温度越高，越有利于反应向正反应方向，从而提高 Ti 的转化率。

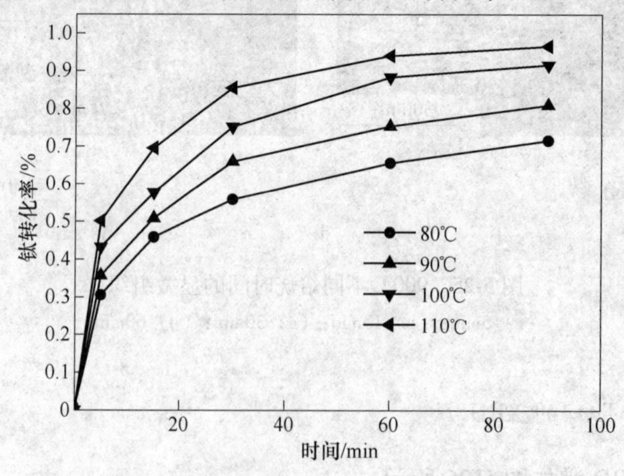

图 5-27　不同酸浸温度对 Ti 转化率的影响

5.8.2 不同酸浓度对酸浸效果的影响

在液固比 10∶1，搅拌速度 400r/min，110℃酸浸条件下，考察酸浓度对 Ti 转化率的影响，结果如图 5-28 所示。从图 5-28 中可以看出，随着酸浓度的增加，Ti 的转化率逐步提高，在低浓度条件下，转化率均低于 50%，但是当酸浓度达到 20%时，Ti 的转化率可达到 92%以上。随着加入反应的盐酸越多，氢离子与焙烧产物接触的几率越大，有利于反应的充分进行：

$$Na_{12}MgTi_{13}O_{33} + HCl \longrightarrow NaCl + MgCl_2 + TiO_2 + H_2O$$

$$Na1.65Al1.65Si0.35O_4 + HCl \longrightarrow NaCl + Al_2(SiO_4)_3 + H_2O$$

$$Ca_3Mg(SiO_4)_2 + HCl \longrightarrow MgCl_2 + CaCl_2 + TiO_2 + H_2SiO_4$$

$$FeSiO_3 + HCl \longrightarrow FeCl_3 + Fe_2(SiO_4)_3 + H_2O$$

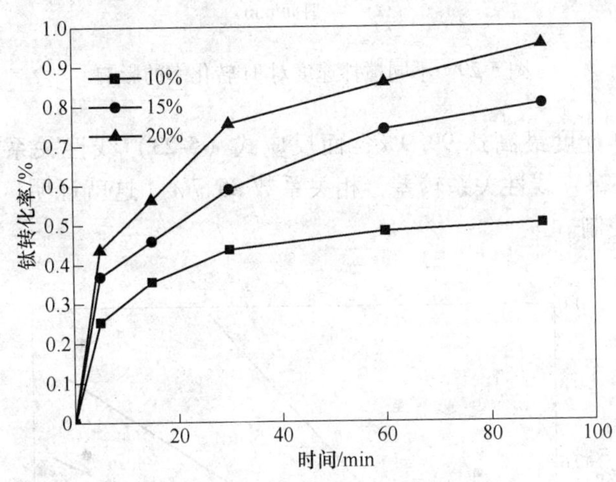

图 5-28 不同酸浓度对 Ti 转化率的影响

5.8.3 不同搅拌速度对酸浸效果的影响

在液固比 10∶1，20%酸浓度，110℃酸浸条件下，考察搅拌速度对 Ti 转化率的影响，结果如图 5-29 所示。从图 5-29 中可以看出，随着搅拌速度的增加，Ti 的转化率逐步增加，搅拌速度大于 250r/min 后，转化率明显增加，当搅拌速度达到 400r/min、搅拌时间为 90min 时，转化率可达到 93%左右。搅拌速度越大，越有利于反应过程的传质过程，传质是影响反应的一个重要因素，较高的搅拌速度有利于 Ti 转化率的提高。

综上所述，酸浸钛渣焙烧产物的适宜工艺条件为：在 400r/min 搅拌速度下，液固比 10∶1，20%酸浓度，110℃酸浸 90min。

5.8.4 酸浸动力学计算

焙烧产物和盐酸的酸浸除杂反应是典型的液-固反应，可采用收缩未反应核模型来描述。见 5.7.3 节。

从图 5-30 可知，由上述方程式计算的，Ti 转化率和方程式所计算出的反应动力学相符。以 110℃反应温度为例，图 5-30 所示结果表明，从 0min 到 90min 反应式（5-25）有

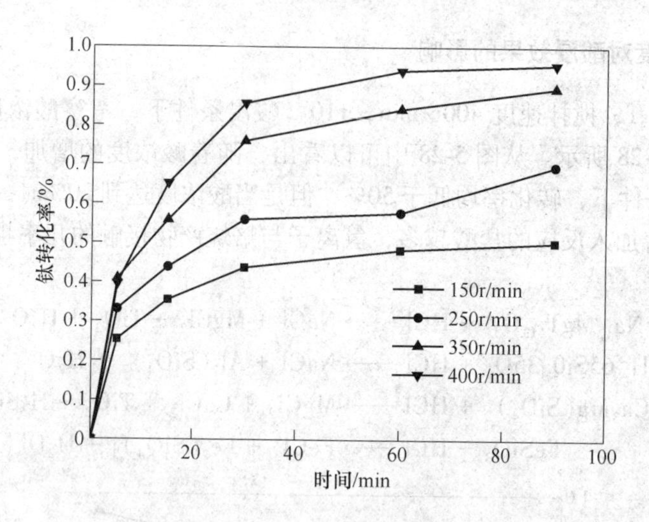

图 5-29　不同搅拌速度对 Ti 转化率的影响

较好的线性关系，匹配度最高达 99.9%；而反应式（5-23）线性关系最差，相关系数为 65.7%；反应式（5-24）线性关系较差，相关系数 85.7%。这就证明，酸浸过程受通过固体产物层的内扩散控制。

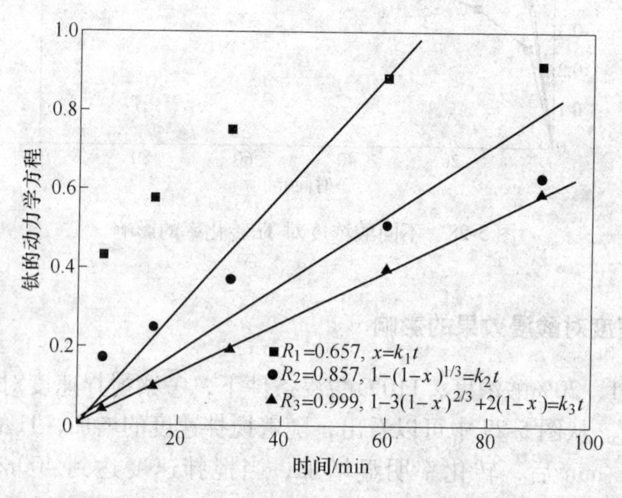

图 5-30　110℃时三个动力学方程确定的 Ti 转化率与酸浸时间的关系

从图 5-31 中可以看出，钛渣焙烧产物酸浸在 80~110℃时，钛的溶出与通过残余层的内扩散控制有很好的线性关系，说明酸浸过程受通过固体产物层的内扩散控制。

从图 5-32 中可以看出，4 点成直线关系，相关率为 99.92%。求出拟合直线的斜率值为-1.36784，进而计算出钛渣酸浸反应的活化能 E_a 为 11.37kJ/mol，这就证明，钛渣酸浸过程符合收缩未反应核模型，酸浸过程受通过固体产物层的内扩散控制，钠化焙烧浸出钛渣动力学方程可描述为：$1+2(1-x)-3(1-x)^{2/3}=0.244\exp[-11370/(RT)]t$。

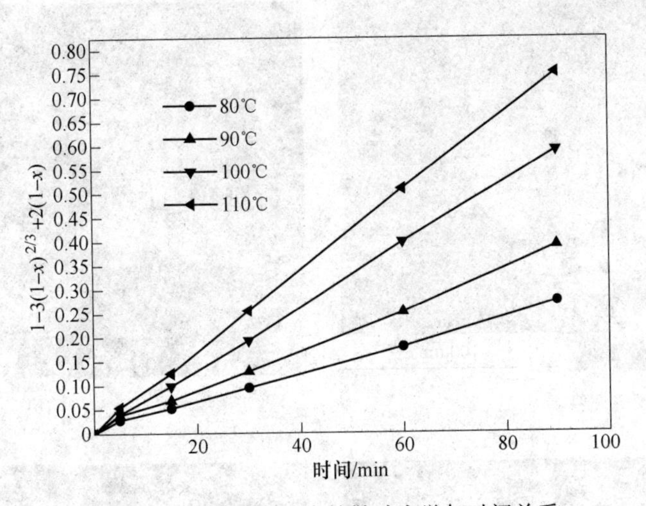

图 5-31 不同温度下内扩散动力学与时间关系

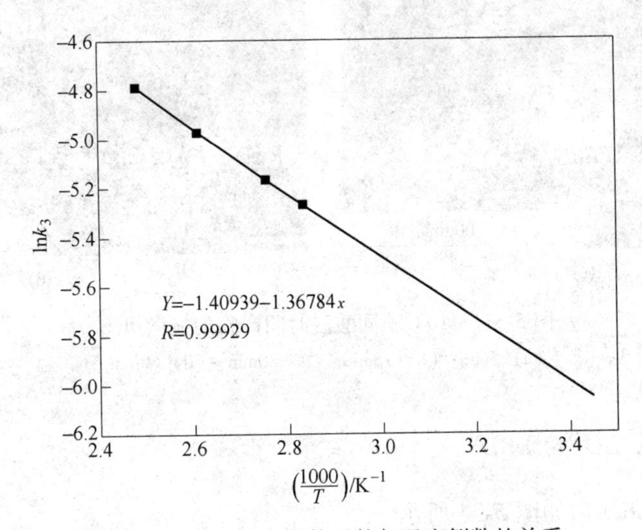

图 5-32 反应速率常数对数与温度倒数的关系

5.8.5 试验验证

5.8.5.1 110℃不同酸浸时间产物的显微组织

图 5-33 为 110℃，不同酸浸时间下产物的显微组织。由图中可知，110℃时，不同酸浸时间条件下，酸浸产物的形貌各不一样。图 5-33（a）中，酸浸 5min 之后钛渣成团，表面有部分变得疏松；酸浸 15min 后，酸浸钛渣的颗粒变小，表面变得疏松，有部分粉化的趋势；酸浸 30min，酸浸钛渣的疏松程度变大；酸浸 60min 后，钛渣成完全疏松絮状物，均匀分布。因此，可以理解为随着酸浸时间的增加，焙烧产物和盐酸的固液反应过程更充分，为盐酸不断将焙烧产物“腐蚀”的过程。

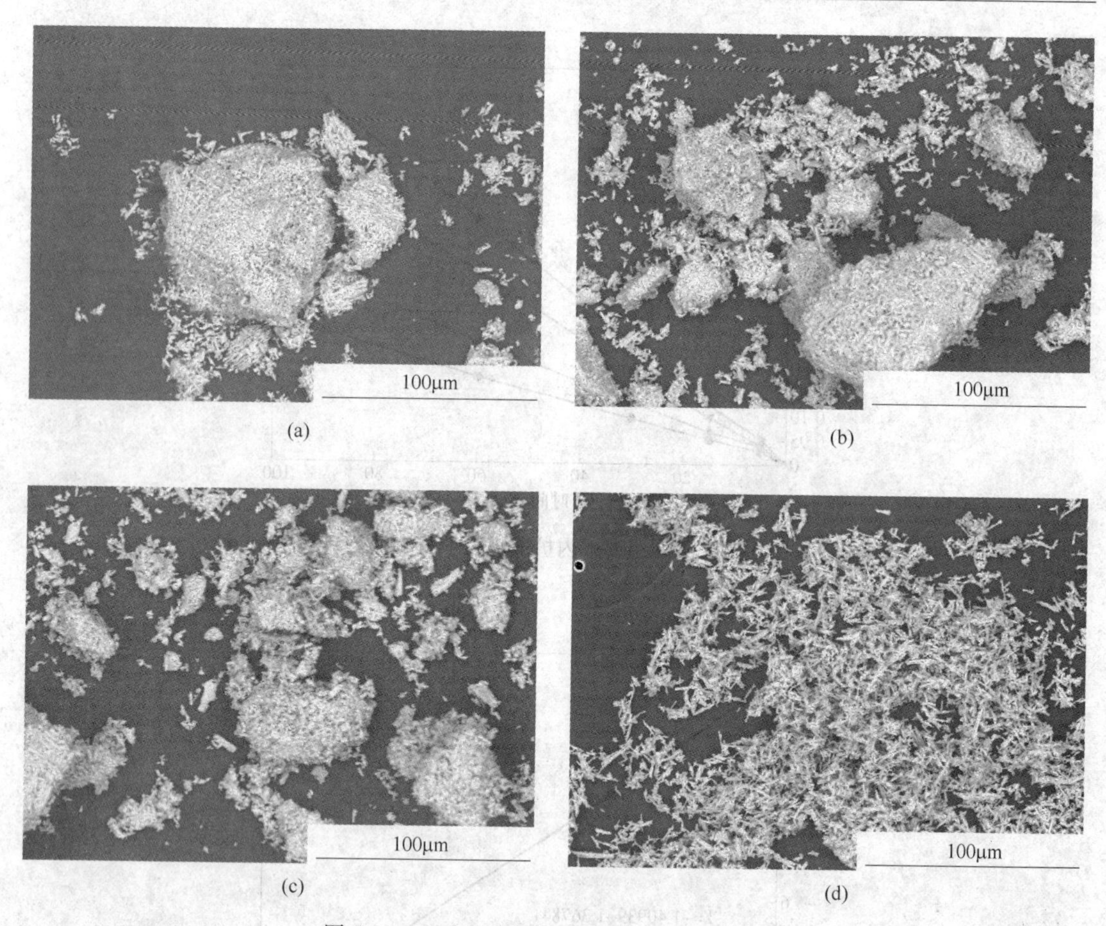

图 5-33　110℃不同酸浸时间产物的显微组织

（a）5min；（b）15min；（c）30min；（d）60min

5.8.5.2　产物 TiO_2 的 XRD

产物 TiO_2 的 XRD 谱如图 5-34 所示。

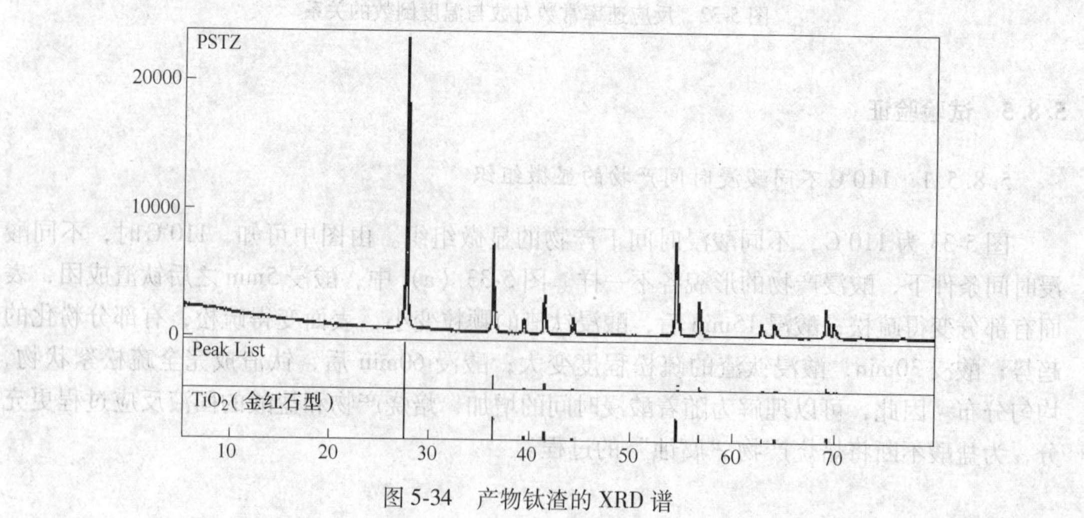

图 5-34　产物钛渣的 XRD 谱

5.8.6 小结

（1）在适宜试验条件下，钛转化率达 92%，TiO_2的品位达 98.68%。焙烧钛渣的适宜工艺条件是在 900℃，碱渣比 4∶6，粒度 200 目条件下焙烧 60min。

（2）钛渣焙烧过程符合收缩未反应核模型，动力学符合 $1-3(1-x)^{2/3}+2(1-x)=kt$ 方程，证明钛渣焙烧控制步骤为通过固体产物层的内扩散控制，扩散激活能为 $E_a=57.39$kJ/mol，酸浸反应的动力学方程为 $1+2(1-x)-3(1-x)^{2/3}=3.5323\exp[-57390/(RT)]t$。

（3）在适宜试验条件下，钛的转化率达 93%，TiO_2的品位达 98.68%。酸浸钛渣焙烧产物的适宜工艺条件是在 400r/min 搅拌速度下，液固比 10∶1，20%酸浓度，110℃温度下酸浸 90min。

（4）钛渣酸浸过程符合收缩未反应核模型，动力学符合 $1-3(1-x)^{2/3}+2(1-x)=kt$ 方程，证明钛渣酸浸控制步骤为通过固体产物层的内扩散控制，扩散激活能为 $E_a=11.37$kJ/mol，酸浸反应的动力学方程为 $1+2(1-x)-3(1-x)^{2/3}=0.244\exp[-11370/(RT)]t$。

5.9 制粒工艺及机理研究

5.9.1 制粒机理

制粒分为干法制粒和湿法制粒，干法不用添加剂，直接利用物料分子结合水通过施加外力让物料结合，然后切割成小颗粒的过程，操作简单，但设备成本高，物料成球率不高；湿法制粒需要添加剂，成球率较高，设备成本比干法低，因此采用湿法制粒。

湿法制粒需要考虑以下因素的影响。

（1）添加剂和钛渣的配比：加入液体添加剂之后，自由可流动液体产生界面张力和毛细管力。以可流动液体作为架桥剂进行制粒时，粒子间产生的结合力由液体的表面张力和毛细管力产生，因此液体的加入量对制粒产生较大影响。液体的加入量可用饱和度 S 表示，即在颗粒的空隙中液体架桥剂所占体积（V_L）与总空隙体积（V_T）之比，表述为 $S=V_L/V_T$。液体在粒子间的充填方式由液体的加入量决定。1）$S=0$ 时，干粉状态；2）$S\leqslant 0.3$ 时，液体在粒子空隙间充填量很少，液体以分散的液桥连接颗粒，空气成连续相，称钟摆状；3）适当增加液体量 $0.3<S<0.8$ 时，液体桥相连，液体成连续相，空隙变小，空气成分散相，称索带状；4）液体量增加到充满颗粒内部空隙（颗粒表面还没有被液体润湿）$S\geqslant 0.8$ 时，称毛细管状；5）当液体充满颗粒内部与表面 $S\geqslant 1$ 时，形成的状态叫泥浆状，毛细管的凹面变成液滴的凸面。在颗粒内液体以悬摆状存在时，颗粒松散；以毛细管状存在时，颗粒发黏；以索带状（$0.3<S<0.8$）存在时，得到较好的颗粒。液体加入过多时制粒是圆柱长条状的，而适量控制添加剂才能得到球状的，可见液体的加入量对湿法制粒起着决定性作用。

（2）湿法制粒添加剂分为润湿剂和黏合剂，润湿剂本身无黏性或黏性不强，但可润湿物料并诱发物料本身的黏性，使之能聚结成软材并制成颗粒，如蒸馏水乙醇。黏合剂能使无黏性或黏性较小的物料聚集黏结成颗粒或压缩成型的具黏性的固体粉末或黏稠液体，如聚维酮（PVP）、羧甲纤维素钠（CMC-Na）等。不同性质的添加剂具有黏结或分散的作用，不同添加剂之间的组合也可以作为新的添加剂。

5.9.2 制粒工艺

根据市场调研，国内钛产业链需要富钛料（人造金红石、UGS渣）作为沸腾氯化钛白粉原料，由于氯化钛白粉工艺要求钛渣 $TiO_2 \geqslant 90\%$，$CaO \leqslant 0.1\%$，$MgO \leqslant 1.5\%$，0.1~0.60mm 粒度分布≥90%，水分≤0.3%，烘干后抗压强度≥50MPa，试验制备的 UGS 渣粒度小于 0.1mm（图 5-35），无法满足需求，故需开展制粒研究。

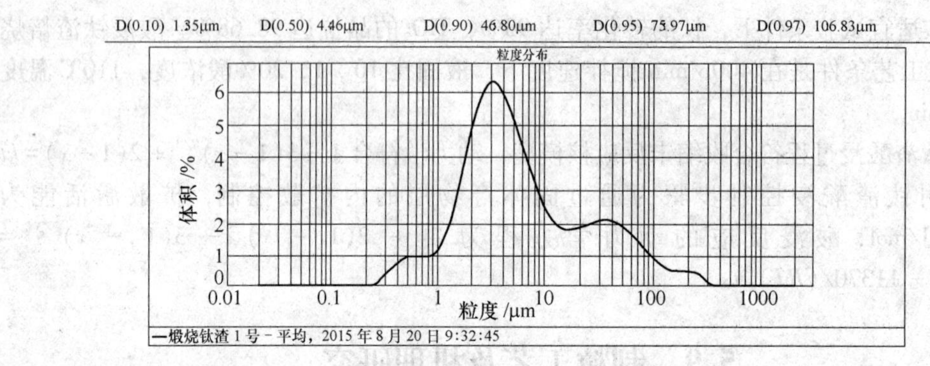

图 5-35 UGS 渣粒度分布

沸腾氯化法对入炉料的粒度有相应的要求（0.106~0.4mm），焙烧后研究制粒工艺，其添加剂的选择、添加剂和 UGS 钛渣的配比、制粒后颗粒的化学成分、粒度、强度等都要达到一定指标，以满足氯化法生产钛白粉的原料要求。

取 500gUGS 渣，按照以下工艺进行试验。制粒用黏结剂为 CMC、糊精、玉米淀粉、麦秆粉、微晶纤维素、低钙镁型膨润土，添加量为 1%~3%，转速为 50~70r/min。制粒工艺参数见表 5-6。

表 5-6 制粒工艺参数

样品编号	黏结剂/%	加料次数	加水量/%	加水次数	转速 /r·min^{-1}	制粒时间 /min·次$^{-1}$	粒度分布
1-5-1	1	10	8	10	50	10	合格
1-5-2	1.5	8	7	8	60	8	合格
1-5-3	2	9	9	9	70	15	合格
1-5-4	2	9	8	8	70	8	合格
1-5-5	1.5	8	7	10	60	15	合格
1-5-6	1	10	9	9	50	10	合格
1-5-7	5	8	8	10	50	8	不合格
1-5-8	2	15	7	8	60	15	不合格
1-5-9	1.5	10	12	9	70	10	不合格
1-5-10	2.5	9	8	15	50	15	不合格
1-5-11	2	8	7	9	80	10	不合格
1-5-12	1.5	10	9	10	60	20	不合格

由表5-6可以看出，制粒的工艺参数为黏结剂添加量1%~3%，加料次数8~10次，加水量8%~9%，加水次数在8~9次，圆盘制粒机转速50~70r/min，制粒时间8~15min/次，此种条件下，可以制得符合沸腾氯化法对入炉物料要求的粒度。

可以看出，采用合理工艺条件（表5-6）圆盘制粒机制粒后，UGS渣的粒度分布情况在0.1~0.4mm之间，可满足沸腾氯化法对入炉物料的粒度要求。

图5-36所示是UGS渣制粒后不合格粒度分布，其粒度分布在0.01~0.1mm之间，不能满足沸腾氯化法对入炉料的要求。

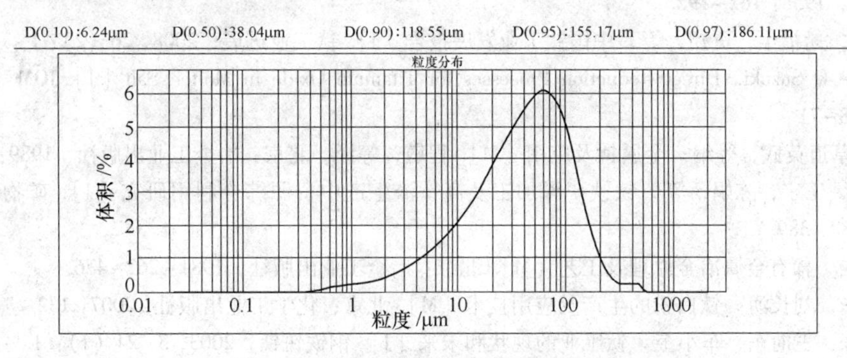

图5-36 UGS渣制粒后不合格粒度分布

5.9.3 制粒评价体系

通过正交设计、均匀设计等优选试验考察添加剂种类、用量、混合辅料比及制粒搅拌时间等因素对颗粒质量的影响，以颗粒得率、流动性、脆碎度等指标评价、筛选湿法制粒的技术参数。

由表5-7可以看出，UGS渣制粒后，最终得到的钛渣TiO_2≥90%，CaO≤0.1%，MgO≤1.5%，0.1~0.60mm粒度分布≥90%，水分≤0.3%，烘干后抗压强度≥50MPa。整个工艺流程为：将钛渣球磨至200目，按一定比例和改性剂混合均匀后进入回转窑焙烧，经水洗过滤，放入浸出容器内酸浸，浸出后水洗煅烧，添加黏结剂混料进入制粒机，最终得到高品质钛渣。此方法可以制备出钛渣钙镁含量较低，能工业化生产，符合沸腾氯化法的原料。

表5-7 制粒评价指标

制粒评价指标	钛渣品位TiO_2	烘干后抗压强度	水分	粒度分布 0.1~0.6mm	CaO	MgO
UGS渣	≥90%	TiO_2≥90%	≤0.3%	≥90%	≤0.1%	≤1.5%

参考文献

[1] 莫畏．钛冶金［M］. 北京：冶金工业出版社，2007：1.

[2] 杨绍利，盛继孚．钛铁矿熔炼钛渣与生铁技术［M］. 北京：冶金工业出版社，2006：1~46.

[3] 孙康．钛提取冶金物理化学［M］. 北京：冶金工业出版社，2001：1.

[4] 高敬，吴引江．海绵钛生产工艺探讨［J］. 金属学报，2002，38：711~713.

[5] ［苏］O. A. 松琴娜（O. A. Сонгина），著．稀有金属［M］. 唐帛铭，李进崖，译．北京：高等教育出版社，1958：162~192.

[6] 王向东，逯福生，贾翃，等．中国钛工业发展报告［J］. 钛工业进展，2008，26（2）：1~7.

[7] Ryosuke O Suzuki. Direct Reduction Processes for Titanium Oxide in Molten Salt［J］. JOM，2007，59（1）：68~71.

[8] ［日］草道英武，等编．金属钛及应用［M］. 程敏，等译．北京：冶金工业出版社，1989：8~14.

[9] 刘邦煜，王宁，陈娟，等．钛铁矿深加工及高钛渣生产中资源综合利用研究［J］. 矿物学报（增刊）：388，389.

[10] 李洪桂．稀有金属冶金原理及工艺［M］. 北京：冶金工业出版社，1981：262~476.

[11] 陈朝华，刘长河．钛白粉的生产及应用技术［M］. 北京：化学工业出版社，2007：132.

[12] 邓国珠，王向东，车小奎．钛工业的现状和未来［J］. 钢铁钒钛，2003，3，24（1）：1.

[13] 邓国珠．世界钛资源及其开发利用现状［J］. 钛工业进展，2002，5：10.

[14] 吴贤，张健．中国钛资源分布及特点［J］. 钛工业进展，2006，23（6）：8~11.

[15] 王立平，王镐，高颀，等．我国钛资源分布和生产现状［J］. 稀有金属，2004，2，28（1）：225~226.

[16] 邹建新，王荣凯，高邦禄．攀枝花钛资源状况及钛产业发展思路探析［J］. 四川冶金，2004（1）：2.

[17] 孟繁奎．承德钛资源利用现状及展望［J］. 钛工业进展，2001（5）：1.

[18] 王艳萍，史登峰．钒钛资源供需形势及承德地区的开发利用前景分析［J］. 矿业快报，2007，11：3.

[19] 张翔，李海林，薛宪群．甘肃大滩钛铁矿田矿石物质组分及矿物赋存状态［J］. 甘肃科学学报，2003（4）：83，84.

[20] 沈强华，张宗华．昆明地区钛资源分布及评价［J］. 昆明理工大学学报，2003，28（5）：17.

[21] Mahmoud M H H，Afifi A A I，Ibrahim I A. Reductive leaching of ilmenite ore in hydrochloric acid for preparation of synthetic rutile［J］. Hydrometallurgy，2004，73：99.

[22] Tsuneharu Ogasawara，Ramon Veras Veloso de Araújo. Hydrochloric acid leaching of a pre-reduced Brazilian ilmenite concentrate in an autoclave［J］. Hydrometallurgy，2000，56：203.

[23] 唐振宁．钛渣的生产概况及在钛白粉生产中的使用［J］. 中国涂料，2006，21（10）：53.

[24] 李洪桂．稀有金属冶金学［M］. 北京：冶金工业出版社，1990：115~121.

[25] 屠海令，赵国权，郭青尉．有色金属冶金、材料、再生与环保［M］. 北京：化学工业出版社，2003.

[26] 张健，吴贤．国内外海绵钛生产现状［J］. 钛工业进展，2006（4）：7，8.

[27] 余家华，刘洪贵．国内外钛矿和富钛料生产现状及发展趋势［J］. 世界有色金属，2003（6）：4~8.

[28] 汪镜亮．钛渣生产的发展［J］. 钛工业进展，2002（1）：6~9.

[29] 胡克俊，锡淦，姚娟，等．全球钛渣生产技术现状［J］. 世界有色金属，2006（12）：26~32.

[30] 邹建新．世界钛渣生产技术现状和趋势［J］. 轻金属，2003，12：32.

[31] 周林，雷霆．世界钛渣研发现状与发展趋势［J］. 钛工业进展，2009，26（1）：26~28.

[32] 胡克俊，锡淦，姚娟，等．国外钛渣生产技术现状［J］．稀有金属快报，2006，25（11）：1~7.
[33] 陈朝华．谈钛渣的生产及应用前景［J］．中国涂料，2004（5）：14~16.
[34] 王铁明．制约我国钛渣生产和应用的原因及对策［J］．钛工业进展，2002（1）：11.
[35] 胡克俊，锡淦，姚娟，等．我国钛渣生产技术现状［J］．世界有色金属，2007（5）：29.
[36] 邓国珠．富钛料生产现状和今后的发展［J］．钛工业进展，2000（4）：2.
[37] 稀有金属手册编辑委员会．有色金属提取冶金手册稀有高熔点金属（上册）［M］．北京：冶金工业出版社，1999.
[38] 杨艳华，雷霆，米家蓉．富钛料的制备方法和发展建议［J］．云南冶金，2006，35（1）：43.
[39] 稀有金属手册编辑委员会．稀有金属手册（下册）［M］．北京：冶金工业出版社，1995.
[40] 韩明堂．如何发展我国的富钛料生产［J］．钛工业进展，2001（1）：6.
[41] 裴润．硫酸法钛白生产［M］．北京：化学工业出版社，1982.
[42] 赖主恩．浅析钛白粉工业新世纪的发展［J］．广州化工，2003，31（1）：57~58.
[43] 卢树人．细说钛白粉［J］．塑料挤出，2004（5）：46.
[44] 李大成，周大利，刘恒，等．我国硫酸法钛白粉生产工艺存在的问题和技改措施［J］．现代化工，2000，20（8）：31.
[45] 唐振宁．钛白粉的生产与环境治理［M］．北京：化学工业出版社，2000：206.
[46] 莫畏，邓国珠，等．钛冶金［M］．北京：冶金工业出版社，1998：200.
[47] 莫畏．钛［M］．北京：冶金工业出版社，2008：190.
[48] 杨文斌，王靖芳，张黎明．钛白生产方法［P］．中国专利：88100410，1990-08-08.
[49] 张力，李光强，隋智通．由改性高钛渣浸出制备富钛料的研究［J］．矿产综合利用，2002（6）：6~9.
[50] 曹洪杨．改性含钛高炉渣盐酸浸出制备富钛料的研究［D］．沈阳：东北大学，2007.
[51] 姜方新．选钛微细级钛精矿回转窑还原制取富钛料新工艺研究［D］．成都：四川大学，2003.
[52] 郭宇峰，肖春梅，姜涛，等．活化焙烧-酸浸法富集中低品位富钛料［J］．中国有色金属学报，2005，15（9）：1446~1450.
[53] 孙艳，彭金辉，黄孟阳，等．微波选择性浸出制取高品质富钛料的研究［J］．有色金属（冶炼部分）：2006（3）：29~31.
[54] 黄孟阳，彭金辉，张世敏，等．微波浸出提纯富钛料新技术研究［C］．第十二届全国微波能应用学术会议，成都，2005：135~138.
[55] 张世敏，彭金辉，黄孟阳，等．微波加热钛精矿含碳球团制取初级富钛料的研究［J］．稀有金属，2006，30（1）：78~81.
[56] 张世敏，黄孟阳，彭金辉，等．微波还原越南钛精矿制备初级富钛料新工艺研究［J］．矿产综合利用，2007（3）：17~20.
[57] 黄孟阳，彭金辉，黄铭，等．微波加热还原钛精矿制取富钛料扩大试验［J］．有色金属（冶炼部分），2007（6）：31~34.
[58] 章永洁，齐涛，初景龙，等．一种高钛渣水热法制备金红石型二氧化钛的清洁生产方法［P］．中国专利：200610114405l.7，2008-06-04.
[59] 王丽娜，齐涛，薛天艳，等．利用氢氧化钠清洁生产二氧化钛的方法［P］．中国专利：200610114130.3，2008-05-07.
[60] 仝启杰．由钛铁矿和高钛渣亚熔盐清洁生产二氧化钛六钛酸钾晶须的方法［P］．中国专利：ZL200610007297.X，2009-02-11.
[61] 傅崇说．有色冶金原理［M］．北京：冶金工业出版社，1993：33~37.
[62] 叶大伦，胡建华．实用无机热力学数据手册［M］．北京：冶金工业出版社，2002.

[63] 刘晓华，隋智通．含钛高炉渣制取富钛料新工艺［J］．内蒙古工业大学学报，2005，24（4）：268~269.

[64] 陈建设．冶金试验研究方法［M］．北京：冶金工业出版社，2005：55~59.

[65] Zhang S C, Nicol M J. An electrochemical study of the reduction and dissolution of ilmenite in sulfuric acid solutions [J]. Hydrometallurgy, 2009, 97 (3-4): 146~152.

[66] Chen Y, Hwang T, Marsh M, et al. Mechanically activated carbothermic reduction of ilmenite [J]. Metallurgical and Materials Transactions A, 1997, 28 (5): 1115~1121.

[67] Welham N J, Williams J S. Carbothermic reduction of ilmenite ($FeTiO_3$) and rutile (TiO_2) [J]. Metallurgical and Materials Transactions B, 1999, 30 (6): 1075~1081.

[68] Pourabdoli M, Raygana Sh, Abdizadeha H, et al. Production of high titania slag by Electro-Slag Crucible Melting (ESCM) process [J]. International Journal of Mineral Processing, 2006, 78 (3): 175~181.

[69] 邹建新．世界钛渣生产技术现状与趋势［J］．轻金属，2003，(12)：32~34.

[70] 刘淑清，彭毅．南非理查兹湾矿物公司（RBM）［J］．钛工业进展，2000（3）：42~45.

[71] 雷霆，马翔，Ted Fulton．大型直流电弧炉冶炼钛渣关键技术的研究．2007DFA71490.

[72] Kotzé H, Bessinger D, Beukes J. Ilmenite smelting at Ticor SA [J]. The South African Institute of Mining and Metallurgy, 2006, 106 (3): 165~170.

[73] 李大成，刘恒，周大利．钛冶炼工艺［M］．北京：化学工业出版社，2009.

[74] Gous M. An overview of the Namakwa Sands ilmenite smelting operations [J]. The South African Institute of Mining and Metallurgy, 2006, 106 (6): 379~384.

[75] 汪学瑶．直流（DC）电弧炉技术的发展动态［J］．特殊钢，1994，15（1）：1~8.

[76] 徐霞．国内外直流电弧炉发展概况［J］．湖南冶金，1996，3（2）：57~60.

[77] 罗加．直流与交流电弧炉的比较［J］．冶金信息工作，1997，3：12~17.

[78] 李慧．钢铁冶金概论［M］．北京：冶金工业出版社，1992.

[79] Jones R T, Barcza N A, Curr T R. Plasma developments in Africa [C] // Second International Plasma Symposium: World progress in plasma applications, 1993.

[80] Jones R T, Reynolds Q G, Alport M J. DC arc photography and modeling [J]. Minerals Engineering, 2002, 15 (11): 985~991.

[81] 许国栋，王桂生．钛金属和钛产业的发展［J］．稀有金属，2009，33（6）：903~912.

[82] 吕维宁，陈兴军．高钛渣电炉高温烟气净化除尘系统［C］//全国袋式除尘技术研讨会论文集，2007.

[83] Mohan B R, Jain R K, Meikap B C. Comprehensive analysis for prediction of dust removal efficiency using twin-fluid atomization in a spray scrubber [J]. Separation and Purification Technology, 2008, 63 (2): 269~277.

[84] 唐敬麟，张禄虎．除尘装置系统及设备设计选用手册［M］．北京：化学工业出版社，2004.

[85] Pesl J, Eric R H. High temperature carbothermic reduction of Fe_2O_3-TiO_2-M_xO_y oxide mixtures [J]. Minerals Engineering, 2002, 15 (11): 971~984.

[86] Murty C V G K, Upadhyay R, Asokan S. Electro smelting of ilmenite for production of TiO_2 slag-potential of India as a global player [R]. Innovations in Ferro Alloy Industry, New Delhi: Indian Ferro Alloy Producers' Association, 2007.

[87] Galgali R K, Ray H S, Chakrabarti A K. A study on carbothermic reduction of ilmenite ore in a plasma reactor [J]. Metallurgical and Materials Transactions B, 1998, 29 (6): 1175~1180.

[88] Pistroius P C. The relationship between FeO and Ti_2O_3 in ilmenite smelter slags [J]. Scandinavian Journal of Metallurgy, 2002, 31 (2): 120~125.

[89] Fourie D J, Eksteen J J, Zietsman J H. Calculation of $FeO-TiO_2-Ti_2O_3$ liquidus isotherms pertaining to high titania slags [J]. The South African Institute of Mining and Metallurgy, 2005, 105: 695~710.

[90] Josef P, Rauf H E. High-temperature phase relations and thermodynamics in the iron-titanium-oxygen system [J]. Metallurgical and Materials Transactions B, 1999, 30 (4): 695~705.

[91] El-tawil S Z, Morsi I M, Francis A A. Kinetics of solidi-state reduction of ilmenite ore [J]. Canadian Metallurgical Quarterly, 1993, 32 (4): 281~288.